工业和信息化部"十四五"规划教材

现代发酵工程

主　编　师俊玲　牛卫宁

副主编　蒋春美　邵东燕　周景文

编　者　师俊玲　牛卫宁　蒋春美　邵东燕

　　　　周景文　吕　毅　朱　静　王　军

　　　　陈贤情　陆　瑶　陈东方　张锦华

西北工业大学出版社

西安

【内容简介】 全书共分为 10 章,内容包括发酵工程概述,发酵工程的生物学基础,发酵工程的硬件基础,工业微生物的获得与改造,菌种的保藏与接种物的制备,微生物发酵动力学,发酵过程控制,现代植物细胞培养与发酵技术,动物细胞培养技术,发酵产物的分离、提取与应用。本书定位为新形态教材,采用以图片和视频为主的形式对发酵工程中主要知识点进行归纳和总结。

本书可作为高等院校生物工程、生物技术专业的专业课教材,也可作为生物制药、食品科学与工程、生物科学等专业的教学参考书,还可供相关专业技术人员阅读参考。

图书在版编目(CIP)数据

现代发酵工程 / 师俊玲,牛卫宁主编. — 西安:
西北工业大学出版社,2023.9
ISBN 978-7-5612-9009-5

Ⅰ. ①现… Ⅱ. ①师… ②牛… Ⅲ. ①发酵工程
Ⅳ. ①TQ92

中国国家版本馆 CIP 数据核字(2023)第 179794 号

XIANDAI FAJIAO GONGCHENG
现 代 发 酵 工 程
师俊玲 牛卫宁 主编

责任编辑:王玉玲		策划编辑:杨 军	
责任校对:胡莉巾		装帧设计:李 飞	

出版发行:西北工业大学出版社
通信地址:西安市友谊西路 127 号　　　　邮编:710072
电　　话:(029)88491757,88493844
网　　址:www.nwpup.com
印 刷 者:西安五星印刷有限公司
开　　本:787 mm×1 092 mm　　　　1/16
印　　张:21.125
字　　数:527 千字
版　　次:2023 年 9 月第 1 版　　　　2023 年 9 月第 1 次印刷
书　　号:ISBN 978-7-5612-9009-5
定　　价:79.00 元

前　言

　　发酵工程是实现生物技术产业化的重要环节,微生物或细胞是发酵工程的核心和灵魂。代谢工程研究和合成生物学技术的不断深入,助推了菌种的定向选育与改造的快速发展,人工智能(AI)技术的推广与应用促进了发酵过程控制的精准化和现代化。这些理论和技术的进步,有力地推动了现代发酵工程的发展。

　　本书旨在以知识图谱的方式,将发酵工程的主要内容和关键知识点相互关联(按照理论、技术、案例、实训、习题等逻辑顺序关联起来),便于读者学习和掌握。全书按照发酵工程的主要步骤与环节进行排序,共分为 10 章。第一章发酵工程概述,重点介绍发酵的概念与发展史、发酵工程的主要过程与关键环节及其之间的内在联系,以及发酵工程的研究内容与方法。第二章发酵工程的生物学基础,重点介绍微生物代谢的基础知识、代谢调控理论,以及代谢调控的方法与实际案例。第三章发酵工程的硬件基础,主要介绍发酵工程用到的主要设备、实验室组成,以及实验室安全的相关知识。第四章工业微生物的获得与改造,主要介绍工业微生物的特点、自然选育、诱变育种、定向育种、代谢工程育种等方面的理论、方法、技术和案例。第五章菌种的保藏与接种物的制备,主要介绍工业微生物退化的原因及保藏方法、种子的扩大培养、种子的质量控制、接种方法,以及种子制备的案例等相关内容。第六章微生物发酵动力学,首先介绍发酵动力学的基础理论,然后分别介绍分批发酵、连续发酵、补料分批发酵的动力学方程,以及应用案例。第七章发酵过程控制,首先介绍发酵过程控制研究的目的与方法,然后介绍发酵过程控制的硬件系统、发酵过程优化控制系统,以及氧气浓度、pH、中间补料、温度、泡沫等影响发酵过程的主要因素,最后介绍发酵过程中染菌与停气、停电等异常情况的处理方法。第八章现代植物细胞培养与发酵技术,重点介绍植物细胞培养技术的关键环节、细胞的获得、规模化培养技术、最新研究方法,以及植物细胞培养技术的应用。第九章动物细胞培养技术,重点介绍动物细胞培养的关键环节、最新培养方法,以及动物细胞培养技术的应用。第十章发酵产物的分离、提取与应用,首先介绍发酵产物分离、提取的特点,然后依次介绍发酵产物分离、提取的基本过程,发酵液的预处理和细胞破碎,产物的分离、提取技术,以及发酵产物分离、提取方法研究的实例。

　　本书以系统性介绍发酵工程的基础知识从而促进发酵工程产业发展为目标,在内容设计和编写方面贯彻"学思用贯通",强调不同知识点之间的内在联系,引导读者在阅读的过程中进行主动思考,将严谨的科研思维和灵活的创新意识贯穿于书中各章节内容中;在视频的知识讲授和实验过程演示中,强调理论与实践相结合,通过案例引导读者用所学知识解决实际问题;通过习题设计、视频讲解、实验展示等多种方式,培养学生守正创新的意识与能力。

将二十大精神贯彻于整个教材。本书对发酵工程的主要知识点都进行了归纳、总结,并以知识图谱、思维导图和视频课程等形式进行展示,利于读者理解和掌握,实用性强。

本书的编写分工:第一章由师俊玲编写,第二章由师俊玲、朱静编写,第三章由王军、陈贤情编写,第四章由蒋春美编写,第五章由师俊玲、陈东方编写,第六章由周景文、陆瑶编写,第七章由周景文编写,第八章由牛卫宁、吕毅编写,第九章由邵东燕编写,第十章由牛卫宁、张锦华编写;师俊玲负责统稿;师俊玲、邵东燕、蒋春美对全书进行校对;师俊玲、牛卫宁、王军负责完成视频内容。

在编写本书的过程中,参考了大量文献,对其作者深表谢意。同时感谢王娟、许琼耀、王聪聪、盖逸萱、尚欣哲、刘冠闻、李颖慧、杨赛雪、吉玉兰、王丹丹、谢媛媛、郭萍、高聪、李泽等研究生在部分章节的资料整理、图形绘制、视频录制和剪辑等方面给予的大量帮助。

由于水平有限,书中难免会有一些不妥之处,希望广大读者能够及时反馈,以便进一步完善。

编　者

2023 年 5 月

全书知识图谱

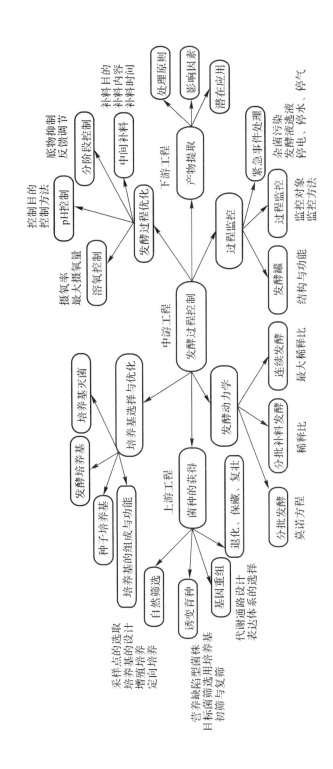

目　录

第一章　发酵工程概述 ································· 1

第一节　发酵工程的概念与发展史 ··················· 1

第二节　工业发酵的主要过程与关键环节 ··············· 3

第三节　发酵工程的研究内容、方法、技术路线和关键技术 ········· 7

第四节　发酵工程研究的案例 ····················· 11

本章知识图谱与视频 ························· 12

本章习题 ······························· 14

第二章　发酵工程的生物学基础 ························· 15

第一节　微生物代谢的基础知识 ··················· 15

第二节　微生物代谢调控的理论 ··················· 18

第三节　微生物代谢调控的方法 ··················· 25

第四节　微生物代谢调控的案例 ··················· 34

本章知识图谱与视频 ························· 36

本章习题 ······························· 39

第三章　发酵工程的硬件基础 ························· 40

第一节　发酵工程的设备基础 ····················· 40

第二节　发酵工程实验室组成 ····················· 45

第三节　发酵工程实验室的安全性 ··················· 47

本章知识图谱与视频 ························· 48

本章习题 ······························· 50

第四章　工业微生物的获得与改造 ······················· 51

第一节　工业微生物的特点 ····················· 51

第二节　微生物的自然选育 ····················· 54

第三节　微生物的诱变育种 ····················· 62

　　第四节　微生物的定向育种 ··· 75

　　第五节　微生物的代谢工程育种 ·· 83

　　本章知识图谱与视频 ··· 90

　　本章习题 ·· 94

第五章　菌种的保藏与接种物的制备 ····································· 95

　　第一节　工业微生物的退化、复壮与保藏 ·································· 95

　　第二节　种子的扩大培养 ·· 99

　　第三节　种子质量控制 ·· 102

　　第四节　接种方法 ··· 105

　　第五节　种子制备过程案例 ··· 109

　　本章知识图谱与视频 ··· 110

　　本章习题 ·· 113

第六章　微生物发酵动力学 ·· 114

　　第一节　发酵动力学的基础理论 ·· 114

　　第二节　分批发酵动力学 ·· 124

　　第三节　连续发酵动力学 ·· 132

　　第四节　补料分批发酵动力学 ·· 145

　　本章知识图谱与视频 ··· 147

　　本章习题 ·· 149

第七章　发酵过程控制 ·· 151

　　第一节　发酵过程控制研究 ··· 151

　　第二节　发酵过程控制用仪表及参数检测 ································· 165

　　第三节　发酵过程的控制方式 ·· 181

　　第四节　发酵过程中的氧气控制 ·· 193

　　第五节　发酵过程中的 pH 控制 ·· 202

　　第六节　发酵过程中的补料控制 ·· 207

　　第七节　发酵过程中的温度控制 ·· 212

　　第八节　发酵过程中的泡沫控制 ·· 217

　　第九节　发酵过程中的染菌控制 ·· 222

　　第十节　发酵终点判别与异常情况处理 ···································· 227

　　本章知识图谱与视频 ··· 230

　　本章习题 ·· 236

第八章　现代植物细胞培养与发酵技术 ································· 238

　　第一节　植物细胞培养的关键环节 ··· 238

第二节　植物细胞的获得 …………………………………………………… 242

第三节　植物细胞的规模化培养技术 ……………………………………… 248

第五节　植物细胞培养的最新研究 ………………………………………… 253

第六节　植物细胞培养技术的应用 ………………………………………… 254

本章知识图谱及视频 ………………………………………………………… 257

本章习题 ……………………………………………………………………… 258

第九章　动物细胞培养技术 ………………………………………………… 259

第一节　动物细胞培养的关键环节 ………………………………………… 259

第二节　动物细胞培养的最新方法 ………………………………………… 267

第三节　动物细胞培养技术的应用 ………………………………………… 269

本章知识图谱与视频 ………………………………………………………… 276

本章习题 ……………………………………………………………………… 278

第十章　发酵产物的分离、提取与应用 …………………………………… 279

第一节　发酵产物分离、提取的特点 ……………………………………… 279

第二节　发酵产物分离、提取的基本过程 ………………………………… 280

第三节　发酵液的预处理和细胞分离 ……………………………………… 282

第四节　产物分离、提取技术 ……………………………………………… 293

第五节　发酵产物的分离、提取与应用案例 ……………………………… 305

本章知识图谱与视频 ………………………………………………………… 322

本章习题 ……………………………………………………………………… 324

参考文献 …………………………………………………………………… 325

第一章　发酵工程概述

第一节　发酵工程的概念与发展史

生物化学和生理学上的发酵(fermentation)含义,是指无氧条件下的一种能量代谢方式;工业上的发酵含义,是指所有生物细胞(包括微生物和动、植物细胞)在合适的条件下,经过特定的代谢途径生成人们所需要的产物或者生物体的过程。

发酵工程(fermentation engineering)是指利用现代工程技术,以及微生物和动植物细胞的某些特定功能,在人工生物反应器(发酵罐)中培养微生物或动植物细胞,获得对人类有用的产品,或者将微生物直接应用于工业过程。

随着环境污染问题的日益突显,绿色节能的微生物发酵法成为替代化学加工和环境修复的污染防治技术的主力军。随着合成生物学的不断创新与发展,微生物发酵法生产植物源和动物源功效成分,细胞培养法生产动物肉等创新技术成为发酵工程的前瞻性研究与应用。只有充分了解和掌握发酵工程的基本原理与技术,才能做到守正创新,用坚实的专业知识指导生产,实现发酵工程产业的不断提升与进步。

一、发酵的生物化学和生理学意义

从生物化学和生理学角度来讲,发酵是生物体以有机物为电子受体的生物氧化产能反应。生物体在氧分子参与下的能量代谢主要有两种:

(1)有氧呼吸主要发生在氧供应充分的条件下,使得有机物彻底氧化,产生大量能量。其氧化过程中产生的电子传给分子氧。

(2)无氧呼吸(或者称为厌氧呼吸)主要发生在暂时缺氧的条件下,有机物氧化不彻底,产生少量能量,但是可以形成多种代谢产物。其氧化过程中产生的电子传给外源无机氧化物,或者有机氧化物。根据最终电子受体不同,可以将无氧呼吸分为硝酸盐呼吸、硫酸盐呼吸、硫呼吸、碳酸盐呼吸、延胡索酸呼吸等类型。

二、发酵工程的发展史

根据时间先后,可以将发酵工程的发展历史划分为表1-1所示的六个阶段。从中可以看出,发酵过程的变化趋势是:发酵工程的应用领域由最初的食品工业转向非食品工业;使用的仪器设备由初始的温度计、比重计、热交换器等简单设备转向各种先进的原位检测用仪器、仪表(控制方式多为计算机控制);发酵方式从开始单一的分批发酵发展出补料分批培养、连续培养等多种方式;发酵中使用的菌种从依赖于从自然界中筛选发展为定向选育和代谢改造。

表 1-1　发酵工程的发展简史

阶段	时间	产品类型	仪器设备	发酵方式	菌种
第一阶段(食品工业)	1900 年前	酒精、醋	温度计、比重计和热交换器	分批培养	纯酵母培养物(1896)、优质醋接种发酵
第二阶段(向非食品工业转变)	1900—1940 年	面包酵母、甘油、柠檬酸、丙酮、丁醇	pH 离线控制温度控制	分批培养和补料培养	纯培养
第三阶段(抗生素生产)	1940 年—目前	青霉素、氨基酸、核苷酸、酶	可灭菌的 pH 电极和溶氧电极,计算机控制	分批培养、补料培养开始、连续培养开始	菌种筛选
第四阶段(代谢控制发酵技术)	1960 年—目前	用烃和其他贮存物生产单细胞蛋白	计算机控制	连续培养、培养基再循环培养	生产菌株的遗传工程改造
第五阶段	1979 年—目前	微生物通常不产生异质化合物,如胰岛素、干扰素	先进的控制手段和传感器	分批培养,补料分批培养、连续培养	利用基因工程技术将外源基因引入微生物宿主
第六阶段	1990 年—目前	解决能源、资源、环境等问题的工业应用	先进的控制手段和仪器仪表、传感器	分阶段控制、连续培养等多种策略	基因组学、蛋白组学、代谢组学等技术紧密结合,全面使用合成生物学、系统生物学分析

从发酵技术来讲,可将发酵工程的发展史分为传统发酵工程和现代发酵工程两个阶段(见图 1-1)。其中,现代发酵工程是传统发酵工程的升级和改造。

三、发酵工程的分类

根据发酵原料、发酵产物、培养基状态、工艺流程以及对氧需求的不同,可以将发酵工程分为表 1-2 所示的不同类型。

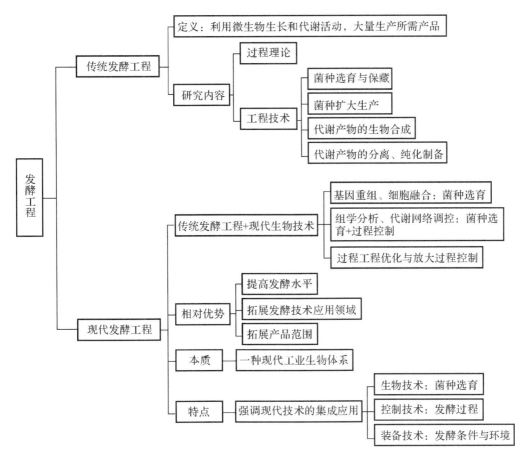

图 1-1　传统发酵工程与现代发酵工程的联系与区别

表 1-2　发酵过程的分类依据与类型

分类依据	发酵原料	发酵产物	培养基状态	工艺流程	氧的需求
类型	糖类物质发酵	氨基酸发酵	固态发酵	分批发酵	需氧发酵
	石油	有机酸发酵	液体深层发酵	连续发酵	厌氧发酵
	废水	抗生素发酵		补料分批发酵	兼性厌氧发酵
		酒精发酵			
		维生素发酵			

第二节　工业发酵的主要过程与关键环节

一个发酵过程能高效运行的关键是:高效地生产菌株,低成本、高效率、高产量的发酵过程,以及低成本、高效率、高纯度的产物分离、纯化。然而,由于发酵菌株的多样性、发酵过程的复杂性,以及代谢产物的丰富性,要实现这些过程的有效控制并不容易,需要进行大量的理论研究和实践工作。

一、工业发酵的主要过程

根据生产过程的先后顺序,工业发酵需要依次经历菌种选育、培养基配制、灭菌、扩大培养、发酵生产、产品分离提纯等主要过程(见图1-2)。

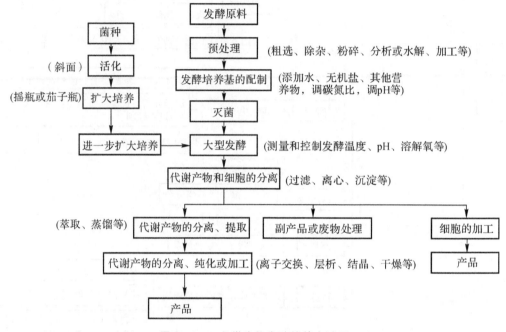

图1-2　工业微生物发酵的基本过程

根据处理对象不同,通常可以将发酵工程分为上游工程、中游工程、下游工程(见图1-3)。其中:上游工程主要负责优良菌株的选育和保藏,包括菌种筛选、改造、代谢途径改造等内容;中游工程负责发酵过程控制,包括发酵条件调控、无菌环境控制、过程分析和控制等内容;下游工程负责发酵产品的分离和纯化,包括固液分离、细胞破壁、产物纯化,以及产品检验和包装等关键技术。

发酵过程的上、中、下游三个阶段相辅相成,三者之间的顺序并非固定不变,它们的内在联系如图1-4所示。来自中游工程和下游工程的信息和需求,可以反馈给上游工程,这样从菌种层面上进行修正和改良;来自上游工程的新构建菌种也需要中游工程和下游工程的条件配合,才能最大限度地发挥菌种的优势与特点。同时,在进行菌种选育时也需要考虑所得菌株在发酵过程中控制的难易程度,以及产物分离提取的方便性与可行性。特别是要求生产菌株具有良好的鲁棒性,即环境适应性,能够在非严苛的条件下高效合成产物,而且所得产物的得率高、产量大,利于分离、提取。只有这样,才能从一开始就保证所得菌株具有应用于生产实践的潜力。

此外,发酵工程还会涉及基因工程、细胞工程、生化工程的相关内容,它们之间的关系如图1-5所示。

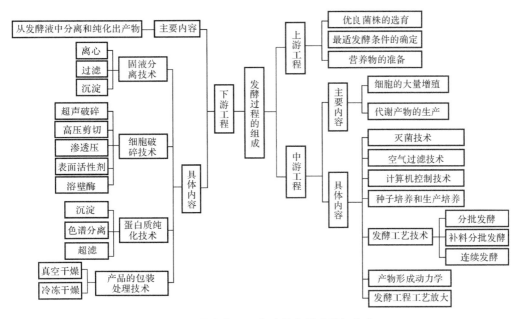

图 1-3 微生物工业发酵的主要阶段与内容

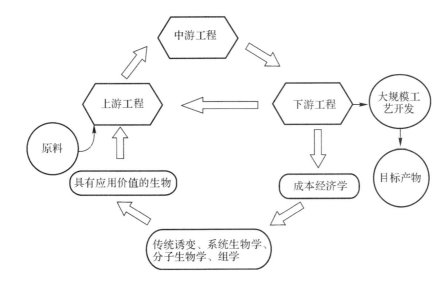

图 1-4 微生物工业发酵的上、中、下游技术间的联系

二、工业发酵过程的关键环节

工业发酵过程的关键环节主要有获得应用价值的微生物,反应器放大,发酵过程优化和控制,发酵产物分离、提取等四个阶段。微生物工业发酵从实验室规模到工业发酵水平通常需要经历菌种筛选、摇瓶实验、发酵罐中试、发酵生产四个阶段的逐步放大过程(见图1-6)。

在完成这些基础研究和工艺条件优化的基础上,实施工业发酵的主要步骤有六个:①种子扩大和发酵生产所需培养基的配制;②培养基、发酵罐及其附属设备的灭菌;③扩大培养

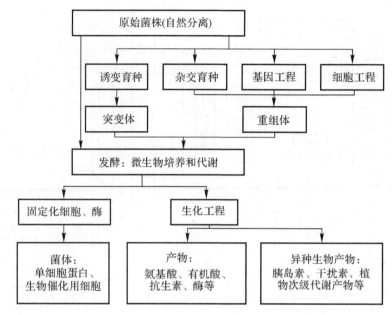

图 1-5 基因工程、细胞工程、生化工程在发酵工程中的应用

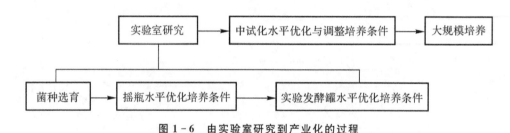

图 1-6 由实验室研究到产业化的过程

出有活性、适量的纯种,接种入发酵罐中;④控制最适发酵条件,使微生物生长并形成大量产物;⑤对产物进行提取和精制,获得合格产品;⑥回收或处理"三废"(废水、废气、废渣)。

三、发酵过程监控的主要内容

染菌是发酵过程中最容易出现的问题,会对发酵过程产生严重影响,甚至导致发酵过程中止或者产物得率降低。为此,需要对发酵过程进行实时监控,以保证其顺利进行。通常情况下,需要监控的主要内容是底物消耗、菌体生长、产物形成。随着技术和传感器的发展,发酵液中很多指标已经实现在线监测,这为发酵过程的实时监控提供了很大便利。

此外,工业发酵过程中,可以通过生产岗位轮训的办法加强对染菌问题的控制,其中主要涉及的轮训岗位有微生物指标检测岗位、发酵罐操作控制岗位、发酵液理化指标检测岗位、发酵罐数据检测岗位。通过岗位轮训,可以增加不同岗位人员对本职工作的重视程度,尽量减少染菌问题的发生。

第三节　发酵工程的研究内容、方法、技术路线和关键技术

为了降低发酵工程的生产成本,提高生产效率,降低能耗和减少环境污染,需要通过研究解决以下三个关键问题:①微生物能够最大量地积累目的产物(产量最高)的条件是什么? ②底物被微生物最大量地转化为产物(转化率最大)的条件是什么? ③微生物以最快速度发酵生产目的产物(生产效率最高)的条件是什么?

解决这些问题对应的工程意义在于:①提高目标产物的产量,实现高产量生产,便于产品分离、提取;②提高底物生成产物转化率,降低原料成本,扩大产品的利润空间;③优化条件,提高生产强度,缩短生产周期,进一步降低生产成本。

解决这些问题的主要策略是:①对发酵条件和控制策略进行优化,提高产量;②基于发酵过程中的细胞表现特性进行优化和改造,提高底物转化率;③基于细胞内部的特性分析进行菌种和发酵条件优化,提高生产强度。通过这些方面的研究与实践,在理论和技术上进行突破,从而形成能够在工业生产上广泛应用的菌株与发酵控制策略,从而显著提高发酵过程的经济性和科学性。这些关键问题及其解决方案间的关系可以表示为图1-7。

图1-7　发酵工程现阶段需要解决的关键问题

一、发酵工程的研究内容

发酵工程的主要研究对象包括微生物菌株的选育,发酵工艺,发酵过程的单元操作,发酵产品的分离、提取工艺,废物处理,等等。各个环节的主要任务、需要解决的主要问题和用到的技术手段如表1-3所示。

表1-3　现代发酵工程的主要研究内容

研究对象	主要任务	需要解决的主要问题	需要用到的技术手段/学科知识
微生物菌株选育	菌种选育、功能优化、途径改造	①工业环境与自然环境的巨大差异对微生物分子适应能力的影响; ②微生物长期进化的经济型生存本能对菌体生长效率和发酵产物得率的限制	代谢组学、流量组学、代谢工程、生物信息学、合成生物学、系统生物学、高通量筛选技术

研究对象	主要任务	需要解决的主要问题	需要用到的技术手段/学科知识
发酵工艺	工艺条件优化、工艺过程控制、反应器设计	①创造最适合微生物或酶工作的环境；②过程环境参数和微生物生理参数的在线监测技术	①基于工业微生物生理的发酵过程模型化、预测和控制技术；②基于人工智能的生物转化过程精细控制技术
单元操作	发酵工程过程工程技术	①细胞群体效应及过程放大原理；②多相复杂体系中物质、能量传递与生物转化规律；③生物过程单元耦合与过程优化原理	①大规模细胞群体行为及过程放大原理，生化反应过程放大原理与方法；②多相生化特性分析及生物过程模型化，生物/化学方法耦合设计与调控；③工业生物过程单元耦合与集成，工业生物过程的系统控制与优化
发酵产品分离、提取工艺	发酵产品高效提取技术与装备	①提高产品收率；②降低生产成本	①生物反应与产物分离的耦合技术；②新型分离介质和新型分离方法
废物处理	绿色制造工艺的开发	节能、节水、减排的绿色制造工艺开发	①大规模的物质加工与转化的先进生产方式；②利用微生物细胞或酶的生物催化功能；③用酶技术代替化工技术

二、现代发酵工程的研究方法

1.生物学知识与技术的综合应用

未来发酵工程将是生物学知识和相关技术的综合应用。在生物学知识方面，涉及分子生物学、分子遗传学、结构生物学、蛋白质工程、代谢工程、微生物生理学、实验生物科学等知识；在技术应用方面，需要综合应用转录组学、蛋白质组学、代谢组学、通量组学、计算生物学、组学等。两者结合使用，才能实现细胞功能认识与优化。这种关系和涉及的具体技术如图1-8所示。

2.工程学规律的认识与应用

未来发酵工程还涉及工程学规律的认识和方法应用，具体可以分为三个层次（见图1-9）。第一层次是，在细胞群体效应、生化生理特性和规律认知的基础上，建立物质和能量传递模型,以及过程放大的原理和策略。

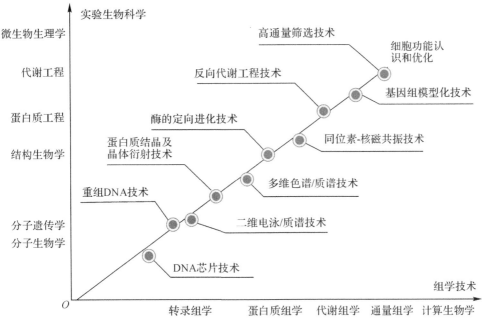

图 1-8 未来发酵工程中生物学知识与技术

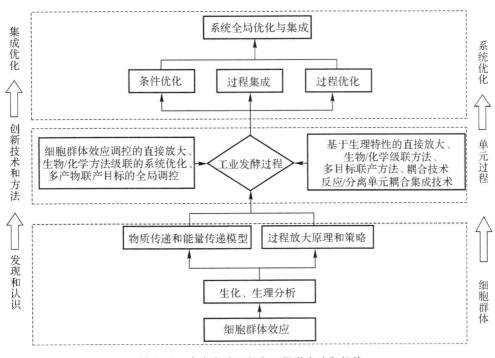

图 1-9 未来发酵工程中工程学方法和规律

第二层次是,在工业生物过程中,对技术和方法进行创新,其中包括细胞群体效应调控的直接放大,主要指基于生理特性的直接放大;基于生物/化学级联的系统优化,进行生物/化学级联方法创新;以及基于多产物联产的全局调控,进行联产方法耦合技术、反应/分离单元耦合集成技术的创新。

第三层次是,通过发酵条件优化、发酵过程优化、发酵过程集成等,形成全局性优化与集成。

通过这些分层次、分阶段研究,从细胞群体、单元过程控制、系统优化等层面上实现发酵工程的调控与优化。

三、发酵工程研究的技术路线和关键技术

发酵工程研究的技术路线和关键技术如表 1-4 所示。

表 1-4 发酵工程研究的技术路线和关键技术

过程	技术路线	主要方法和技术	关键技术
生产菌种改造	细胞体内遗传操作/基因组改组/代谢工程诱变育种→高效表达体系/高产菌株	方法:基因组学、蛋白质组学和代谢组学;技术:新型培养方法、理性设计育种、高通量筛选、转基因技术、定向进化、基因组重排	①基于组学技术的高通量菌种改造和筛选平台;②基于组学和生物信息学的代谢途径分析与优化
发酵工艺过程	工程放大→发酵过程优化与控制	代谢调控、数学建模、计算机辅助自动控制、在线或离线检测技术、发酵过程在线优化控制、智能型故障诊断和早期预警等	基于实时代谢流分析、代谢途径模型和智控工程的集约型发酵过程控制与优化技术
产物提取与纯化	高效提取技术的集成,提取过程的清洁生产	膜分离、浓缩和结晶相结合的提取、副产品资源化、废弃物综合处理、污染物高效控制等技术	①基于发酵液及产品特性的高收率、低成本、高质量和环境友好的集成型提取精制技术;②基于源头防治与过程监控的资源节约与废物资源化清洁生产技术
废物处理	低成本、高质量的发酵过程		基于源头防治与过程监控的资源节约与废物资源化清洁生产技术

第四节　发酵工程研究的案例

以丙酮酸发酵过程优化为例,阐明三种研究策略在发酵过程优化中的应用。

(1)策略一:通过菌株选育和培养条件优化,实现丙酮酸的高产量发酵。如图 1-10 所示,在光滑球拟酵母的丙酮酸代谢途径中,通过抑制丙酮酸进入代谢途径中下一步产物的酶活,使丙酮酸在细胞内积累。同时,选育自身不能合成维生素的酵母,从而通过控制培养基中维生素浓度,降低生产菌的细胞膜完整性,提高生产菌的细胞膜通透性,促进细胞内丙酮酸排出细胞外,实现丙酮酸的高产量发酵。

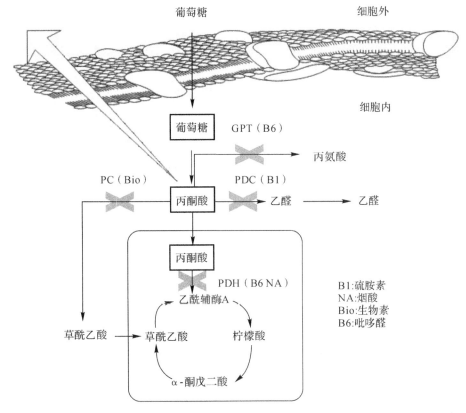

GPT(glutamic-pyruvic transaminase)—谷氨酸-丙酮酸氨基转移酶;PDC (pyruvate decaboxylase)—丙酮酸脱羧酶;
PC (pyruvate carboxylase)—丙酮酸羧化酶;PDH (pyruvate dehydrogenase)—丙酮酸脱氢酶

图 1-10　丙酮酸生产菌株的基因改造

(2)策略二:通过分阶段溶氧控制,提高丙酮酸发酵的转化率和生产强度。研究中发现,采用单一高或低供氧模式,不能同时达到高转化率和高生产强度;同时发现,发酵过程的前 16 h 较高溶氧有利于碳源合成细胞,16 h 后耗氧速率恒定,碳流转向合成丙酮酸。为此,确定分阶段供氧模式为:发酵 0~16 h 控制溶氧水平较高,16 h 后降低溶氧水平。结果使丙酮酸的产量提高至 89.4 g/L,产率达到 0.636 g/g,生产强度达到 1.95 g/(L·h)。

(3)策略三:综合动力学分析、代谢网络分析、辅因子分析,制定分阶段溶氧控制策略。

通过动力学分析发现:高溶氧下丙酮酸转化率高,但生产强度(葡萄糖消耗速度)较低;低溶氧条件下,葡萄糖消耗速度加快,但丙酮酸产率明显下降。为了进一步明确其内在原因,分析发酵菌的代谢网络,发现高溶氧下丙酮酸转化率较高的原因在于,磷酸烯醇式丙酮酸(PEP)到丙酮酸(Pyr)的通量增加了20%,而丙酮酸进一步代谢的通量下降了63.3%,所以导致丙酮酸的产量提高。通过辅因子分析发现,高溶氧情况下NADH(nicotinamide adenine dinucleotide,还原型烟酰胺腺嘌呤二核苷酸)到ATP(adenosine triphosphat,三磷酸腺苷)的产量较高,而低溶氧条件下NADH到ATP的产量较低,说明葡萄糖的产能效应降低,从而导致生产强度(葡萄糖消耗速度)增大。

本章知识图谱与视频

一、本章知识图谱

本章知识图谱如图1-11所示。

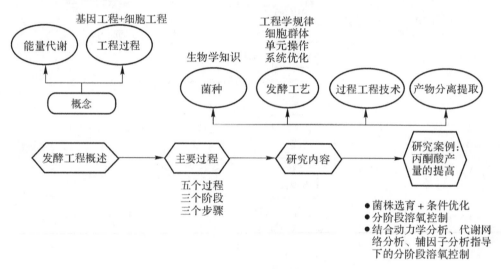

图1-11 第一章知识图谱

二、本章视频

1. 发酵工程的定义
2. 发酵工程的发展史
3. 发酵工程的关键环节
4. 发酵工程的研究内容
5. 发酵工程的研究思路与技术1
6. 发酵工程的研究思路与技术2

1.发酵工程的定义

2.发酵工程的发展史

3.发酵工程的关键环节

4.发酵工程的研究内容

5.发酵工程的研究思路与技术1

6.发酵工程的研究思路与技术2

三、本章知识总结

本章知识总结如图1-12所示。

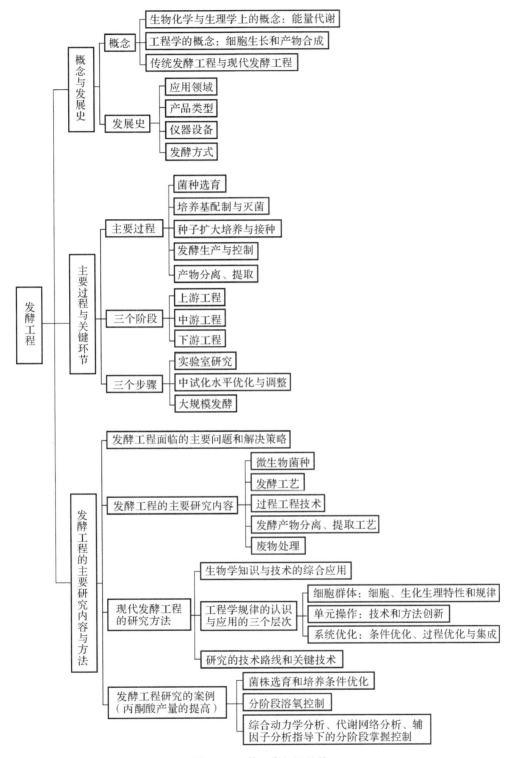

图 1-12 第一章知识总结

本 章 习 题

1. 发酵的生物化学与生理学意义与发酵工程之间是什么关系？
2. 简述工业发酵的主要过程。
3. 发酵工程的上、中、下游工程的主要内容与内在联系是什么？
4. 发酵工程的研究内容有哪些？
5. 举例说明发酵过程研究在工业生产中的意义与作用。

第二章　发酵工程的生物学基础

微生物或者动植物细胞的生长与代谢是发酵工程的核心与基础,但是生产环境、操作方式也会对其特性产生重要影响。因此,发酵过程的研究与条件优化需要综合考虑微生物本身的特征,以及环境和操作过程对其生长和代谢的影响。

第一节　微生物代谢的基础知识

发酵工程中围绕微生物的生物学基础进行的研究内容可总结为图 2-1。其中,微生物代谢调控是实现发酵工程中代谢产物过量合成的主要因素,涉及的微生物菌种选育与改良、培养基设计、菌体生长与代谢的动力学、环境的影响等都需要围绕微生物的代谢途径来进行。

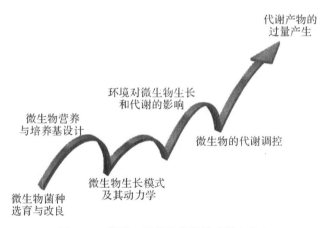

图 2-1　发酵工程的生物学基础研究内容

一、微生物代谢的定义

微生物代谢是指微生物细胞中进行的所有生物化学反应的总和,它是微生物在生命活动中从外界环境摄取营养物质,通过生物酶催化复杂生化反应过程,提供能量及合成新的微生物组成,不断进行生长繁殖和自我更新,并向外界环境排放废物的作用与过程,也称为新陈代谢,简称代谢。

在代谢过程中：释放能量的物质分解过程称为分解代谢；吸收能量的物质合成过程称为合成代谢。合成代谢会导致新物质的生化合成，也被称为生物合成。这两种代谢在微生物的生命活动中相互依赖、密切配合，能量的消耗和释放与物质的代谢同时进行。细胞通过代谢吸收营养物质，并将其转化为细胞成分，同时将废物排泄到胞外。合成代谢与分解代谢之间的关系如图2-2所示。

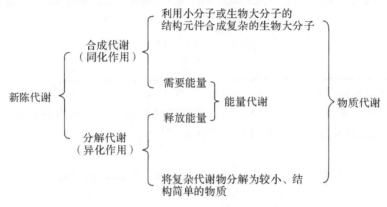

图2-2　新陈代谢示意图

二、基于代谢的微生物分类

微生物细胞能独立存在、自主生活。它们的代谢方式比动植物丰富得多。根据微生物能否合成有机物，可将微生物分为自养型和异养型两类；根据生长中是否需要氧，可将微生物分为需氧型和厌氧型两类。根据两种条件的结合，可将微生物分为以下几种：

（1）自养需氧型。微生物能够合成有机物，需要氧气，例如光合自养型的蓝藻，化能自养型的硝化细菌、铁细菌、硫细菌等。

（2）自养厌氧型。微生物能够合成有机物，不需要氧气，例如红硫细菌科的细菌。

（3）异养需氧型。微生物不能合成有机物，需要利用现成的有机物，需要氧气，例如醋酸菌、根瘤菌、圆褐固氮菌、一些放线菌，以及绝大部分真菌等。

（4）异养厌氧型。微生物不能合成有机物，需要利用现成的有机物，不需要氧气，例如乳酸菌、产甲烷杆菌、链球菌等。

三、微生物的代谢产物

根据代谢产物对微生物的作用不同，主要将代谢分为初级代谢和次级代谢。

初级代谢是指微生物将环境中的营养物质转换成菌体细胞物质，维持微生物正常生命活动的生理活性物质或能量的代谢过程，产物为初级代谢产物，如氨基酸、核苷酸、蛋白质、核酸、脂类、碳水化合物等。

次级代谢是指某些微生物在特定条件下进行非细胞结构物质和非细胞必需物质（非维持微生物正常生命活动的物质）的代谢，产物主要有抗生素、生物碱、毒素、激素、维生素等。次级代谢是一些微生物为了避免某些不利影响，产生有利于自身生存的代谢，通常产生于微生物细胞的生长后期。某些次级代谢产物的产生仅限于一些特殊的微生物。

初级代谢和次级代谢密切相关,主要体现为:①初级代谢是次级代谢的基础,可为次级代谢产物合成提供前体物质和所需要的能量,初级代谢产物合成中关键性中间体也是次级代谢产物合成中的重要中间体;②次级代谢是初级代谢在特定条件下的继续和发展,可以避免初级代谢过程中某种或某些中间体或产物过量积累对机体产生毒害作用。

同时,初级代谢与次级代谢又有明显不同,主要体现在表 2-1 所示的几个方面。

表 2-1 初级代谢与次级代谢的主要区别

区别	初级代谢	次级代谢
普遍性	在各种微生物中普遍存在,代谢系统、代谢途径和代谢产物在各类生物中基本相同;病毒也具有部分初级代谢系统和利用宿主细胞完成本身初级代谢过程的能力	只存在于某些微生物中,代谢途径和产物因微生物不同而不同;同种微生物可因培养条件不同而产生不同的代谢产物,不同微生物可产生不同的代谢产物。 例如,某些青霉、芽孢杆菌在一定条件下可分别合成青霉素、杆菌肽等次级代谢产物;产黄青霉在 Raulin 中培养时可以合成青霉酸,但在 Czapek-Dox 中培养时不产生青霉酸
产物对产生者的重要性	初级代谢产物通常是机体生存必不可少的物质,合成障碍轻则引起生长停止,重则导致机体发生突变或死亡	次级代谢产物不是机体生存的必需物质,合成障碍时不会导致机体生长停止或死亡,最多会影响机体合成某种次级代谢产物的能力;一般对产生者自身生命活动无明确功能,常分泌到胞外,在机体的分化和与其他生物的竞争生存中起重要作用;通常对人类和国民经济发展有重大影响
产物合成与微生物生长过程的关系	自始至终存在于一切活体中,与机体的生长过程呈平行关系	发生在机体生长的一定时期内,与机体生长不呈平行关系;通常在微生物的对数生长期末期或稳定期产生,一般可明显地表现为机体生长期和次级代谢产物形成期两个不同的时期
对环境变化的敏感性或遗传稳定性	敏感性低,遗传稳定性高	对环境变化敏感,产物合成往往因环境变化而停止
相关酶的专一性	专一性强	专一性不强。在某种次级代谢产物合成的培养基中加入不同的前体物质可以导致机体合成不同类型的次级代谢产物

第二节　微生物代谢调控的理论

微生物细胞内的代谢反应错综复杂,各反应间相互制约又彼此协调,代谢反应速度随环境条件变化而迅速改变。代谢所需酶的生物合成受基因控制,并受代谢物(如酶反应的底物、产物及其类似物)的调节。根据操纵子学说:存在诱导物时,酶的合成增加;存在阻遏物时,酶的合成减少。

代谢调控是指微生物的代谢速度和方向按照微生物需要而改变的一种作用。代谢途径由一系列的酶促反应构成。环境改变时,细胞通过各种方式有效地调节相关酶促反应,以此保证整个代谢途径的协调与完整,从而保证微生物细胞的生命活动正常进行。

以大肠杆菌为例,一个大肠杆菌染色体约含有 400 万个 DNA 碱基对,其中用来编码蛋白的基因有 3 000 多个。胞内的各种基因、结构蛋白、酶和代谢物等就像工厂流水线一样彼此相互配合,并且能够随环境迅速做出改变。环境中有多种可利用的基质时,更容易利用的基质会被首先利用,待其耗尽后,大肠杆菌才开始利用其他较难利用的基质;如果能从环境中获得足量的某一单体化合物,那么胞内关于该化合物的合成就会停止。比如:在葡萄糖和乳糖同时存在的情况下,大肠杆菌会优先利用葡萄糖;在只有乳糖存在的情况下才会合成乳糖苷酶利用乳糖。微生物就是通过正常的代谢及其调控,以最经济的方式吸收、利用环境中的营养物质,从而合成细胞结构,不浪费能量合成自身不需要的物质,不积累中间代谢产物,也不因代谢物的缺少而影响其正常生物功能。

微生物代谢调控主要有两种类型:一是在酶化学水平上调节已有酶分子的活性;二是在基因水平上调节酶分子的合成量。一般而言,调节酶活性比调节酶合成更加迅速、及时和有效。

一、初级代谢调节机制

初级代谢的调节机制可以分为两类:一类是通过控制酶活性调节酶分子催化活力,属于"细调",包括抑制或激活,通过辅酶调节酶活性,以及酶原的活化和潜在酶的活化;另一类是通过基因调节酶的生物合成量,属于"精调",包括诱导酶的合成和阻遏酶的合成,其中阻遏可以是终产物阻遏,也可以是分解代谢物阻遏。两种调节机制相互协调配合,高效并准确地调节基因表达和酶的合成,使微生物适应环境,维持自身生存繁衍。这种关系可总结为图 2-3。

图 2-3 显示:产物积累促使阻遏物由无活性状态转变为活性状态,从而阻遏酶结构基因的表达,从而发挥对酶合成的阻遏作用;基质积累的作用与之相反。

1. 调节酶活性

在分解代谢途径中,下游反应可以受前面的中间产物促进,这一过程被称为酶的激活;当某代谢途径的末端产物(终产物)过量时,该途径中第一个酶的活性直接受到抑制,使整个反应过程减慢或停止,从而避免末端产物的过多积累,这一过程称为酶的抑制。例如:粪链球菌中,乳酸脱氢酶活性能够被 1,6-二磷酸果糖促进;谷氨酸棒状杆菌能够通过复杂的代谢过程将葡萄糖分解生成谷氨酸,终产物谷氨酸的合成过量时,与代谢过程中的谷氨酸脱氢酶结合并抑制其活性,从而导致合成途径中断。

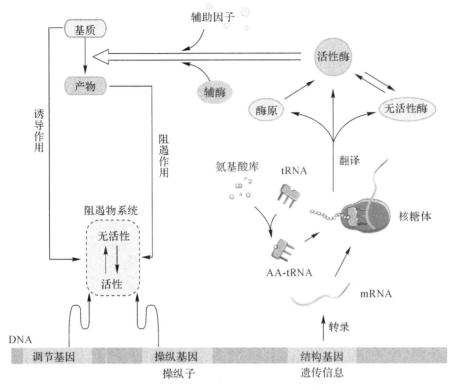

图 2 - 3　酶活性和生物合成的调控示意图

酶活性的调节通常是以特异的小分子代谢物(如终产物等),作为变构效应物与酶可逆性结合来完成的。一般情况下,终产物过多时会对酶活性产生抑制作用,而在终产物浓度降低时,该抑制作用又会自然消失。例如,当细胞中谷氨酸因消耗而浓度下降时,其对谷氨酸脱氢酶的抑制作用被解除,该合成反应重新启动。

1)变构调节

受到反馈抑制调节的酶大多为变构酶,酶活性调节的实质就是变构酶的变构调节。这种酶能够在最终产物的影响下改变构象。变构酶的分子具有与底物结合的活性中心和能够与终产物结合的调节中心,后者也称为变构部位。活性中心能够发挥催化作用,终产物与变构部位结合后能够改变酶分子的构象,影响底物与活性中心的结合。酶的变构部位与变构效应物的结合是可逆的:终产物浓度降低时,其与酶分开,酶蛋白的原有构象恢复,酶与底物结合发挥催化作用的能力恢复。这种过程如图 2 - 4 所示。

受效应物分子调节的变构酶具有以下重要性质:

(1)变构酶一般是具有多亚基四级结构的蛋白质。变构酶由两个或更多亚基组成,通常为四聚体。亚基中有与底物结合的活性中心和与抑制剂或激活剂结合的调解中心。亚基大多相同,也可以不同。

(2)变构酶存在两种构象状态,即 R 状态(催化状态或松弛状态)与 T 状态(抑制状态或紧张状态),两种状态相平衡。R 状态与 T 状态在酶蛋白分子的三级、四级结构上有所不同,对底物、激活剂和抑制剂的亲和力也不相同。

(3)底物、激活剂或抑制剂可以使酶的 R 状态和 T 状态间的平衡发生变化。底物或激活剂对 R 状态亲和性大,对 T 状态几乎没有亲和性;抑制剂与之相反。

(4)变构酶的分子结构具有对称性,各亚基对称排列。酶的状态改变时,分子结构的对称性维持不变。蛋白质要维持对称性,需要底物及效应物具有同型协同作用。

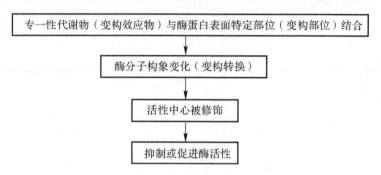

图 2 - 4　变构酶的调节程序

2)反馈调节

在微生物代谢途径中,某一途径的末端产物(终产物)过量时,会抑制该途径中第一个酶的活性,从而使整个反应过程减慢或停止,进而避免末端产物的过多积累,这一过程称为酶的反馈抑制。微生物代谢的反馈抑制主要有两种:一种是直线式代谢途径的反馈抑制,这是一种最简单的反馈抑制,例如,在异亮氨酸合成过程中,产物过多时可以抑制途径中第一个酶——苏氨酸脱氨酶的活性,使后续反应减弱或停止(见图 2 - 5);另一种是分支代谢途径的反馈抑制,为了避免一个分支上的产物过多而影响另一分支上产物的供应,微生物进化出以下五种复杂的反馈抑制。

(1)同工酶调节。同工酶是指能催化相同的生化反应,但酶蛋白分子结构有差异的一类酶。在一个分支代谢途径中,如果在分支点前存在一个由几种同工酶催化的较早反应,那么分支代谢的几个终产物往往分别对这几种同工酶具有抑制作用。同工酶同存于一个个体或组织,但在生理、免疫和理化性质上却存在差别。这一过程如图 2 - 6 所示。

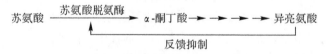

图 2 - 5　苏氨酸直线式代谢途径中的反馈抑制示意图

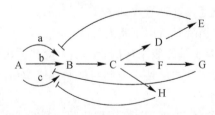

图 2 - 6　同工酶调节示意图

（2）协同反馈抑制。协同反馈抑制是分支代谢途径中的几个末端产物同时过量时才能抑制共同途径中第一个酶活性的一种反馈调节方式（见图2-7）。比如,多黏芽孢杆菌在合成天冬氨酸时,天冬氨酸激酶受赖氨酸和苏氨酸的协同反馈抑制,只有苏氨酸或赖氨酸过量时并不能引起反馈抑制作用。

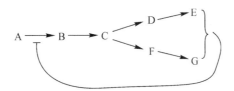

图2-7 协同反馈抑制示意图

（3）合作反馈抑制。合作反馈抑制即两种末端产物同时存在时,比一种末端产物单独存在时的反馈抑制作用大得多,又称增效抑制（见图2-8）。例如，AMP（腺嘌呤核苷酸）和GMP（鸟嘌呤核苷酸）都可以抑制磷酸核糖焦磷酸酶（PRPP）,但两者同时存在时的抑制效果要增强很多。

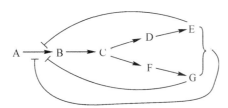

图2-8 合作反馈抑制示意图

（4）积累反馈抑制。积累反馈抑制是指每个分支途径的末端产物按一定百分率单独抑制共同途径中前面的酶,当几种末端产物共同存在时,它们的抑制作用呈现累积效应（见图2-9）。积累反馈抑制最早是在大肠杆菌谷氨酰胺合成酶的研究中发现的,该酶受8个最终产物的积累反馈抑制,包括AMP、GMP、CTP（胞嘧啶核苷三磷酸）、氨基葡萄糖磷酸、氨基甲酰磷酸、组氨酸、色氨酸和其他氨基酸。

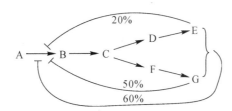

图2-9 积累反馈抑制示意图

注:假设E可单独抑制20%,G可单独抑制50%,则E与G同时存在时可抑制20%+(100−20)×50%=60%。

（5）顺序反馈抑制。分支代谢途径上的产物通过逐步有顺序的方式达到的调节,称为顺序反馈抑制。例如,图2-10中的E过多时,可抑制C→D,这时C的浓度过大,促使反应向F、G方向进行,造成另一末端产物G的浓度增大;G过多会抑制C→F,造成C的浓度进一步增大；C 过多抑制催化 A→B 的酶活，从而达到反馈抑制的效果。这种现象最初是在研究枯草杆菌中芳香族氨基酸生物合成时发现的。

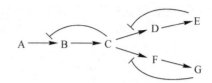

图 2-10　顺序反馈抑制示意图

3）辅酶调节

有些酶需要非蛋白质类化学成分参与分子组成，否则没有活性。这类酶属于缀合蛋白质，这些非蛋白质化学成分称为辅因子。辅因子可以是一个或多个无机离子，如 Fe^{2+}、Mg^{2+} 等，也可以是复杂但结构稳定的有机分子或金属有机分子，后面的这类物质被称为辅酶，如生物素、烟酰胺腺嘌呤二核苷酸（NAD^+）、辅酶 A（CoA）等；那些能够与酶蛋白牢固结合，乃至共价结合的辅酶（或金属离子），称为辅基，如细胞色素氧化酶中的铁卟啉等。辅酶能够参与运载酶反应的基团，与酶的反应类型有关。

4）共价修饰调节

酶原和潜在酶的活化都属于酶活性的共价调节。共价修饰调节是指，酶蛋白分子中的某些基团在其他酶的催化下发生共价修饰，导致酶活性发生改变。酶的共价修饰通常是在两种酶的催化下发生修饰或去修饰，从而引起酶分子在高活性与低活性，或者有活性与无活性之间转变。共价修饰调节也是体内快速调节代谢活动的一种重要方式。最常见的共价修饰方式有磷酸化—去磷酸化、乙酰化—去乙酰化等。

酶原的激活实际是酶的活性中心形成或暴露。某些酶是以无活性的前体，如酶原的形式合成并贮存的。酶原经专一的蛋白酶作用后，断开某些肽键或者除去部分肽链后才能转变成有活性的酶，这种过程称为酶原的激活。例如：消化系统中有活性的胰蛋白酶就是由存在于胰腺中无活性的胰蛋白酶原，经水解除去部分肽段后形成的；凝血系统中的凝血因子在正常生理情况下也是以无活性的前体或酶原形式存在的，在受伤时引发的级联放大系统作用下得到激活。

2. 调节酶合成

在正常代谢途径中，酶活性调节和酶合成调节同时存在，而且密切配合、协调。其中：通过代谢终产物抑制酶的生物合成，称为反馈阻遏；通过代谢终产物诱导酶的生物合成可以调节代谢过程，称为酶诱导。这类现象与微生物的遗传因子密切相关。

酶合成的调节是通过调节酶的合成量，进而调节代谢速率，是在基因水平（在原核生物中主要是转录水平）上调节代谢。其中，促进酶生物合成的现象称为诱导，阻碍生物合成的现象称为阻遏。与酶活性调节相比，通过调节酶的合成（即产酶量）而调节代谢是一类间接而缓慢的调节方式，其优点是通过阻止酶的过量合成调节代谢，有利于节约微生物用于生物合成的原料和能量。

1）诱导酶合成

诱导酶是细胞为适应外来底物或其结构类似物而临时合成的一类酶。能促进诱导酶产生的物质称为诱导物,它可以是酶的底物,也可以是难以代谢的底物类似物或者底物的前体物质。

2)阻遏酶合成

代谢途径中某末端产物过量时,可以阻碍代谢途径中包括关键酶在内的一系列酶的生物合成,从而更为彻底地控制代谢和减少末端产物的合成。这种作用称为阻遏作用,主要分为末端代谢产物阻遏和分解代谢产物阻遏两种。

(1)末端代谢产物阻遏。它是指由某个代谢途径末端产物过量累积引起的阻遏。末端产物阻遏在代谢调节中有着重要的作用,它可保证细胞内各种物质维持适当的浓度。

对直线式反应途径来说,末端产物阻遏的情况较为简单,即产物作用于代谢途径中各种酶,使之合成受阻。对分支代谢途径来说,每种末端产物仅专一地阻遏合成它分支途径的酶。代谢途径分支点以前的"公共酶"受所有分支途径末端产物的阻遏,称为多价阻遏作用。

(2)分解代谢产物阻遏。细胞内同时有两种分解底物(碳源或氮源)存在时,利用快的分解底物会阻遏利用慢的底物的有关酶的合成。

分解代谢物的阻遏作用,并非是快速利用的营养源本身直接作用的结果,而是通过碳源或氮源在其分解过程中产生的中间代谢物引起的阻遏作用。例如,大肠杆菌在含有葡萄糖和乳糖的培养基中,会优先利用葡萄糖,待其耗尽后才开始利用乳糖,其原因就是葡萄糖的存在阻遏了分解乳糖酶系的合成(也称为葡萄糖效应)。

二、次级代谢调节机制

微生物的次级代谢过程复杂。许多次级代谢产物的生物合成途径和机制尚在不断研究过程中。例如,微生物中抗生素合成途径可以分为表2-2中的五种主要类型。

表2-2 微生物合成抗生素的主要途径

途径类型	产物
与氨基酸有关	由一个氨基酸形成:环丝氨酸、氮丝氨酸、口蘑氨酸
	由两个氨基酸形成:青霉素、曲霉酸
	由三个氨基酸形成:杆菌肽、放线菌素、多黏菌素
与糖代谢有关	由葡萄糖合成:链霉素大环内酯类抗生素的糖苷
	由磷酸戊糖合成的嘌呤霉素、间型霉素
与脂肪酸代谢有关	四环素、利福霉素、灰黄素
与三羧酸循环有关	由循环中间产物合成:如由 α-酮戊二酸还原生成的戊烯酸,由乌头酸生成的衣康酸
与甾体化合物和萜烯有关	由三个异戊烯单位聚合而成:烟曲霉素
	由四个异戊烯单位聚合而成:赤霉素
	由三个异戊烯单位聚合而成:梭链孢酸

初级代谢产物是次级代谢产物的前体,对次级代谢也有很重要的调节作用,作用机制与上述次级代谢调节相似。但是,次级代谢对分解代谢产物和磷酸盐的调节更为敏感。次级代谢的调节可以分为反馈抑制、阻遏调节、诱导调节、分解代谢产物调节、磷酸盐调节、细胞膜透性调节等多种类型。

1)反馈抑制和阻遏调节

抗生素合成过程中,如果抗生素积累过量,也会出现与初级代谢类似的反馈调节作用,包括初级代谢产物反馈调节和抗生素自身反馈调节。

(1)初级代谢产物调节。根据初级代谢产物与次级代谢产物的相互关系,主要有表2-3所示的三种调节方式。

表2-3　抗生素发酵的初级代谢产物调节

初级代谢产物调节类型	调节作用
直接参与次级代谢产物的合成	初级代谢产物往往是合成抗生素的前体,当初级代谢产物积累到能够产生反馈抑制的水平时,就会影响抗生素合成
分支途径反馈调节	分支途径的终产物反馈抑制抗生素合成过程的共同关键酶,同时各分支又分别抑制分支途径的第一个酶
初级代谢产物合成与次级代谢产物合成共同的合成途径	初级代谢产物的积累反馈抑制共同途径中某个酶的活性,从而抑制次级代谢产物的合成

(2)抗生素自身的反馈调节。抗生素本身过量积累,存在与初级代谢相似的反馈调节现象。抗生素对产生菌本身的影响分成两种情况。一种是抗生素对其他生物有毒而对产生菌本身无毒。例如,青霉素和头孢菌素等可抑制细菌细胞壁成分肽聚糖的合成,而用于青霉素生产的霉菌细胞壁主要成分为几丁质和纤维素,这类抗生素发酵只受抗生素自身浓度反馈调节,对产生菌无影响。另一种是抗生素对产生菌和其他生物都有毒,如抑制其他生物的蛋白质和核酸合成。例如,链霉素也抑制产生菌(放线菌)自身的蛋白质和核酸合成,生产中可采用透析培养和选育对自身抗生素脱敏的突变株等方法来提高抗生素产量。

2)诱导调节

抗生素生物合成过程中,参与次级代谢的酶是诱导酶,需要诱导物的存在。次级代谢过程中除了前体或前体的结构类似物有诱导作用以外,一些非抗生素前体或前体的结构类似物的因子也会对抗生素合成有诱导调节作用。

3)分解代谢产物调节

(1)碳源分解代谢物调节。关于抗生素受碳源分解调节的内在机制尚未完全清楚,但一般认为会存在以下两种情况:①与菌体生长速率控制抗生素合成有关,菌体生长速率高时碳源能抑制抗生素合成;②与分解代谢产物的堆积浓度有关。例如,在青霉素发酵过程中,相较于葡萄糖,乳糖之所以能提高青霉素产量,是因为乳糖被水解为可利用单糖的速度正好符合青霉菌在生产期合成抗生素的需要,而不是因为有丙酮酸等其他分解代谢产物的堆积。

(2)氮源分解代谢物调节。这是一种类似于碳源分解调节的分解阻遏调节,主要指含氮底物的酶(如蛋白酶、硝酸还原酶、酰胺酶、组氨酸酶和脲酶)的合成受快速利用的氮源,尤其是氨的阻遏。

4)磷酸盐调节

磷酸盐不仅是菌体生长的主要限制性营养成分,还是调节抗生素生物合成的重要因素。磷酸盐浓度为 $0.3\sim300$ mmol/L 时,可促进菌体生长;磷酸盐浓度为 10 mmol/L 或大于 10 mmol/L 时,可阻遏许多抗生素合成。例如,10 mmol/L 磷酸盐能完全抑制杀丝菌素的合成。磷酸盐浓度还能调节发酵合成期出现的时间:磷酸盐接近耗尽后,才开始进入合成期;磷酸盐起始浓度高,耗尽时间长,合成期向后拖延。金霉素、万古霉素发酵都有这种现象。磷酸盐还能使处于非生长状态、产抗生素的菌体逆转为生长状态、不产抗生素的菌体。

磷酸盐调节抗生素合成的机制有直接作用(即磷酸盐自身影响抗生素合成)和间接效应[即磷酸盐调节胞内其他效应剂,如 ATP(腺嘌呤核苷三磷酸)、腺苷酸、能量负荷(能荷)和cAMP,进而影响抗生素合成]。例如,磷酸盐能影响抗生素合成中磷酸酯酶和前体形成过程中某种酶的活性,ATP 则直接影响某些抗生素合成和糖代谢中某些酶的活性。

5)细胞膜透性调节

微生物的细胞膜对细胞内外物质运输具有高度选择性。如果细胞膜对某物质不能运输或者运输功能发生了障碍,就会导致:①细胞内合成代谢的产物不能分泌到胞外,产生反馈调节作用,影响发酵产物的合成;②细胞外的营养物质不能进入细胞内,影响产物的合成,造成产量下降。因此,细胞膜的通透性是调节微生物代谢的重要途径之一。

第三节　微生物代谢调控的方法

发酵控制就是对微生物的代谢途径进行控制,关键是微生物细胞自我调控机制能否被有效解除。最有效的方法就是构建从遗传上解除微生物正常代谢控制的突变株,突破微生物的自我调节控制机制,从而使代谢产物大量积累。目前采取的方法主要有应用营养缺陷型菌株、选育抗反馈调节的突变株、选育细胞膜通透性突变株、应用遗传工程技术构建工程菌等。构建理想工程菌株的方法有很多,可以归纳为遗传学方法与生物化学方法两大类。

一、遗传学方法

1. 应用营养缺陷突变株切断支路代谢

营养缺陷突变株是指原始菌株发生基因突变,使得合成途径中某一步骤产生缺陷,从而丧失了合成某些物质的能力,必须在培养中外源补加该营养物质才能生长的突变型菌株。由于其在合成途径中某一步骤产生缺陷,终产物不能积累,也就遗传性地解除了终产物的反馈调节,使中间产物或另一分支途径的末端产物能够积累。按照代谢途径的不同,分类说明如下。

1)直线式代谢途径

该代谢途径选育只能积累中间代谢产物的营养缺陷型突变株,如图 2－12 所示,破坏掉将 C 催化成 D 的酶,导致中间产物 C 积累。但是,末端产物 E 对生长是必需的,所以在培养基中限量供给 E,使之足以维持菌株生长,但又不至于造成反馈调节(阻遏或抑制),这样才有利于菌株积累中间产物 C。

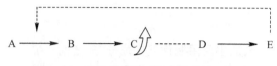

图 2 - 12　直线式代谢途径营养缺陷示意图

2) 分支代谢途径

这种情况比较复杂,可利用营养缺陷性克服协同反馈抑制或累加反馈抑制积累末端产物,也可利用双重缺陷发酵生产中间产物。另外,在分支合成途径中,由于存在多个终产物,这些终产物单独存在时都不能对其合成途径的关键酶进行全部反馈抑制或阻遏。因此,可以利用这种机制选育营养缺陷型菌株,造成一个或两个终产物合成缺陷,从而使另外的终产物得以积累。这些情况可以分为图 2 - 13 所示的四种类型。

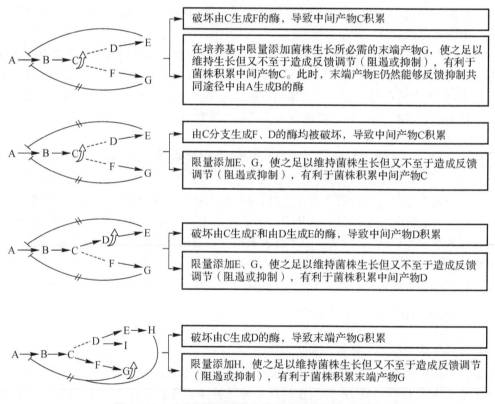

图 2 - 13　分支代谢途径营养缺陷菌株构建的示意图

2. 应用渗漏突变株降低支路代谢

渗漏缺陷型是指遗传性障碍不完全的缺陷型。这种突变是代谢途径中某一种酶的活性下降,而不是完全丧失。因此,渗漏缺陷型菌株能够少量合成某一种代谢最终产物,能在基础培养基上进行少量生长。但是,由于渗漏缺陷型不能合成过量的最终产物,不会造成反馈抑制而影响中间代谢产物积累。

3.选育抗类似物突变株解除菌体的自身反馈调节

抗类似物突变株,也称为代谢拮抗物抗性突变株。这类菌株对反馈抑制不敏感,或者对阻遏有抗性,或两者兼有。抗反馈抑制突变株,可以从终产物结构类似物抗性突变株和营养缺陷型回复突变株中获得。选育抗类似物突变株,是目前代谢控制发酵育种的主流。这是因为:①这类菌株的代谢调节可以被遗传性地解除,在发酵时不再受培养基成分的影响,生产较为稳定;②抗类似物突变株不易发生回复突变,在发酵生产中可以广泛采用。

1)代谢拮抗物的作用机制

正常合成代谢的最终产物对于有关酶的合成具有阻遏作用,对于合成途径的第一个酶具有反馈抑制作用。这是因为产物能够与阻遏蛋白以及变构酶结合。这种结合通常是可逆的。当代谢的最终产物,例如某一氨基酸,因合成蛋白质而在细胞中的浓度降低时,就不再与阻遏物以及变构酶结合,此时反馈阻遏和抑制作用就会解除,有关酶的合成及其催化作用可以继续进行。代谢拮抗物与代谢产物结构类似,同样也能与阻遏物及变构酶相结合,可是它们往往不能代替正常的氨基酸合成蛋白质。因此,代谢拮抗物在细胞中的浓度不会降低,其与阻遏物及变构酶的结合不可逆。这就使得有关酶不可逆地停止了合成,或是酶的催化作用不可逆地被抑制。这就是代谢拮抗物的作用机理。

2)代谢拮抗物抗生菌株的获得途径

一种途径是,变构酶结构基因发生突变,使得变构酶调节部位不能再与代谢拮抗物相结合,而其活性中心却不变。这种突变型就是一种抗反馈突变型。正常的代谢最终产物由于与代谢拮抗物结构类似,在这一突变型中也不会与结构发生改变的变构酶相结合。这样,突变细胞中已有大量最终产物,但仍能继续合成产物。

另一种途径是,调节基因发生突变,使阻遏物不能与代谢拮抗物结合。这种突变是代谢拮抗物的抗性突变株,同时也是抗阻遏突变型。在这种突变型中,由于正常代谢的最终产物不能与结构发生改变的阻遏蛋白相结合,所以尽管细胞中已有大量最终产物,仍能不断地合成产物合成需要的相关酶。

通常情况下,在分支合成途径中使用抗性突变株并不能达到产量提高的目的。在多数情况下,将选育抗类似物突变株与筛选营养缺陷型菌株相配合是获得高产菌株的有效方法,即必须先选取合适的营养缺陷型,再选取具有一定抗性突变的菌株,产量才会大幅度提高。

4.通过选育不生成或少生成副产物的菌株增加产物代谢流

工业上,为了选育优秀的生产菌株,除了突破微生物原来的代谢调节外,必要时还需附加以下突变性状:

(1)如果共用前体物存在其他分支途径,或目的产物是其他产物生物合成的前体物,那么应附加营养缺陷型,切断其他分支途径或目的产物向其他产物合成的代谢流。

(2)如果存在目的产物的分解途径,那么应选育丧失目的产物分解酶的突变株。

(3)如果存在副生物,特别是不利于目的产物精制的副生物,应设法切断副生物的代谢流,选育丧失副生物生物合成途径中某个酶的突变株。

二、生物化学方法

1. 增加前体物质

增加前体物质可以绕过反馈控制点，使某种代谢产物大量产生。比如，可以通过选育某些营养缺陷型或结构类似物抗性突变株，以及克隆某些关键酶的方法，增加目的产物的前体物的合成，使目的产物得以大量积累。

在分支合成途径中，可以切断除目的产物以外的其他控制共用酶的终产物分支合成途径，以此增加目的产物的前体，从而提高目的产物的产量。例如，在赖氨酸生产菌株的育种上，对已经选育出的解除了赖氨酸反馈调节的突变株，增加丙氨酸营养缺陷等遗传标记，如乳糖发酵短杆菌的抗 AEC[S - (2 - aminoethyl) L-cysteine，S-(2-氨乙基)L-半胱氨酸]突变株，可使赖氨酸的产量达到 30 g/L 左右；再在其基础上选育出具有丙氨酸营养缺陷的 AJ3799 突变株，可将赖氨酸产量提高到 39 g/L。这就是一种增加前体物积累的育种方法。

2. 加诱导剂

在体系中添加酶催化底物的衍生物，可以有效提高诱导酶的合成量。例如，在青霉素生产中添加苯乙酸（既是前体，又是外源诱导物），可以有效提高相关酶的合成量，从而提高青霉素产量。

3. 改变细胞膜通透性

微生物的细胞膜对于细胞内外物质运输具有高度选择性。细胞内的代谢产物常以很高的浓度累积，通过反馈阻遏限制它们的进一步合成。采取生理学或遗传学方法，可以改变细胞膜的通透性，使细胞内的代谢产物迅速渗漏到细胞外，从而提高发酵产物的最终产量。

1) 生理学手段

利用生理学手段可直接抑制细胞膜的合成或使其缺损。例如，在谷氨酸发酵过程中，将生物素浓度控制在亚适量可以促进菌体大量分泌谷氨酸。这是因为，控制生物素含量可改变细胞膜的成分，改变细胞膜的通透性。当培养液中生物素含量较高时，采用适量添加青霉素的方法也有助于提高细胞膜的通透性。

2) 利用膜缺损突变菌株

使用油酸缺陷型、甘油缺陷型菌株可提高组胞膜的通透性。例如，用谷氨酸生产菌的油酸缺陷型进行生产时，在培养过程中有限制地添加油酸，可以使细胞合成有缺损的细胞膜，从而使其发生渗漏，进而提高细胞外的谷氨酸积累量。这是因为，甘油缺陷型菌株的细胞膜中磷脂含量低于野生型菌株，可以造成细胞内合成的谷氨酸大量渗漏。使用这种菌株，在生物素或油酸过量的情况下，也能获得大量的谷氨酸。

生物素缺乏和加入脂肪酸衍生物或青霉素的作用机制相同，即引起谷氨酸产生菌的细胞膜中脂质成分发生显著变化，导致生成的细胞膜缺乏磷脂，从而增大细胞膜的通透性。因此，控制生物素浓度关系到谷氨酸发酵的成败。

三、基于系统生物学的代谢调控

1. 系统生物学的基本理论

系统生物学的基本思想是,将生命活动过程看作一个贯穿始终的相互联系的整体,而不是孤立的许多部分的简单加合。随着现代分子生物学及生物信息学的发展,从系统角度研究基因组学、转录组学、蛋白质组学和代谢组学方法,将逐渐成为代谢产物、代谢途径及其调控机理研究的主流;同时,代谢产物的生物合成途径、信号转导、生态环境以及代谢工程等方面的研究进展,也将为系统生物学的发展提供广泛的研究手段。

系统生物学研究的基本流程可总结为图 2－14。

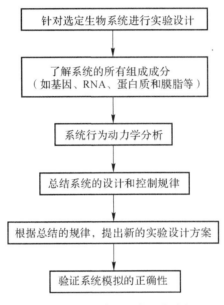

图 2－14 系统生物学研究流程

系统生物学研究所用方法分述如下:

1)基因组学方法

狭义的基因组学是指以全基因组测序为目标的结构基因组学,广义的基因组学还包括以基因功能鉴定为目标的功能基因组学,也称后基因组学。结构基因组学是基因组分析的早期阶段,其基本目标是构建生物高分辨遗传图谱、物理图谱、表达图谱和序列图谱。功能基因组学则是在结构基因组学提供的信息基础上,应用高通量的实验分析方法并结合统计和计算机分析方法来研究基因的功能,以及基因间、基因与蛋白质之间、蛋白质与底物之间、蛋白质与蛋白质之间的相互作用,从而揭示生物的生长繁殖和发育的规律。

2)转录组学方法

绝大多数次生代谢的基因表达具有时空差异。转录组学是对细胞在某种条件下的所有转录产物(即转录组)进行系统研究,即在 RNA 水平下研究整体基因表达的变化。所用技术主要是 RNA 测序(RNA-seq)新技术,它结合了第二代 DNA 技术对 cDNA 片段直接测序,随后定量。该技术能够对转录组进行大规模测序及表达水平的精确定量分析,已应用到酿酒酵母、拟南芥、鼠和人类等物种的转录组研究中。

3)蛋白质组学方法

蛋白质组学是对细胞或生物体内的所有蛋白(即蛋白质组)进行定性、定量研究,属于蛋白质水平上的后基因组学研究。蛋白质组学研究的内容包括蛋白质结构、蛋白质分布、蛋白质功能、蛋白质的丰度变化、蛋白质修饰、蛋白质与蛋白质的相互作用等。目前的蛋白质组学以定量蛋白质组学为主,同时还包括蛋白质降解组学、蛋白质相互作用组学以及针对蛋白质序列及高级结构、蛋白质翻译后修饰(如糖基化、S 修饰、磷酸化)结构鉴定的结构蛋白质组学。

在样品制备方面,最初的蛋白质组研究针对的是来自混合类型细胞的蛋白质组,后来激光捕获微解剖技术实现了对单一组织细胞的蛋白质组样本的分析。在蛋白质定量研究方面,差异凝胶电泳技术的应用提高了定量蛋白质组研究的可靠性,同位素标记技术、基质辅助激光解析电离飞行时间质谱技术、成像质谱技术等新技术已得到应用。

除了对蛋白质的鉴定和定量外,蛋白质组学研究的另一个重要领域是分析蛋白质之间的相互作用。相互作用组学可以系统地研究生物体内各种分子(包括蛋白质-蛋白质、蛋白质-核酸、蛋白质-糖、脂-蛋白质)间的相互作用,以及这些作用形成的分子机制、途径和网络,最终绘制出生物体的相互作用图谱。

目前,蛋白质互作("相互作用"的简称)的研究正向相互作用组学和反向相互作用组学方向进行发展。前者是指,直接通过亲和色谱、免疫共沉淀或酵母双杂交技术获得互作蛋白,并结合质谱和序列分析加以鉴定;后者是根据从肽文库中筛选的肽保守序列,从数据库中检索出具有该序列的候选蛋白,然后将这些候选蛋白与目标蛋白进行互作分析,从而鉴定互作蛋白。同时,还出现了比较相互作用组学研究。这种研究方法认为,蛋白质序列的细微变化是被蛋白质相互作用网络放大,进而引起细胞水平上的巨大差异所造成的。

4)代谢组学方法

生物体内,代谢物是在核酸和蛋白质(酶)调控的基础上合成的。代谢组学是以生物体内的所有代谢物(即代谢组)为研究对象,关于定量描述生物内源性代谢物质(如糖、脂类、次生代谢产物)的整体及其对内因和外因变化产生应答规律的学科。一个细胞通常依赖许多代谢调节途径,而且多条代谢途径时刻都在发生变化,产生各种各样的次生代谢产物。代谢组学能够满足对多种代谢途径进行同时研究(即代谢网络研究)的要求。

代谢组学通常关注相对分子质量在 1 000 Da(Da 为原子质量单位,定义为碳 12 原子质量的 1/12)以下的小分子代谢物。这种方法是通过考察生物体受到刺激或扰动后(如改变某个特定的基因或环境变化)的整体代谢产物变化,或这些代谢产物随时间的变化,以此来研究生物体系的代谢途径和代谢网络。代谢组学的四个研究层次如表 2-4 所示。

表 2 - 4　代谢组学的四个研究层次

研究层次	研究内容
代谢物靶标分析	对某个或某几个特定组分进行分析,以提高检测灵敏度为主要技术支撑
代谢轮廓分析	对少数预设的代谢产物的定量分析,如某一结构、性质相关的化合物,某一代谢途径的所有中间产物或多条代谢途径的标志性组分。进行分析时,可充分利用这一类化合物特有的化学性质,在样品的预处理和检测过程中,采用特定的技术来完成
代谢组学分析	对给定的生物样品中所有小分子代谢物进行定性和定量分析,要求样品的预处理和检测技术必须满足对所有的代谢组分具有高灵敏度、高选择性和高通量的要求,涉及的数据量非常大,需要化学计量学技术支持
代谢指纹分析	不需要鉴定具体单一组分,而是对样品进行快速分类(如表型的快速鉴定等)

代谢组学研究一般包括两个基本过程,即对代谢物组进行无偏的分析与鉴定,以及阐明代谢物变化的生物学意义。对样品中所有代谢物进行无偏分析与鉴定是代谢组学研究的关键步骤,也是最困难和多变的步骤。代谢组学分析的对象在分子大小、数量、官能团、挥发性、带电性、电迁移率、极性以及其他物理化学参数上差异很大,要对所有代谢组分进行无偏的全面分析,单一的分离分析手段往往难以实现。常常将多种技术联合应用以获得更多的代谢产物的信息。

代谢组学的仪器分析技术包括化合物的分离技术、检测及鉴定技术两部分。分离技术通常有气相色谱、液相色谱、毛细管电泳等,而检测及鉴定技术通常有质谱(一般质谱、时间飞行质谱)、光谱(红外、紫外、荧光等)、核磁共振、电化学等。分离技术与检测及鉴定技术的不同组合就构成了各种主要的代谢组分析技术。一般可根据样品的特性和实验目的,选择最合适的分析方法。目前常用的分离分析手段是气相色谱和质谱联用、液相色谱和质谱联用、傅里叶变换红外光谱与质谱联用以及核磁共振等。

通过仪器分析可获取大量的、多维的信息,需要进行合理处理,可应用模式识别和多维统计分析等数据分析方法为数据降维,使它们更易于可视化和分类,进而从这些复杂的数据中获得有用的信息。目前,数据分析常用的两类算法是基于寻找模式的非监督方法和有监督方法。这两类方法的区别如表 2 - 5 所示。

表 2 - 5　**数据分析中两类常用算法的区别**

	非监督方法	有监督方法
适用条件	探索完全未知的数据特征	存在一些有关数据的先验消息和假设
原理	对原始数据信息依据样本特性进行归类,把具有相似特征的目标数据归在同源的类中,并采用相应的可视化技术直观地表达	在已有知识基础上建立信息组,并利用所建立的组对未知数据进行辨识、归类和预测
常见方法	聚类分析、主成分分析	线性判别分析、偏最小二乘法-显著性分析和人工神经元网络

在代谢途径中,酶的催化作用控制着物质代谢流向和流量,而酶的催化活性不仅会受到产物大量合成的反馈抑制作用,而且要受到基因表达调控。因此,酶活性及其基因的表达调控研究涉及转录水平、翻译水平、代谢水平以及代谢网络分析与调控等诸多研究内容,还包括代谢途径酶的基因克隆、敲除或过量表达以及不同培养条件下细胞代谢产物及相关基因的定量或半定量动态分析等技术手段。

代谢产物的合成和积累受到自身遗传和环境中各种生物和非生物因素的调控。系统生物学整合了基因组、转录组、蛋白质组和代谢组等组学技术,从整体出发定量描述生物过程,全面探索和预测生物系统内部复杂的生物化学行为。

5)基于网络的代谢途径分析

系统组成的关系可以用网络来表示,网络分析是研究系统的统一语言。与自然界其他系统一样,生物学系统包括蛋白质之间相互作用网络、基因转录调控网络、细胞之间通信网络等,它们都是复杂的网络系统。通过建立合适的数学模型来整合这些实验数据,有助于理解和预测细胞表型。

目前,基于生物体代谢网络建立的数学模型主要包括线性模型和非线性模型。线性模型包括通量平衡分析、基元通量模式和极端途径分析;非线性模型包括生化系统理论模型和代谢控制分析模型。其中,线性模型的主要内容如表2-6所示。

表 2-6　线性模型简介

模型	简介
通量平衡分析	由代谢通量分析发展而来,基于质量守恒定律,利用优化原理来预测代谢网络中代谢资源的合理分配,能够从基于反应的角度预测微生物基因型和表型的关系
基元通量模式	一个基元模式是一个包含最少酶的集合,这些酶可以使该模式在稳定的代谢通量分布状况下朝一定方向进行
极端途径分析	与基元通量模式接近,除了满足基元通量模式的定义之外,极端途径集合中所有可逆的内部反应都必须被分解为两个方向相反的不可逆反应

2.基于系统生物学的菌种改造

传统的方法是通过大量的基因随机突变和筛选来进行菌株改造的,这一方法会产生我们不希望得到的培育结果。代谢工程中一般是有目的地增加和敲除代谢途径,而没有考虑到细胞代谢网络的系统性,忽略了整个生物加工工程。基于系统生物学的菌种改造,是在充分考虑了整个细胞的代谢网络、发酵以及下游工程的前提下进行工程菌的构建,即称为系统代谢工程。利用系统生物学来改造菌株的关键在于,通过大量的大规模基因组分析和计算机分析,在改造菌株的同时考虑细胞整体的代谢过程,同时常用酿酒酵母作为真核生物的模式生物,来验证新的假设并推动系统生物学的发展。这种过程如图2-15所示。

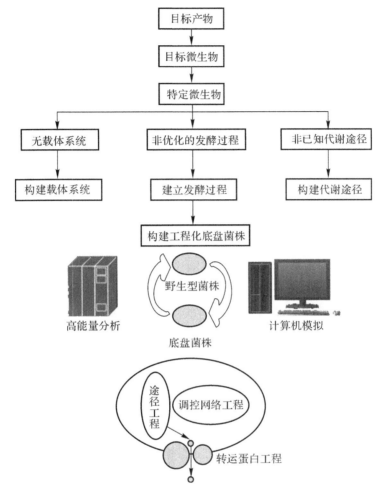

图 2 - 15 利用系统生物学改造菌株

四、代谢网络调控研究与应用

代谢网络是在遵循细胞内各生化反应计量学规律的基础上，包含从最初底物到最后目的产物的整个代谢网络体系。构建代谢网络主要有直接构建法和间接构建法两种。

直接构建法的具体思路是，通过已经研究清楚的生化反应，加上对酶活力的测定，构建整个代谢网络。这种思路适用于简单体系的代谢网络。具体思路是，基于已知初始化合物，写出其可能参与的代谢过程，推出其第一步的代谢产物，然后对代谢产物按照同样的原则写出各自可能参与的代谢反应，如此递推，最后构建出代谢网络。

直接构建法具有几个明显的缺点：①对于不了解的代谢反应体系而言，这样推测可能的反应很容易遗漏比较关键的代谢过程；②无法区分整个代谢网络中反应物和副产物的作用，也就无法深入了解真实的代谢网络；③代谢网络大多比较复杂，利用这种思路构建的网络会无形中加大计算量。

间接构建法可在一定程度上克服直接构建方法的局限性。这种方法是在面对复杂的代谢网络体系时，以计算机程序为工具，通过已知的生物体酶学数据库，构建从初始物到代谢产物的可能的所有生化反应。为了得到从初始物到目的产物的简化代谢途径,对其进行解析,对于每个代谢产物都一一列出其参与的所有反应,再进行途径的组合,消除其中的中间代谢产物,得到简化的代谢途径。然后,对于每个代谢物重新列举其参与的所有反应,并选择适当代谢物作为处理对象进行反应途径的再次简化。最终得到简化的代谢途径。

各种组学研究在代谢网络调控中起着重要作用。其中,代谢组学为代谢网络的发展提供了条件,便于人们发现代谢网络中的关键节点,为代谢工程的实施提供了靶点和研究的技术平台。从目标产物分析、代谢产物指纹分析、代谢产物轮廓分析、代谢表型分析和代谢组学分析等步骤逐渐扩大被检代谢物的范围。从检测代谢物的变化可以判断基因表达水平的变化,从而推断基因的功能及其对代谢流的影响。此外,功能基因组学可以通过对基因组功能的深度解析,为寻找代谢网络调控的"开关"提供可能性,从而提升代谢网络研究的水平。

第四节　微生物代谢调控的案例

一、谷氨酸发酵的代谢调控

氨基酸是构成蛋白质的基本单位,广泛应用于医药、食品及其调味剂、动物饲料、化妆品的制造。L-谷氨酸是生物机体内氮代谢中最重要的氨基酸之一,是连接糖代谢与氨基酸代谢的中间产物。L-谷氨酸单钠,俗称味精,具有强烈的鲜味,作为调味品广泛应用于烹饪和食品加工中。

1. 谷氨酸的生物合成途径与步骤

谷氨酸的生物合成涉及糖酵解作用、戊糖磷酸途径、三羧酸循环、乙醛酸循环和丙酮酸羧化(CO_2 固定反应)等。谷氨酸合成的主要途径是 α-酮戊二酸的还原氨基化,它是通过谷氨酸脱氢酶完成的。α-酮戊二酸是谷氨酸合成的直接前体,它来源于三羧酸循环,是三羧酸循环的一个中间代谢产物。

2. 谷氨酸积累的理想条件

根据谷氨酸生物合成的途径和途径中的酶反应,可以总结出谷氨酸大量积累的理想条件:

(1)一定的糖分解代谢生成丙酮酸的速度,生成的丙酮酸不能走向乳酸等合成;

(2)生成丙酮酸后,一部分氧化脱羧生成乙酰 CoA,一部分固定 CO_2 生成草酰乙酸;

(3)生成的乙酰 CoA 不向脂肪酸合成途径转化,趋于合成柠檬酸;

(4)α-酮戊二酸不转化为琥珀酸,即 α-酮戊二酸脱氢酶活力微弱;

(5)异柠檬酸裂解酶活性低,即不形成乙醛酸环;

(6)异柠檬酸脱氢酶活性高,催化异柠檬酸形成 α-酮戊二酸;

(7)L-谷氨酸脱氢酶活性强。

3. 谷氨酸生物合成的调节

在黄色短杆菌中,谷氨酸生物合成的调节如图 2-16 所示(这一过程涉及天冬氨酸的生物合成)。这里主要说明了该菌种以葡萄糖为原料生物合成谷氨酸的代谢调节方式。其中涉及的主要调节方式如下。

1)优先合成与反馈调节

(1)优先合成。所谓优先合成,就是在一个有分支合成途径中,由于催化某一分支反应的酶活性远远大于催化另一分支反应的酶活性,结果先合成酶活性大的那一分支的最终产物。当该分支途径的最终产物达到一定浓度时,就会抑制该分支途径中的酶活性,使代谢转向合成另一分支的最终产物。

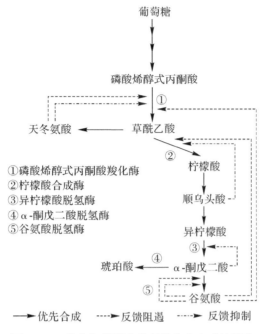

图 2-16 黄色短杆菌中谷氨酸生物合成的调节

(2)谷氨酸比天冬氨酸优先合成,谷氨酸合成过量后,就会抑制和阻遏自身的合成途径,使代谢转向合成天冬氨酸。

(3)磷酸烯醇式丙酮酸羧化酶的调节。磷酸烯醇式丙酮酸羧化酶是催化 CO_2 固定反应的关键,受天冬氨酸的反馈抑制,受谷氨酸和大冬氨酸的反馈阻遏。

(4)柠檬酸合成酶的调节。柠檬酸合成酶是三羧酸循环的关键酶,除受能荷调节外,还受谷氨酸的反馈阻遏和顺乌头酸的反馈抑制。

(5)异柠檬酸脱氢酶的调节。异柠檬酸脱氢酶催化异柠檬酸脱氢脱羧生成 α-酮戊二酸的反应和谷氨酸脱氢酶催化的 α-酮戊二酸还原氨基化生成谷氨酸的反应是一对氧化还原共轭反应体系。细胞内 α-酮戊二酸的量与异柠檬酸的量需维持平衡,当 α-酮戊二酸过量时对异柠檬酸脱氢酶发生反馈抑制作用,停止合成 α-酮戊二酸。

(6)α-酮戊二酸脱氢酶的调节。该酶催化 α-酮戊二酸氧化生成琥珀酸,在谷氨酸产生菌中,α-酮戊二酸脱氢酶活性微弱,因此不具重要的调节作用。

(7)谷氨酸脱氢酶的调节。谷氨酸对谷氨酸脱氢酶存在着反馈抑制和反馈阻遏。

由此可知,在菌体的正常代谢中,谷氨酸比天冬氨酸优先合成。谷氨酸合成过量时,谷氨酸抑制谷氨酸脱氢酶的活性,阻遏柠檬酸合成酶和谷氨酸脱氢酶的合成,使代谢转向天冬氨酸的合成。天冬氨酸合成过量后,天冬氨酸反馈抑制和反馈阻遏磷酸烯醇式丙酮酸羧化酶的活力,停止草酰乙酸的合成。因此,在正常情况下,谷氨酸并不积累。

谷氨酸的合成除上述调节外,还与糖的代谢和氮代谢的调节有关。

2)糖代谢调节

糖代谢的调节主要受能荷的控制,也就是细胞内能量水平控制。

当生物体内生物合成或其他需能反应加强时,细胞内 ATP(腺嘌呤核苷三磷酸)分解生成 ADP(腺嘌呤核苷二磷酸)或 AMP(腺嘌呤核苷一磷酸),ATP 减少,ADP 或 AMP 增加,即能荷降低,就会激活某些催化糖类分解的酶(如糖原磷酸化酶、磷酸果糖激酶、柠檬酸合成酶、异柠檬酸脱氢酶等)或解除 ATP 对这些酶的抑制,并抑制糖原合成的酶(如糖原合成酶、果糖-1,6-二磷酸酯酶等),从而加速糖酵解、TCA(三羧酸)循环产生能量,通过氧化磷酸化作用生成 ATP。

当能荷高时,即细胞内能量水平高时,AMP、ADP 都转变成 ATP,ATP 增加,就会抑制糖原降解、糖酵解和 TCA 循环的关键酶,并激活糖类合成的酶,从而抑制糖的分解,加速糖原的合成。因此,细胞能荷水平较低利于谷氨酸的合成。

二、青蒿素发酵的代谢调控

在青蒿素的生物合成过程中面临以下问题:青蒿素是一种倍半萜内酯天然产物,而植物的萜类代谢是一个错综复杂的基因表达调控代谢的网络,许多萜类的代谢途径及调控机理尚不完全清楚,其中生物合成的竞争途径主要在萜类合成的分支途径,其萜类前体同时是其他萜类化合物的共同前体,使青蒿素的生物合成产生“分流”。

解决这一问题的最直接策略是,通过基因水平对关键下调酶的基因进行剔除或弱化。为此,进一步分析发现,青蒿素合成中主要竞争途径的酶有 SQS(鲨烯合酶)、CS(β-石竹烯合酶)、FS(顺式 β-法呢烯合酶)和 EPS(柏木脑合酶),编码这些酶的基因是青蒿素生物合成的重要下调基因。其中,SQS 是导致青霉素生物合成代谢流产生分叉的重要酶之一。因此猜想,通过将反义 SQS 基因导入青蒿素基因组中,该竞争途径的代谢流应该会弱化或被阻断,而青蒿素的代谢流将被加强。结果也验证了这一猜想,即青蒿素中萜类合成具有网络调控特性。

此外,由于青蒿素生物合成与其他萜类拥有共同的合成前体,有着部分相同的合成途径,以及相似的网络调控机制,并且青蒿素的生物合成相对简单,借用近年在青蒿素生物合成方面取得的突破性进展,以其为模式可以较为全面、深入地研究其他萜类,如紫杉醇、长春碱等的代谢网络及其调控机理,从而进一步有效地提高萜类产量,促进萜类化合物的代谢工程研究。

本章知识图谱与视频

一、本章知识图谱

本章知识图谱如图 2-17 所示。

二、本章视频

1. 合成生物学与菌种改造
2. 系统生物学与酿酒酵母生产双氢青蒿酸

1.合成生物学与菌种改造　　2.系统生物学与酿酒酵母生产双氢青蒿酸

三、本章知识总结

本章知识总结如图 2-18 所示。

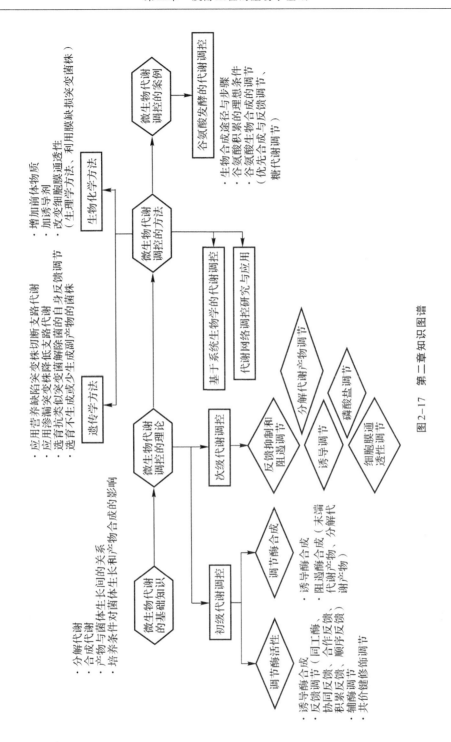

图2-17　第二章知识图谱

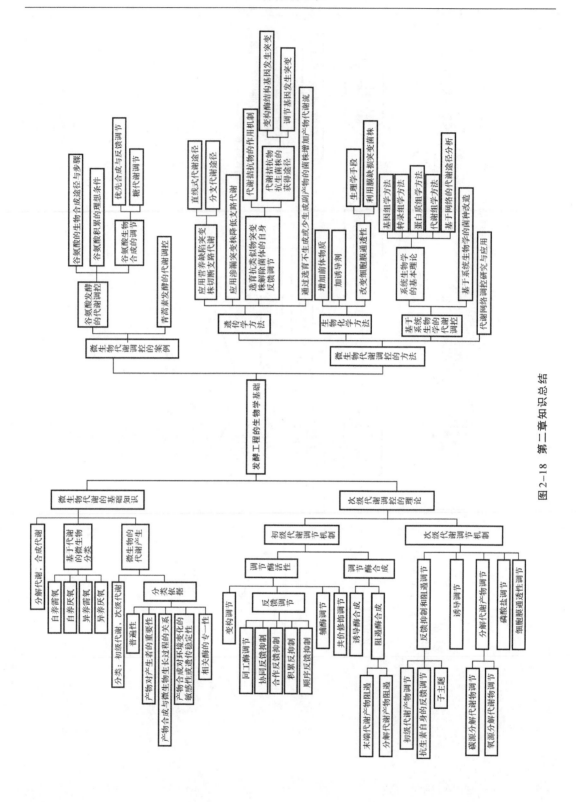

图 2-18　第二章知识总结

本 章 习 题

1. 简述分解代谢和合成代谢的关系。
2. 简述初级代谢和次级代谢的区别与联系。
3. 论述基于系统生物学进行微生物代谢调控的研究思路。
4. 论述谷氨酸发酵代谢调控的研究思路与技术依据。

第三章 发酵工程的硬件基础

第一节 发酵工程的设备基础

设备是保证发酵过程正常和高效运转的重要条件。发酵工业用设备改造也是发酵工程研究的重要内容。

一、发酵过程所用设备与用途

发酵过程所用设备及其用途如图 3-1 所示。这些设备主要涉及培养基制备、空气除菌、发酵、发酵工厂废弃物处理等生产环节。

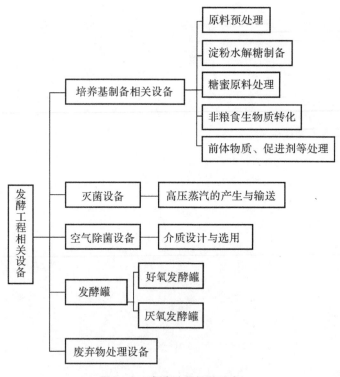

图 3-1 发酵过程相关设备

二、发酵工程实验室的公用设施

要想发酵实验室有效运转,需要许多公用设施来供应空气、蒸汽、水、电、其他气体等(见图3-2)。所需设施的先进程度取决于发酵研究的规模及其对设施的要求。对于专用的发酵实验室,所有的设施应能全天供应;对于较小的或多用途实验室,一般仅安装少数几个简单的发酵罐,则无须要求很高的公用设施。

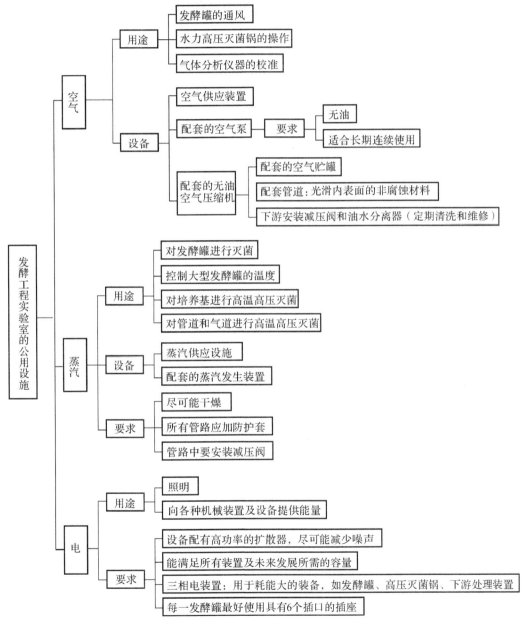

图3-2　发酵工程实验室的公用设施

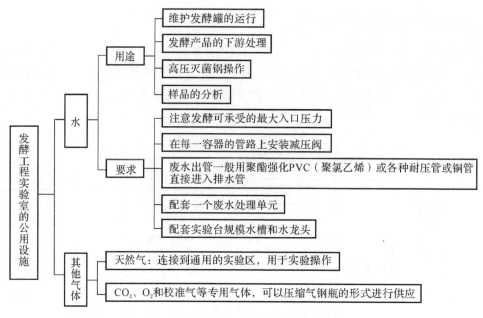

续图 3－2　发酵工程实验室的公用设施

三、生物反应器及其附属设备

一个装备良好的发酵实验室,其大量的投资用于购买发酵罐及多种辅助设备。

1.发酵罐

发酵罐可以是安装于自身框架内的独立式的、安装滑轮的或台式的,应将其安装在实验室的湿地板区。湿地板区可分成几个发酵罐机架,在两个罐之间应留有足够的空间以便进行操作。每一个机架装有 6 个电插座、2 个供水管、1 个空气供应管、1 个蒸汽供应管及 1 个排气分析口。装置的管路应具有彩色标识,以便于识别,防止混淆。如果发酵罐是独立式的,则应检查主机架是否具备放置附加装置、泵及酸碱贮罐的可用区域。如果可用区域过小,则需要在墙上搭架子,或者在发酵罐附近预留放置小工作台的空间。

2.附属设备

发酵罐的附属设备有高压灭菌锅、培养箱、烘箱、泵、泵管、连接管及夹子、过滤器、培养基贮罐、气流装置、O 形环(见图 3－3)。

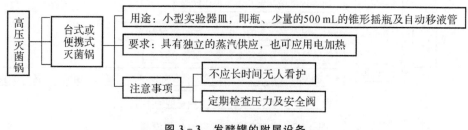

图 3－3　发酵罐的附属设备

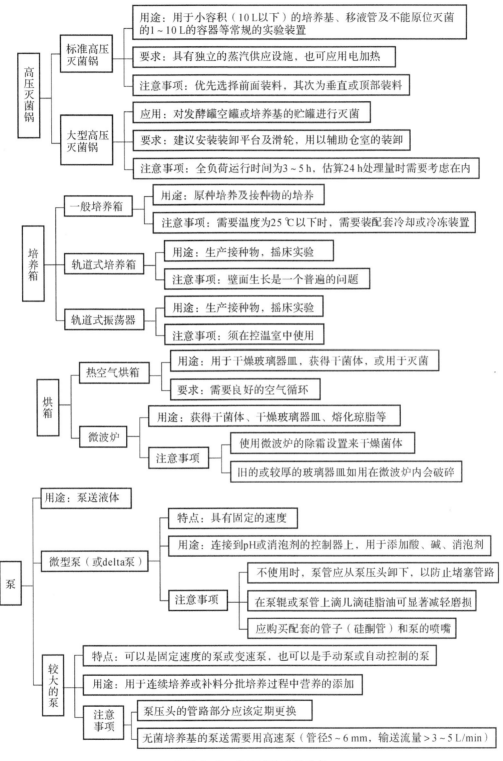

续图 3-3 发酵罐的附属设备

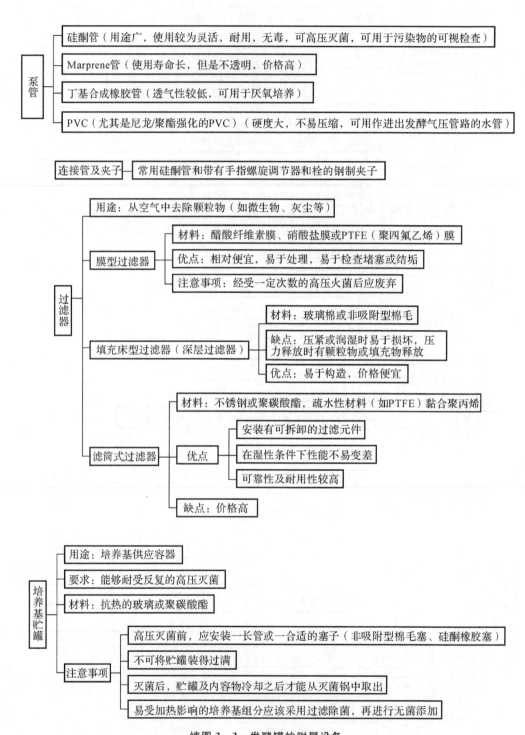

泵管
- 硅酮管（用途广，使用较为灵活，耐用，无毒，可高压灭菌，可用于污染物的可视检查）
- Marprene管（使用寿命长，但是不透明，价格高）
- 丁基合成橡胶管（透气性较低，可用于厌氧培养）
- PVC（尤其是尼龙/聚酯强化的PVC）（硬度大，不易压缩，可用作进出发酵气压管路的水管）

连接管及夹子——常用硅酮管和带有手指螺旋调节器和栓的钢制夹子

过滤器
- 用途：从空气中去除颗粒物（如微生物、灰尘等）
- 膜型过滤器
  - 材料：醋酸纤维素膜、硝酸盐膜或PTFE（聚四氟乙烯）膜
  - 优点：相对便宜，易于处理，易于检查堵塞或结垢
  - 注意事项：经受一定次数的高压灭菌后应废弃
- 填充床型过滤器（深层过滤器）
  - 材料：玻璃棉或非吸附型棉毛
  - 缺点：压紧或润湿时易于损坏，压力释放时有颗粒物或填充物释放
  - 优点：易于构造，价格便宜
- 滤筒式过滤器
  - 材料：不锈钢或聚碳酸酯，疏水性材料（如PTFE）黏合聚丙烯
  - 优点
    - 安装有可拆卸的过滤元件
    - 在湿性条件下性能不易变差
    - 可靠性及耐用性较高
  - 缺点：价格高

培养基贮罐
- 用途：培养基供应容器
- 要求：能够耐受反复的高压灭菌
- 材料：抗热的玻璃或聚碳酸酯
- 注意事项
  - 高压灭菌前，应安装一长管或一合适的塞子（非吸附型棉毛塞、硅酮橡胶塞）
  - 不可将贮罐装得过满
  - 灭菌后，贮罐及内容物冷却之后才能从灭菌锅中取出
  - 易受加热影响的培养基组分应该采用过滤除菌，再进行无菌添加

续图 3－3　发酵罐的附属设备

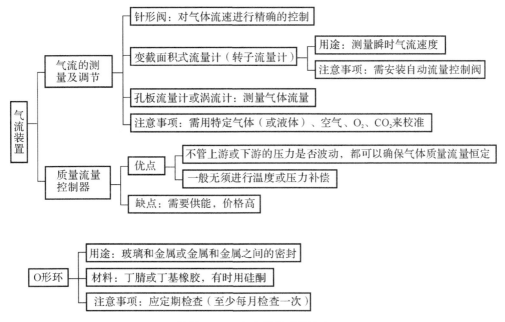

续图 3-3 发酵罐的附属设备

第二节 发酵工程实验室组成

一、建立发酵实验室需考虑的因素

建造发酵工程实验室一般需考虑如下因素：

(1)运行规模。如果仅仅使用台式(bench-top)发酵罐(发酵罐体积为 3 L 以下)，几乎不需要对标准的微生物实验室进行额外的改造，即可将其用作发酵实验室。管子、夹子、泵及振荡培养设备等辅助装置，在各种运行规模的实验室中都普遍适用。

对于较大容积的发酵罐(工作容积为 5~50 L，需要安装滑轮、滑道或框架)，通常需预留更多的操作区。再大一些的发酵罐则用于小型中试工厂。

(2)发酵罐的类型。对于某些特定的应用，采用气升式或环式反应器等专业化类型的发酵罐。但是，大多数情况下，搅拌罐式生物反应器最好，可以用于各种运行规模，操作更具灵活性。

(3)发酵罐的数量。使用 1~2 台台式发酵罐时，仅需供电、供水和一个小型高压灭菌锅。运行几个较大发酵罐时，则需考虑实验室设计，最好为每个发酵罐所在位置设计蒸汽管路，以便于原位灭菌。

(4)发酵过程的性质。发酵过程的性质与所用生物的类型有关：动物细胞培养的装置与常规的微生物发酵过程的装置区别很大。下述发酵工程实验室的条件要求，针对的是从头建设的微生物发酵研究用实验室。

二、发酵工程实验室的区域划分

发酵工程实验室的设计应该在维持高安全标准的同时,具有最大工作效率。具体设计原则和要素如图3-4所示。

需要注意:分析区应尽可能地远离湿地板区。如有可能,所有分析仪器应分别安装在相邻近的实验室内。分析区应具备如GC(气相色谱)、HPLC(高效液相色谱)、分光光度计等仪器设备。发酵区所产生的湿度,发酵罐和离心机等辅助设备产生的振动,都有可能引起分析设备的检测偏差,导致检测结果不准确。

发酵实验室的湿地板区:所有发酵罐[包括实验台规模(bench top)发酵罐的变型]置位于湿地板区,以使喷溅或溢出的发酵液不对实验室、操作人员或位于地板下面的装置造成损害。湿地板应符合两个标准:防滑(无论湿地板还是干地板)和易于清洗。同时,湿地板应向中心的排水槽倾斜(但发酵罐应水平安装);排水槽本身应该向实验室排水出口倾斜,排水槽上面须安装不锈钢或高强度塑料格栅以防止堵塞。

发酵实验室的干地板区:实验室的干地板区应该用表面光滑、不粘灰尘的无缝乙烯基薄板覆盖。实验室湿地板区和干地板区的连接区是一个潜在的危险区域,因为乙烯基薄板遇水后会变滑,所以需要在此设立一个可以干燥鞋子的区域。还须对地板区进行定期的清洁、去污和消毒。考虑到装置及发酵罐内容物的性质,需要对清洁湿地板的人员进行专门训练。如果湿地板区较大,可用消防水龙带进行清洁及冲洗。

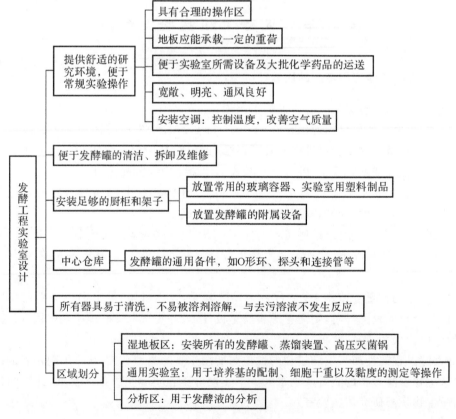

图3-4 发酵工程实验室设计

第三节 发酵工程实验室的安全性

发酵工程实验室的安全工作极为重要,不安全的操作不仅会导致安全事故,也会打乱正常的实验进程。实验室所有工作人员都需要知道并严格遵守实验室操作规则,应建立定期清洗和检查装置的操作规程。发酵工程实验室的安全性主要有图3-5所示的几个方面。

实验室安全性方面的金箴是,在开始工作之前确切地了解如何能够安全地进行操作。因此,每一名新的实验室工作者在使用任何设备之前,均应在安全操作方面接受指导。

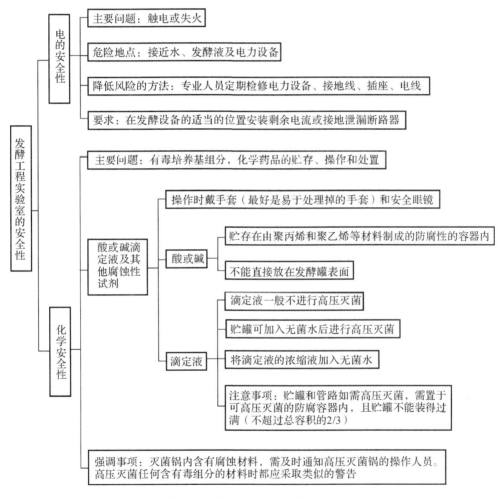

图3-5 发酵工程实验室的安全性

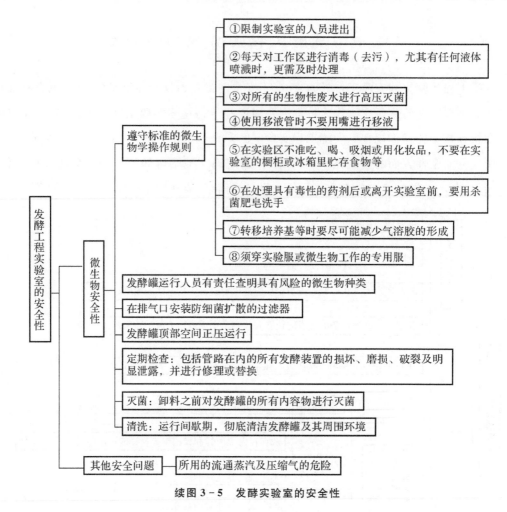

续图 3-5　发酵实验室的安全性

本章知识图谱与视频

一、本章知识图谱

本章知识图谱如图 3-6 所示。

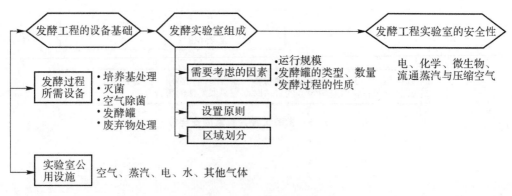

图 3-6　第三章知识图谱

二、本章视频

1. 生物制药厂工程设计:方案设计
2. 生物制药厂工程设计:详细及施工设计
3. 生物制药厂工程设计:施工过程
4. 生物制药厂区布局
5. 生产车间布局与设备一层1
6. 生产车间布局与设备二层2
7. 生产车间布局与设备二层3
8. 生物制药厂主要设备仿真1:层析系统-冻干
9. 生物制药厂主要设备仿真2:发酵罐-均质机
10. 生物制药厂主要设备仿真3:灭菌柜-烘箱
11. 生物制药厂主要设备仿真4:洗瓶机-灯检机

1.生物制药厂工程设计:方案设计

2.生物制药厂工程设计:详细及施工设计

3.生物制药厂工程设计:施工过程

4.生物制药厂区布局

5.生产车间布局与设备一层1

6.生产车间布局与设备二层2

7.生产车间布局与设备二层3

8.生物制药厂主要设备仿真1:层析系统-冻干

9.生物制药厂主要设备仿真2:发酵罐-均质机

10.生物制药厂主要设备仿真3:灭菌柜-烘箱

11.生物制药厂主要设备仿真4:洗瓶机-灯检机

三、本章知识总结

本章知识总结如图3-7所示。

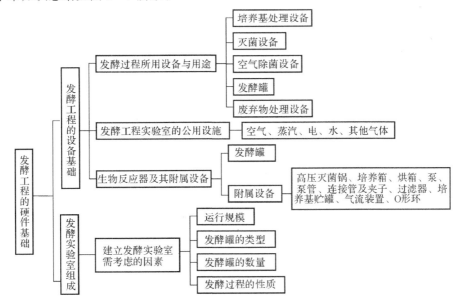

图3-7 第三章知识总结

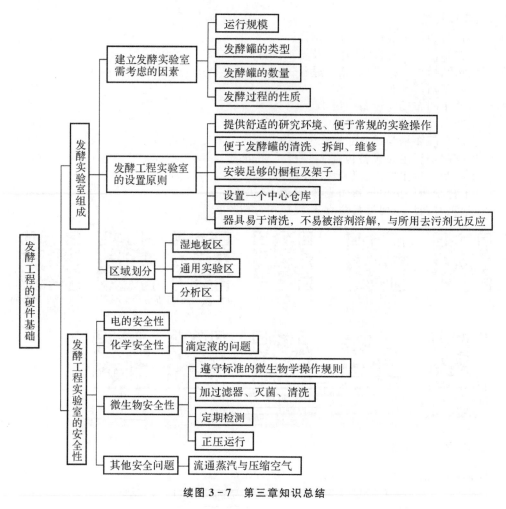

续图 3-7 第三章知识总结

本 章 习 题

1. 简述发酵实验室的关键区域。

2. 简述发酵实验室的主要设备与用途。

3. 论述保证发酵实验室中微生物安全性的关键环节。

第四章 工业微生物的获得与改造

微生物的生命活动是发酵工程的核心和基础。微生物的生物学性状和发酵条件决定了其相应产物的生成。工业上使用的微生物都称为工业微生物,常用工业微生物主要是细菌、放线菌、酵母菌和霉菌。随着基因工程在发酵工程中的应用,病毒、藻类等其他微生物也正在逐步成为发酵工业的生产菌。

第一节 工业微生物的特点

一、工业微生物的要求

微生物在工业上的用途很广,包括食品、医药、化工、水产、国防、纺织及石油勘探等方面。有的直接利用微生物的菌体细胞制备重要的化工和医药物质、生化科研试剂以及人造蛋白质、脂肪和糖类等;有的利用它的代谢产物,例如酒精、甘油、氨基酸、柠檬酸及抗生素等;有的利用它的酶催化化学反应或制成酶制剂;等等。

微生物在自然界的分布极其广泛,但并不是所有的微生物都能用于工业生产。能够用于工业生产的微生物菌种,要满足以下条件:

(1)不能是病原菌,不能产生任何有害的生物活性物质或毒素,确保其安全性;

(2)在较短的发酵周期内产生大量发酵产物;

(3)在发酵过程中不产生或少产生与目标产品性质相近的副产物及其他产物,可提高营养物质的转化率,降低分离纯化的难度,降低成本,提高产品的质量;

(4)生长繁殖能力强,生长、增殖速度快,发酵周期短,产孢菌应具有较强的产孢子能力;

(5)原料来源广,价格低,能高效地被菌种转化为产品;

(6)对需要添加的前体物质有耐受能力,并不能将前体作为一般碳源利用;

(7)菌种纯,遗传特性稳定,抗噬菌体能力强,以保证发酵生产的稳定性。

众所周知,具备以上条件的菌株,才能保证发酵产品的产量和质量,这是发酵工业的最大目标和最低要求。对于某些发酵过程,还需要菌株具有一些其他的特性,包括对极端环境的耐受能力强、安全无毒、环境污染少等。

二、工业微生物的获得途径概述

早期工业生产用优良菌种都是从自然界分离而得的。但是,从自然界分离所得的野生菌种,其产物不论在产量上还是质量上均难以适应工业化生产的要求。这是因为在正常的生理条件下,微生物依靠其代谢调节系统,趋向于快速生长和繁殖。但是,发酵工业的需要与此相反,需要微生物能够积累大量的代谢产物。为此,需要采用种种措施来打破微生物正常的代谢途径,使之失去调节控制,从而大量积累人们所需的代谢产物。

微生物改造是提高生物细胞的生产能力、实现生物工程目标的重要方法之一,即按照发酵生产的要求,根据微生物遗传变异理论,对现有的发酵菌种的生产性状进行改造或改良,以提高产量、改进质量、降低成本、改革生产工艺。在微生物发酵工业中,菌种改造不仅可以提高有效物的产量,改善生物学特性和创造新品种,而且在研究有效产物代谢途径、遗传图谱制定等方面都有一定用途。

除了向菌种保藏机构索取有关的菌株外,工业发酵用微生物菌种的获得主要有三种途径(见图4-1):一是从自然界中筛选;二是从筛选出的菌种中进行进一步培养;三是通过基因工程改造获得。相对来讲,基因改造的工程菌是现代发酵工程的基础与发展趋势。其中:自然选育和诱变育种带有一定的盲目性,属于经典育种范畴;基因改造技术则是随着微生物学、分子生物学的发展,通过转化、转导、原生质体融合、代谢调控、基因工程等技术手段,定向地选育出具有特种功能和特性的工业微生物菌种。

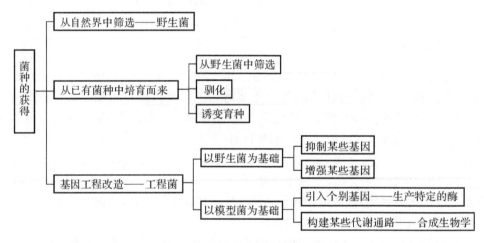

图4-1 工业微生物的获得途径

三、微生物细胞工厂

1.微生物细胞工厂的组成与要素

所谓工厂,就是能够生产或制造某种产品,或者进行某种处理程序的场所。一般意义上的"工厂"应该具备特定的生产线,以及相应的动力等辅助系统,并且需要在一定的管理程序下才能正常运转,尤其重要的是"工厂"的各要素是根据人的意志"设计"进行的,可以根据需求设计生产线及辅助系统等,并调控生产进度。细胞工厂也具备相应的组成要素,具体内容如表4-1所示。

此外,对于细胞工厂而言,其可设计性也是最重要的。这就首先需要了解菌体的遗传操作背景及原有的代谢途径或网络。从图4-2可以看出,这些代谢途径交错复杂,相互影响。

表 4-1　微生物细胞工厂的组成元素

工厂元件和调控要素	相应的细胞结构或调控要素
生产线	产物合成/底物降解途径
动力等辅助系统	胞内能量及辅因子系统
管理程序	胞内复杂的调节控制系统和对外界调控的响应能力
根据需求设计生产线,并调控生产进度	在遗传背景相对清楚的模式菌中构建新的代谢途径或进行代谢调控

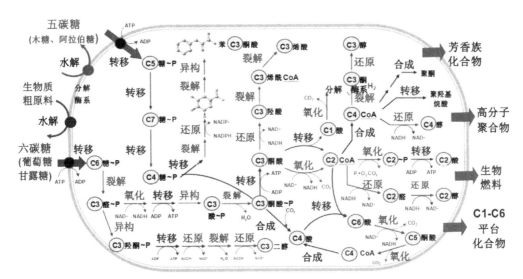

ATP—腺嘌呤核苷三磷酸;ADP—腺嘌呤核苷二磷酸;CoA—辅酶 A;

NAPP⁺:烟酸胺腺嘌呤二核苷酸磷酸;NADPH—还原型烟酰胺腺嘌呤二核苷酸磷酸;

NADH—还原型烟酰胺腺嘌呤二核苷酸;DAD⁺—烟酰胺腺嘌呤二核苷酸

图 4-2　微生物中代谢途径示意图

2.野生型菌株不能作为微生物细胞工厂

虽然从自然界中进行分离筛选是获得微生物的一种重要途径,但是这些野生型菌株并不能直接用于工业发酵,也不能被称为细胞工厂。这是因为它们存在以下缺点:

(1)代谢速率和产物积累浓度低;

(2)代谢产物中物质种类多,目标产物分离纯化困难;

(3)进化速率慢,变异的随机性强,不适用于工业生产;

(4)多数野生型菌株培养时的底物谱窄,而工业发酵用生物质成分复杂,难以被一种微生物全部利用。

3.微生物细胞工厂的构建策略

为了更加精准地调控发酵工程,使其向着人们需要的方向进行,基于合成生物学进行高产、高效菌株的细胞工厂构建已经成为现代发酵工程的核心内容。这种构建策略是以出发菌株为基础,通过反复调整遗传修饰、代谢分析、设计策略,最终得到理想的生产菌株。所用策略如图 4-3 所示。

具体过程为:

(1)基于基因组序列数据、代谢组分析和通量组计算重构微生物的代谢网络;

(2)利用计算生物学的方法,整合转录组学、蛋白质组学和代谢组学所产生的数据,理解微生物对不同的细胞内和环境刺激的应答情况,利用适当算法解析代谢网络结构,确定其中的关键步骤;

(3)根据确定出的关键节点,设计出新的代谢工程策略,设法调节代谢流向目标产物产量最大化的方向流动,构建高效的细胞工厂。

微生物细胞工厂构建面临的挑战主要有两个方面:一是提高菌株的原料利用能力,使其可以由利用精细原料变为利用复杂原料;二是提高菌株的产品合成能力,使得菌株由微量合成或者不能合成,变成能够大量合成或者定向合成某种产物。

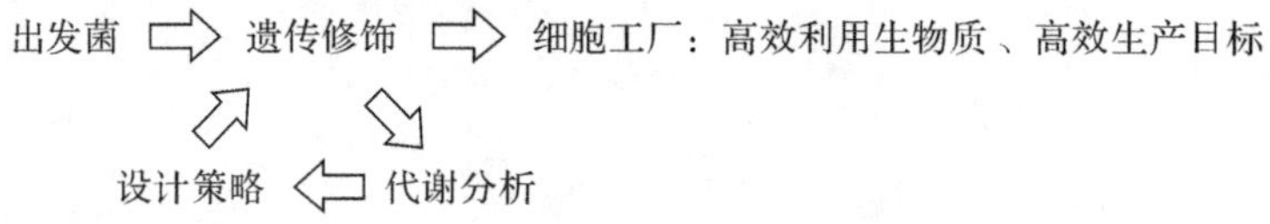

出发菌 ⇒ 遗传修饰 ⇒ 细胞工厂:高效利用生物质、高效生产目标

设计策略 ⇐ 代谢分析

图 4-3　细胞工厂构建的策略

第二节　微生物的自然选育

微生物的自然选育也称为菌种的分离纯化,是指不经过人工处理,凭借菌株的自然突变筛选出具有优良遗传性状菌株的过程。自然育种是基于菌种响应外界环境变化,基因自主发生突变,从自然界分离获得菌株和根据菌种的自发突变筛选出性能优良的菌株。研究发现,很多物质可以用自然育种选出的微生物进行发酵生产,如抗生素(如青霉素)、维生素(如维生素 B12)、酶制剂(如木糖聚酶)等。

一、微生物自然选育的基础步骤

从自然界分离筛选目标菌的主要步骤如图 4-4 所示,主要包括调查研究、设计实验方案、菌种的培养增殖、纯种分离、原种斜面保藏、菌种筛选、性能鉴定、菌种保藏等。

1. 制定方案

查阅大量资料,了解所需菌种的生长和培养特性,根据菌种的培养特性制定目标菌种的分离筛选方案,然后再有针对性地采集样品、分离菌种。

土壤中微生物最多,但需要根据目标菌种特性和需要不同选择合适的分离源。采样地点选择的原则是,参考筛选目的、微生物分布、菌种主要特征、菌种与外界环境关系等,进行综合、具体分析。如果不了解生产菌的具体来源,一般可从土壤中分离。

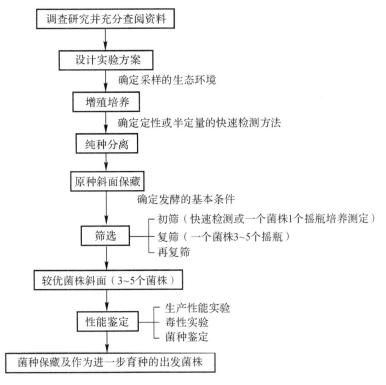

图 4-4　微生物自然选育的工作流程

2.含微生物样品的采集

微生物样品的来源要广。土壤是微生物最集中的地方,从土壤中几乎可以分离到任何所需的菌株,空气和水中的微生物也都来源于土壤。由于各种微生物生理特性不同,在土壤中的分布也随着地理条件、养分、水分、土质、季节而有很大的变化。因此,在分离菌株前要根据分离筛选的目的,到相应的环境和地区去采集样品。具体可参考的指标有土壤有机质含量和通气状况、土壤酸碱度和植被状况、地理条件、季节条件等,同时需要结合产品的特点。另外,还可根据微生物的营养类型和生理特征来采样。例如,要筛选高温酶生产菌时,通常可以到温度较高的南方地区或温泉、火山爆发处采集样品。

1)采样对象

土壤:田园土、耕作过的沼泽土中,以细菌和放线菌为主;富含碳水化合物的土壤(如一些野果生长区和果园内)和沼泽地中,酵母和霉菌较多;森林土,富含纤维素,产纤维素酶的菌种较多;肉类加工厂附近和饭店排水沟的污水、污泥中,产蛋白酶和脂肪酶的菌种较多。

植物或动植物残体、腐败物品:霉菌较多。

水域:厌氧菌较多。

2)采样季节

采样季节以温度适中、雨量不多的秋初为好。

3)采土方式

用小铲子除去表土,取离地面 5~15 cm 处的土约 10 g,盛入清洁的牛皮纸袋或塑料袋中,扎好,标记,记录采样时间、地点、环境条件等,以备查考。采好的样应及时处理,暂不能处理的也应贮存于 4 ℃下,但贮存时间不宜过长。

3.含微生物样品的富集培养

如果样品含所需菌种很少,则要设法增加该菌的数量,进行富集(增殖)培养。富集培养是在目的微生物含量较少时,根据微生物的生理特点,给混合菌群提供一些有利于所需菌株生长或不利于其他菌型生长的条件,以促使所需菌种大量繁殖,从而有利于分离它们。其最终目的是,让目的微生物在种群中占优势,使筛选变得可能。

定向增殖培养的方法可以总结为图 4 - 5,主要分为物理方法和培养方法两大类。其中,物理方法主要有加热、膜过滤两种;培养方法则是调节培养基中底物、pH、培养时间、培养温度等条件,让目标菌进行大量增殖,通过同时采用改变培养基组成和控制适当的温度、pH 来进行。

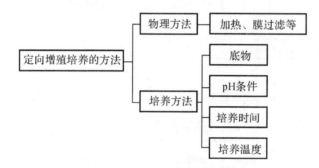

图 4 - 5　自然选育中微生物富集培养的方法

通常含微生物样品的富集培养采用的方法如下:

(1)控制培养基营养成分。微生物的代谢类型十分丰富,如果环境中含有较多某种物质,则其中能分解、利用该物质的微生物也较多。在分离该类菌株之前,可在增殖培养基中加入相应的底物作为唯一碳源或氮源,那些能分解利用这些底物的菌株因得到充足的营养而迅速繁殖,其他微生物则由于不能分解这些物质,生长会受到抑制。例如:筛选纤维素酶产生菌时,以纤维素作为唯一碳源,不能分解纤维素的菌不能生长;筛选脂肪酶产生菌时,以植物油作为唯一碳源,脂肪酶产生菌能更快生长和分离出来;分离放线菌时,先在土壤样品悬液中滴加 10%酚数滴,抑制霉菌和细菌生长。

(2)控制培养条件。细菌、放线菌的生长繁殖一般要求偏碱(pH 为 7.0~7.5)的环境,而霉菌和酵母要求偏酸(pH 为 4.5~6.0)的环境。在筛选某些微生物时,可以通过它们对 pH、温度和通气量等条件的特殊要求来控制培养,达到有效分离的目的。

(3)抑制不需要的菌类。可以通过高温、高压、加入抗生素等方法来减少非目的微生物的数量,从而使目的微生物的比例增加。例如:在土壤中分离芽孢杆菌时,由于芽孢具有耐高温特性,100℃很难将其杀死,可先将土样在 80℃中加热 30 min 左右,杀死不产芽孢的微生物;在筛选霉菌和酵母时,可在培养基中加入氨苄西林或卡纳霉素等细菌敏感的抗生素抑制细菌生长。

对于含菌数量较少的样品或当分离一些稀有的微生物时,采用富集培养可以提高分离效率和筛选到目的菌株的概率。但是如果按照常规的分离方法,就可在培养基平板上出现足够数量的目的微生物,则没有必要进行富集培养,直接分离、纯化即可。

4.微生物的纯种分离

经富集培养后的样品,虽然目的微生物得到了增殖,但是培养液中依然是多种微生物混杂在一起。还需通过分离纯化,才能把需要的菌株从样品中分离出来。常用的方法有稀释涂布分离法、划线分离法,以及利用平皿的生化反应进行分离。

1)稀释涂布分离法

稀释涂布分离法是指将土壤样品以10倍的级差用无菌水进行稀释,取一定量的某一稀释度的悬乳液,涂布于分离培养基的平板上,经过培养,长出单菌落(见图4-6)。

2)划线分离法

如图4-7所示,划线分离法是在划线接种的过程中使得样品中微生物浓度得到不断降低,直至分离出单个菌落。

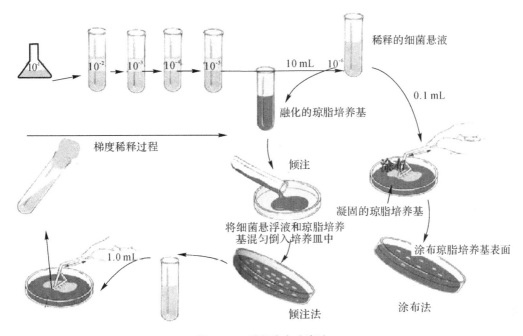

图4-6　稀释涂布分离法

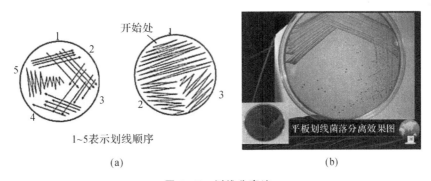

1~5表示划线顺序

(a)　　　　　　　　　　　　　　(b)

图4-7　划线分离法

3)利用平皿中生化反应进行分离

利用平皿中生化反应分离的一种方法是从产物角度出发,利用某些代谢产物的生化反应来设计分离培养基,使得目标菌能够在分离培养基中表现出明显特征的简单、快速的鉴定方法。另一种方法是以菌落形态为依据,进行目标菌的初步筛选。例如,多糖产生菌具有黏液性的菌落外观。具体的方法有如下几种。

(1)透明圈法:在平板培养埴中加入溶解性较差的底物,使培养基混浊。能分解底物的微生物便会在菌落周围产生透明圈,圈的大小可初步反映该菌株利用底物的能力。例如,可以利用含有淀粉的培养基筛选具有高淀粉前活力的微生物(见图4-8)。该法在分离水解酶产生菌时采用较多,产有机酸也可用(见图4-9)。例如,脂肪酶、淀粉酶、蛋白酶、核酸酶产生菌都会在含有底物的选择性培养基平板上形成透明圈。

图4-8 培养基中淀粉被产淀粉酶的菌利用后变成透明

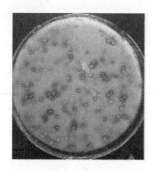

图4-9 培养基中碳酸钙被产乳酸的菌溶解后变成透明

(2)变色圈法:对于一些不易产生透明圈产物的产生菌,可在底物平板中加入指示剂或显色剂,使所需微生物被快速鉴别出来。例如,可以利用某些对 pH 敏感的染料制备平板,从而快速筛选具有较强积累有机酸能力的微生物。又如,在筛选果胶酶生产菌时,用含有0.2%果胶为唯一碳源的培养基平板,待菌落长成后,加入0.2%刚果红染色液4 h,具有分解果胶能力的菌落周围便会出现绛红色水解圈(见图4-10)。这是因为,刚果红变色的 pH 范围为3～5。pH>5 时,它以磺酸钠形式存在,指示剂显红色;pH<3 时,它以邻醌式内盐的结构存在,指示剂显蓝色;胶酶水解果胶形成游离的半乳糖醛酸。再如,在分离谷氨酸产生菌时,在培养基中加入溴百里酚蓝指示剂,若平板上出现产酸菌,其菌落周围会变成黄色,这是因为指示剂的 pH 在 6.2 以下为黄色,pH 在 6.2 以上为蓝色。

图 4-10　菌落周围出现绛红色水解圈

（3）生长圈法：该方法常用于分离筛选氨基酸、核苷酸和维生素的产生菌。将待检菌涂布于含高浓度的工具菌并缺少所需营养物的平板上进行培养，若某菌株能合成平板所需的营养物，在该菌株的周围便会形成一个浑浊的生长圈。所用工具菌是一些与目的菌株相对应而营养缺陷型菌株。例如，嘌呤营养缺陷型大肠杆菌与不含嘌呤的琼脂混合倒入平板，在其上涂布含菌样品保温培养，周围出现生长圈的菌落为嘌呤产生菌。只要是筛选微生物所需营养物的产生菌，都可采用营养缺陷型菌株作为工具菌通过生长圈法筛选。

（4）抑菌圈法：该法常用于抗生素产生菌的分离筛选，工具菌采用抗生素的敏感菌。若被检菌能分泌某些抑制工具菌生长的物质（如抗生素等），便会在该菌落周围形成抑菌圈。该法常用于抗生素产生菌的分离筛选，如青霉素产生菌的筛选。

以上几种方法的示意图可以总结为图 4-11。

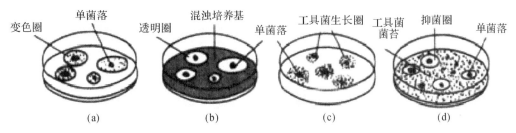

图 4-11　利用平皿中的生化反应分离目标菌
（a）透明圈法；（b）变色圈法；（c）生长圈法；（d）抑菌圈法

5.目标微生物的筛选

在目的菌株分离的基础上，进一步通过筛选，选择目的产物合成能力相对高的菌株。一般可分为初筛和复筛两步。

1）第一步：初筛

初筛是从大量分离到的微生物中将具有合成目的产物的微生物筛选出来的过程。由于菌株多、工作量大，为了提高初筛的效率，通常需要设计一种快速、简便又较为准确的筛选方法。纯化分离阶段本身就是筛选过程。未使用平皿定性法挑选的菌落，需经过平板筛选。

初筛一般分为平板筛选和摇瓶发酵筛选两种。使用平板筛选，可将复杂而费时的化学测定改为平皿上肉眼可见的显色或生化反应（进而电泳、层析），能较大幅度地提高筛选效率。摇瓶振荡培养法更接近于发酵罐培养的条件，效果比较一致，由此筛选到的菌株易于推广。因此,经过平板定性筛选的菌株还需进行摇瓶培养。一般一个菌株接一个瓶,对培养得到的发酵液进行定性或定量测定。初筛可淘汰 85%～90% 不符合要求的微生物。

例如:筛选产生碱性蛋白酶的地衣芽胞杆菌时,可将分离得到的菌株点种在含有 0.3%～0.4% 酪蛋白的琼脂平板上,适温培养后,测量形成的水解圈直径和菌落直径,算出它们的比值,用以表示酶活力的强弱;挑选酶活力强的菌株,进一步用摇瓶培养筛选。又如,在筛选谷氨酸菌种时,用不含有机氮(如蛋白胨)的培养基,使分离得到的菌株在这种培养基上形成单菌落,用于 6～8 mm 的打孔器打孔,取出放在滤纸上,喷上茚三酮,出现呈色圈(呈蓝色、偏紫色)。取色深的进一步摇瓶进行电泳或纸层析鉴别。

2)第二步:复筛

由于初筛多采用定性的测定方法,只能得到产物的相对水平。要得到确切的产物水平,必须进行复筛。对初筛后的较好菌株进行摇瓶复筛,一般一株接一个瓶,将得到的发酵液加入琼脂培养基孔中,在培养基中加入鉴定菌(测定抗生素产生菌)或底物(测定酶制剂产生菌),用对应的溶菌圈或水解圈等进行鉴别。筛选出的菌株再按照一个菌株重复 3～5 个摇瓶,培养后的发酵液采用精确的分析方法来测定,如蛋白酶用分光光度计法,脂肪酶用NaOH 滴定等方法。在复筛过程中,要结合各种培养条件,如培养基、温度、pH 和供氧量等进行筛选,也可对同一菌株的各种培养因素加以组合,构成不同的培养条件来进行实验,以便初步掌握野生型菌株适合的培养条件,为以后的育种工作提供依据。一般经复筛后,可保留 2～3 株产量较高的菌株来进行后续生产性能方面的检测。

6. 生产性能的测定

生产性能测定的目的是,确定所得菌株是否适合生产要求,是否可用于生产。需要考察的性能主要有培养特征(包括菌体形态、营养要求)、生理生化特征(包括发酵周期、产品品种和产量)、培养条件(包括耐受最高温度、生长和发酵最适温度)、产物形成的最适 pH 和提取工艺等。分析时,可以采用小三角瓶(50 mL、100 mL、150 mL、250 mL)培养,每个菌株重复 3～5 个瓶,并且采用与生产相近的培养基和培养条件。

二、野生型目的菌株的分类鉴定

经复筛得到的野生型菌株一般都要进行菌种鉴定,为后续研究奠定基础。菌株鉴定一般分为三个步骤:

(1)获得该微生物的纯种分离物;

(2)测定一系列必要的鉴定指标;

(3)根据权威的鉴定手册[如《伯杰氏细菌系统分类学手册》(Springer-Verlag 公司,2001)]或基于分子生物学的系统进化树进行菌种鉴定。

常用的鉴定指标有形态结构、生理生化特征、血清学反应和遗传特征等。

三、微生物菌种的适应性进化

在漫长的进化过程中,微生物经过自然选择,能适应它的周围环境和同其他物种的竞争,但往往不能很好地满足工业化生产上的要求,存在对工业过程中不良环境的耐受能力差、底物消耗速率低、合成目标产物量少等问题。因此,必须对现有的工业微生物菌种进行改良,使之更好地为人类服务。

适应性进化(adaptive evolution)通常也称为菌种驯化,一般是指通过人工措施使微生物逐步适应某一条件,而定向选育微生物的方法。通过适应性进化可以取得具有较高耐受力及活动能力的菌株。适应性进化作为一种传统的菌种改良手段,在实际生产中有着广泛的应用,特别是在传统发酵、环境保护、金属冶炼等领域。

例如,为了提高柠檬酸生产菌对高浓度柠檬酸的耐受能力,可将该菌株在柠檬酸适应性进化培养基中进行耐酸性进化,柠檬酸的浓度从低逐步提高,这样经若干次传代后就能得到可耐高浓度柠檬酸的优良菌株。

四、微生物自然选育的案例

1. 案例 1:碱性纤维素酶产生菌的分离筛选

查阅文献可知,能够产生碱性纤维素酶的产生菌多为中性芽孢杆菌、嗜碱芽孢杆菌、放线菌及霉菌。因此,确定筛选方案为:采样点为造纸厂的废水和废物;先将样品在 80℃下处理 30 min,以杀死营养体,保留芽孢;进而在培养基中加入 0.007 5% 曲利本蓝,用 1%CMC(羧甲基纤维素)作为唯一碳源,调节培养基 pH 为 10.5,涂布培养 3~4 d,选择有凹陷圈的菌落为目标菌。通过初筛和复筛后,从 285 个土样中获得目标菌株 62 株;进一步研究发现,26 株碱性纤维素酶产生菌为组成型,36 株为诱导型。

2. 案例 2:醛肟水解酶的分离筛选

醛肟为一种污染物,自然界中能够水解这种物质的微生物很少,需要在分离前进行富集培养。为此,在培养时,可在培养基中加入 0.05% 的醛肟,每隔 2~3 d 移去一半培养物,补充新鲜培养基;在这个过程中,不断分析样品,如此重复 2~3 个月后培养基中醛肟有降低后,稀释分离各菌落,得到目标菌。

3. 案例 3:α-酮戊二酸高产菌株的分离筛选

α-酮戊二酸是三羧酸循环(TCA)中重要的中间产物之一,在微生物细胞的代谢中起着重要作用,是合成多种氨基酸、蛋白质的重要前体物质。微生物积累 α-酮戊二酸最重要的条件是硫胺素缺陷型。因此,初步设计了一种以筛选硫胺素营养缺陷型菌株为目标的实验方案。

(1)首先将在完全培养基上培养好的菌株分别点种到基本培养基和含有微量硫胺素的补充培养基上,筛选硫胺素缺陷型菌株。硫胺素不仅是 α-酮戊二酸脱氢酶的重要辅因子,也是丙酮酸脱氢酶的辅因子,因此硫胺素营养缺陷型菌株在亚适量的硫胺素水平发酵时可以同步积累 α-酮戊二酸和丙酮酸。为此,需要对筛选到的硫胺素营养缺陷型菌株进行进一步筛选。

(2)样品采集与初筛:从炼油厂附近的土壤中取样,将土样置于含硫胺素的富集培养基中富集培养 3 次,然后将菌液经适当稀释后涂布于完全培养基上,在 30 ℃下培养 2~3 d 后分别点种于不含硫胺素的基本培养基和含有硫胺素的补充培养基上,筛选出硫胺素营养缺陷型菌株。

(3)复筛:通过发酵初筛选取在平板中保留有 α-戊二酸显色斑点的菌株,再转接于装有发酵培养基的摇瓶中进行发酵复筛。4 d 后,用 HPLC 法测定发酵液中 α-戊二酸的含量。经过对多个土壤样品的大量菌株筛选工作,从分离出来的数十株硫胺素营养缺陷型微生物中筛选得到产杂酸较少、遗传稳定性好的产 α-戊二酸菌株。

(4)菌株分类鉴定:在获得了产 α-戊二酸菌株后,对该菌的生理生化特征和 18S rRNA 进行鉴定。结果表明,该菌株属于子囊纲假丝酵母属的解脂亚罗酵母(*Yarrowia lipolytica*)WSH-Z06,现保藏于中国典型培养物保藏中心。

第三节 微生物的诱变育种

诱变育种是常用的菌种改良手段,其理论基础是基因突变,主要利用化学诱变法、物理方法以及生物突变法处理微生物细胞群,提高基因的随机突变频率,再通过一定的筛选方法(或特定的筛子)获得所需要的高产优质菌株。诱变育种在工业微生物育种方面应用较多,不但能够提高产物的产量,还可达到改善产品质量、扩大品种和简化生产工艺等目的。诱变育种具有方法简单、快速和收效显著等特点。

一、微生物诱变育种概述

微生物诱变育种,是以人工诱变手段诱发微生物基因突变,改变遗传结构和功能,通过筛选,从多种多样的变异体中筛选出产量高、性状优良的突变株,并且找出培养这个菌株的最佳培养基和培养条件,使其在最适环境条件下合成有效产物。

基因突变是微生物变异的主要源泉,人工诱变是加速基因突变的重要手段。以人工诱发突变为基础的微生物诱变育种,具有速度快、方法简单等优点,是菌种选育的重要途径。人工诱变的方法主要有化学诱变法、物理诱变法、微生物突变法三种。其中:化学诱变法是添加化学诱变剂,如碱基类似物、吖啶类化合物、羟胺和烷化剂等;物理诱变法包括射线、紫外线、等离子体和激光方法等;微生物突变法包括转化转座子和噬菌体方法等。

化学诱变法中的常用诱变剂有烷化剂、碱基类似物、叠氮化物等嵌入染料。以甲基磺酸乙酯(EMS)为例,其作用机制是:在 DNA 鸟嘌呤的 N-7 位置上,烷基取代氢离子后,成为一个带正电荷的季铵基团,烷化的鸟嘌呤与胸腺嘧啶配对,代替胞嘧啶,发生转换型突变,从而使 GC 碱基对变异为 AT 碱基对,引起 DNA 突变。该方法的特点是操作简单方便、诱变频率高。该方法能诱发产生高密度的系列等位基因点突变,具有效率高、易操作等优点,但是所用试剂具有强烈的致癌性和挥发性,常用 5%硫代硫酸钠作为解毒剂,因此在操作过程中要注意安全防护,严格遵守实验规则。

常温等离子体诱变(Atmospheric and Room Temperature Plasma,ARTP)是近年来新兴的诱变育种方法,能够在大气压下产生温度在 25～40 ℃之间的、具有高活性粒子(包括处于激发态的氦原子、氧原子、氮原子、OH 自由基等)浓度的等离子体射流。这种方法的作用机制是:ARTP 富含的活性能量粒子对菌株/植株/细胞等的遗传物质造成损伤,并诱发生物细胞启动 SOS 修复(SOS 是国际上通用的紧急呼吸信号,SOS 修复是指:DNA 受到严重损伤、细胞处于危急状态时所诱导的一种 DNA 修复方式,修复结果只能维护基因组的完整性,提高细胞的生成率,但留下的错误较多,使细胞有较高的突变率)机制。SOS 修复为一种高容错率修复,因此修复过程中会产生种类丰富的错配位点,并最终稳定遗传进而形成突变株。该方法的特点是:成本低、操作方便;对遗传物质的损伤机制多样,因而获得突变型的多样性的可能性增大;对环境无污染,能保证操作者的人身安全。该方法在微生物突变育种方面的应用越来越得到关注,被大量用于微藻、细菌、真菌、酵母和链霉菌的菌种选育。

微生物突变法中转座子方法的原理是:由转座子编码的转座酶可以识别转座子两端的特定倒置重复序列,将转座子与相邻序列分离,并将其插入 DNA 靶位点。转座子最常见的应用是插入诱变,可用于创建突变菌株的文库。转座子突变体库筛选的成功取决于筛选的突变体数量和库的多样性。这种方法的特点是,转座子可以通过"剪切""粘贴"或"复制"机制在基因组内移动。转座子的流动性和可删除性有利于目的基因的插入及转化,同时可以消除转基因植株中的选择标记基因,从而确保转基因产品的安全性。这种方法可用作微生物突变体的构建,包括基因中断/替换等位基因,启动子融合导致转录时间和水平的改变,以及翻译融合构建各种嵌合体,包括表位/荧光蛋白标记产物。

二、微生物诱变育种的操作过程

诱变育种在工业发酵菌种育种史上创造了辉煌业绩,具有方法简单、投资少、收获大等优点,但其缺点是缺乏定向性。因此,在诱变育种工作中应注意出发菌株的选择、诱变剂种类及其剂量的选择、诱变处理方式方法,并注意结合有效的筛选方法来弥补不足,从而提高诱变育种的效率。其具体步骤如图 4 - 12 所示。

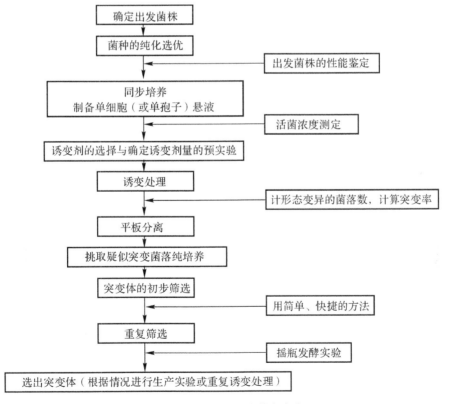

图 4 - 12　诱变育种的基本步骤

1. 出发菌株的选择

出发菌株是指用来进行诱变或基因重组育种处理的起始菌株。出发菌株会直接影响最后的诱变效果,必须对出发菌株的基本特性进行全面了解,特别是对其遗传背景、稳定性、单一性,以及形态、生理、生化等特性有详细和深入的了解,才能提高诱变育种的效果。

1)出发菌株的要求

用作诱变育种的出发菌株应该满足变异幅度广、产量高、对诱变剂敏感等要求。用作诱变育种的出发菌株可以是从自然界直接分离得到的野生型菌株,经历过生产条件考验的菌株,或者已经历多次育种处理的菌株。其中:从自然界样品中分离筛选出来的野生菌株,虽然产量较低,但对诱变因素敏感,变异幅度大,正突变率高;经历过生产条件考验的菌株,具有一定生产能力,并在生产过程中经过自然选育;采用具有有利性状的菌株,如生长速度快、营养要求低以及产孢子早而多的菌株。

有些菌株在发生某一变异后会提高对其他诱变因素的敏感性,故有时可考虑选择已发生其他变异的菌株作为出发菌株。例如:在金霉素生产菌株中,曾发现以分泌黄色色素的菌株作出发菌株,只会使产量下降;而以失去色素的变异菌株作出发菌株,产量则会不断提高。一类称为"增变菌株"的变异菌株对诱变剂的敏感性比原始菌株大为提高,更适宜作为出发菌株。

2)选择具备一定生产能力或某种特性的菌株作为出发菌株

选择出发菌株时,首先从遗传方面考察该菌种是否具有生产所需要的特性。作为出发菌株至少能少量产生这种产物,说明其具有合成该产物的代谢途径,这种菌株在诱变育种中更容易得到较好的效果。采用生产上使用过的、适应该厂发酵设备条件的生产菌种作为出发菌株,通过诱变选育出来的菌种易于推广到工业生产中。例如:在选择产核甘酸或氨基酸的出发菌株时,应考虑至少能累积少量所需产物或其前体的菌株;在选择产抗生素的出发菌株时,最好选择已通过几次诱变并发现每次的效价都有一定程度提高的菌株作为出发菌株。

3)选择纯种作为出发菌株

纯种是指细胞在遗传上是同质性的。诱变中要选择单倍体、单核或少核的细胞作为出发菌株。这是因为,诱变剂处理后的变异现象有时只发生在双倍体中的一条染色体或多核细胞中的一个核,变异性状同质性的菌株就不会出现这种现象。纯培养和纯种也是决定诱变效果的关键问题。

4)选择遗传性状稳定的菌株作为出发菌株

挑选生物合成能力高、遗传性状稳定的菌株作为出发菌株,可以提高育种工作的水平线。但是应注意避免选用对诱变剂不敏感、产生"饱和"现象的高产菌株,因为它们的诱变系谱复杂,潜在突变位点已经不多,突变率远不如野生菌株或产量低的菌株高。

此外,尽可能选择那些产孢子较多、不产或少产色素、生活能力强、生长速度快、生长周期短、糖氮利用快、耐消泡、黏度小的菌株作为出发菌株。

2. 出发菌株的纯化选优

微生物容易发生变异和染菌。特别是,丝状菌的野生菌株多数为异核体,在不断移代过程中,由于菌丝间接触、吻合后易产异核体、部分结合子、杂合二倍体及自然突变产生突变株等,造成细胞内遗传物质的异质化,使遗传性状不稳定。此外,如果一个菌种遗传背景复杂,诱变剂处理后的突变株中负变率将增加。因此,确定诱变出发菌株之后,就要进行纯化分离,从中获得遗传性状基本一致并且稳定的变种。常用的纯种分离方法有划线分离法和稀释分离法。

3. 同步培养

为了使出发菌株的细胞整体处于相同的生长阶段,需要进行同步培养。可以通过调节温度、培养基组成、光照条件,加热处理、环境条件控制等方法获得同步培养的细胞群体。

其中,调节温度的方法是通过适宜与不适宜温度的交替变化进行处理。控制培养基成分的方法是,先让菌体在营养不足的培养基中生长一段时间,再将其转入营养丰富但含有一定浓度、能抑制蛋白质等生物大分子合成的化学物质(如抗生素等)的培养基,再转接到完全培养基进行培养的方法。对于光合细菌来讲,可以将菌体由光照培养转到黑暗培养;对于产芽孢的细菌来讲,可以先将菌群培养至绝大部分芽孢形成,然后通过加热处理,杀死营养细胞,再转接到新的培养基。通过控制合适的环境条件则诱导胞内某些物质合成,其合成和积累可导致细胞分裂,从而获得同步细胞。

4. 单孢子或单细胞悬液的制备

接受诱变育种的菌体必须是单孢子或单细胞悬液,这是因为分散状态的细胞可以均匀地接触诱变剂,还可避免长出不纯菌落。

在制取孢子悬液时,务必除去菌丝片段。这是因为菌丝是多核的,某个核发生有益的突变极易被其他尚未突变的核竞争性地抑制,降低单位存活菌的突变率。

诱变育种时,菌悬液是由出发菌株的孢子或菌体细胞与生理盐水或缓冲液制备而成的。

菌悬液是采用生理状态一致、生长旺盛对数期的单细胞,或采用成熟而新鲜的孢子制备而成的。这些细胞对诱变剂的敏感性和 DNA 的复制有利,易于造成复制错误而增加变异率。

对于细菌,最好在诱变处理前进行摇瓶振荡预培养。这不仅可使菌体分散,得到单个细胞,还可利用温度和碳源控制其同步生长,取得年轻的、生理活性一致的细胞。预培养是在培养基中补给嘌呤、嘧啶或酵母膏等丰富的碱基物质,加速 DNA 复制提供营养而增加变异率。将细胞在这些培养基中培养 20~60 min 再进行诱变处理可以增加其变异率。

对产孢子的菌类进行诱变,需要尽量采用成熟而新鲜的孢子,并将其置于液体培养基中振荡,培养到孢子刚刚萌发,即芽长相当于孢子直径的 0.5~1 倍;离心洗涤,加入生理盐水或缓冲液,振荡打碎孢子团块,以脱脂棉或 G3~G5 玻璃过滤器过滤,用血细胞计数法进行孢子计数,调整孢子浓度(霉菌孢子 10^8 个/mL,放线菌孢子 10^6~10^7 个/mL)供诱变处理。有的真菌孢子对诱变剂比较敏感,可以直接用斜面孢子诱变处理。

5. 诱变过程

能够提高生物体突变频率的物质称为诱变剂。常用的诱变剂主要有物理诱变剂和化学诱变剂两大类(见图 4-13)。

在诱变剂的作用下,出发菌株突变的诱发分为四步:①诱变剂接触 DNA 分子;②DNA损伤的修复;③从前突变到突变;④从突变到突变型。但是,需要说明的是,突变基因的出现并不等于突变型的出现,表型的改变落后于基因型的改变的现象称为表型迟延(分离型、生理型)。

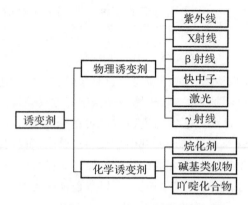

图 4-13 常用诱变剂种类

1)物理诱变剂

物理诱变剂中紫外线应用最广。其原理是,紫外线作用光谱正好与细胞内的核酸的吸收光谱一致,在紫外线的作用下 DNA 链断裂、DNA 分子内和分子间发生交联形成嘧啶二聚体。

操作时,一般用 15 W 的紫外灯,波长为 253 nm,照射距离为 30 cm,在无可见光(只有红光)的接种室或箱体内进行。由于紫外线的绝对物理剂量很难测定,故通常选用杀菌率或照射时间作为相对剂量。

照射时间:不短于 10 s,不长于 20 min。

样品处理:将单细胞悬液放置在直径为 6 cm 的小培养皿中,无盖照射。

杀菌率:以前为 90%~99%,现在降低至 70%~80%。

菌体数量:被照射的菌悬液细胞数,细菌为 10^6 个/mL 左右,霉菌孢子和酵母细胞为 $10^6 \sim 10^7$ 个/mL。

注意事项:①由于紫外线穿透力不强,要求照射液不要太深,厚 0.5~1.0 cm,同时要用电磁搅拌器或手工进行搅拌,使照射均匀。②由于紫外线照射后有光复活效应,所以照射时和照射后的处理应在红灯下进行。

2)化学诱变剂

常用化学诱变剂种类及其使用方法如表 4-2 所示。

表 4-2 常用化学诱变剂种类及其使用方法

诱变剂	诱变剂的浓度	处理时间	缓冲液	终止反应方法
亚硝酸	0.01~0.1 mol/L	5~10 min	pH=4.5,0.1 mol/L 醋酸缓冲液	pH=8.6,0.07 mol/L 磷酸二氢钠
硫酸二乙酯(DES)	0.5%~1%	10~30 min	pH=7.0,0.1 mol/L 磷酸缓冲液	硫代硫酸钠或大量稀释

续表

诱变剂	诱变剂的浓度	处理时间	缓冲液	终止反应方法
甲基硫酸乙酯（EMS）	0.05～0.5 mol/L	15～60 min	pH＝7.0,0.1 mol/L 磷酸缓冲液	硫代硫酸钠或大量稀释
亚硝基胍（NTG）	0.1～1.0 mg/mL	15～60 min	pH＝7.0,0.1 mol/L 磷酸缓冲液	大量稀释
亚硝基甲基胍（NMU）	0.1～1.0 mg/mL	15～90 min	pH＝7.0,0.1 mol/L 磷酸缓冲液	大量稀释
氮芥	0.1～1.0 mg/mL	5～10 min	碳酸氢钠	大量稀释
氯化锂	0.3%～0.5%	在生长过程中加入培养基		大量稀释
秋水仙碱	0.01%～0.2%	在生长过程中加入培养基		大量稀释

3）诱变剂种类的选择

诱变剂进入细胞，与 DNA 作用引起突变；菌体为了生存，会启动一套自我修复系统。不同菌株修复能力不同，修复能力弱的菌株，对形成的突变进行复制而被遗传下去，成为突变体；修复能力强的菌株，会因为自身修复而回复到原养型状态，即回复突变，或新的负突变。因此，诱变剂的诱变作用，不仅取决于诱变剂种类，还取决于出发菌株的特性及其诱变史。

选择诱变剂时需要注意：诱变剂主要对 DNA 分子上基因的某一位点发生作用。如紫外线的作用是使两个嘧啶聚合，形成二聚体；亚硝基胍的作用点主要在嘌呤和嘧啶碱基上；5-氟尿嘧啶、5-溴尿嘧啶的作用主要是在复制过程中取代 DNA 分子上相同结构的碱基成分。根据诱变剂作用机制，再结合菌种特性来考虑选择哪种诱变剂进行诱变。

除此之外，菌种特性、遗传稳定性以及出发菌株原有的诱变谱系也是选择诱变剂的重要参考依据。

4）诱变剂的最适剂量选择

诱变剂的最适剂量应该使所希望得到的突变株在存活群体中占有最大比例，从而减小后续的筛选工作量。诱变剂量的选择是个复杂问题，不单是剂量与变异率之间的关系，而且涉及很多因素，如菌种的遗传特性、诱变史、诱变剂种类及处理的环境条件等。实验中要根据实际情况具体分析。实际诱变处理中如何控制剂量大小，化学诱变剂和物理诱变剂不太一样。化学诱变剂主要是调节浓度、处理时间和处理条件（温度、pH 等）。物理诱变剂主要控制照射距离、时间和照射过程中的条件（氧、水等），以达到最佳的诱变效果。

诱变剂的剂量常以致死率和突变率来确定。诱变剂对产量性状的诱变作用大致有如下趋势：诱变剂的剂量大，致死率高（90%以上），在单位存活细胞中负突变菌株多，正突变菌株少，但在不多的正突变株中可能筛选到产量提高幅度大的突变株；经长期诱变的高产菌株正突变率的高峰多出现在低剂量区,负突变在高剂量时更高,但对于诱变史短的低产菌株来说情况恰好相反,正突变株的高峰比负突变株高得多;用小剂量进行诱变处理时,致死率为$50\%\sim80\%$,在单位存活细胞中正突变株多,然而大幅度提高产量的菌株较少。其他一些具有较长诱变史的高产菌株和低产野生菌株与以上趋势大致相似。

前人的经验认为:经长期诱变的高产菌株,以采用低剂量处理为妥;对遗传性状不太稳定的菌株,宜用较温和的诱变剂和较低的剂量处理。但是当选育目的是要求筛选到具有特殊性状的菌株,或较大幅度提高产量的菌株时,那么可用强诱变剂和高剂量处理,使基因重排后产生较大变异,容易出现新特性或产量有突破性提高的变异菌株;对诱变史短的野生低产菌株,开始也宜采用较高的剂量,然后逐步使用较温和的诱变剂或较低的剂量进行处理;对多核细胞菌株,采用较高的剂量似乎更为合适,因为在高剂量下,容易获得细胞中一个核突变,其余核可能被失活的纯变异菌株。低剂量处理时,在多个细胞核中可能仅有个别核突变,使之成为异核体,形成一个不纯的菌株,给以后育种工作带来很多麻烦。另外,用高剂量处理菌株,容易引起遗传物质较大幅度的变异,这样的菌株不易回复突变,遗传特性比较稳定。

以产量提高为例,诱变育种过程中存活率、突变率、正变率、高产率等的关系可总结为图4-14示。

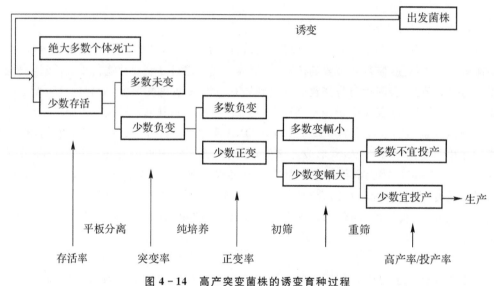

图4-14 高产突变菌株的诱变育种过程

5)诱变剂的处理方式

诱变剂的处理方式可以分为单因子处理和复合因子处理。

单因子处理是指采用单一诱变剂处理。很多事实证明,单因子处理效果不如复合因子处理。但当一种诱变剂对某个菌株有效时,单因子处理同样能引起基因突变,达到很好的诱变。例如,对产碱性脂肪酶的扩展青霉(*Penicillum expansum*)野生型菌株S-596分别进行紫外线、亚硝基弧单因子连续处理时,酶的生产能力提高16倍多。单一诱变剂处理还可以减少菌种遗传背景复杂化、菌落类型分化过多的弊病,操作简单,但其突变率低于复合因子处理,而且突变类别较少。

复合因子处理是指两种以上诱变因子共同诱发菌体突变。不同诱变剂对基因作用位点有其一定选择性,甚至有特异性。因此,多因子复合处理可以取长补短,动摇 DNA 分子上多种基因的遗传稳定性,以弥补某种不亲和性或热点饱和现象,容易得到更多突变类型。复合因子适合遗传性稳定的纯种及生活能力强的菌株,能导致较大突变。

6.突变菌株的筛选

微生物通过诱变因子处理,群体中产生各种类型突变体,其中有正突变型、负突变型和稳定型,需要经过分离筛选逐个挑选出来。突变类型很多,归纳起来有两大类:一类为形态突变株,包括菌落形态、菌丝形态、分生孢子形态;另一类是生化突变株,包括抗性突变型、营养缺陷型、条件致死突变型、产量突变型等。以上突变菌株都混合在诱变处理后的微生物群体中,根据筛选目的从群体中分离筛选出来,基本过程为:诱变→中间培养→淘汰野生型→检出营养缺陷型→确定生长谱。

1)中间培养

中间培养的目的是减少以后筛选中产生分离子的概率,其培养基是完全培养基(CM)或补充培养基(SM),并且培养过夜。

2)淘汰野生型菌株

淘汰野生型菌株的目的是富集营养缺陷型菌株。营养缺陷型菌株既可以用作筛选突变菌株的指示菌,也可以用作生产菌。所用方法主要有抗生素法、菌丝过滤法、差别杀菌法(芽孢菌)。

(1)抗生素法。这种方法的原理是:青霉素、制霉菌素等抗生素作用于生长着的微生物细胞,对休止态细胞无作用。

方法:将菌培养在含抗生素的培养基中,筛选细菌时加入青霉素(见图 4 - 15);筛选丝状真菌、酵母菌时加入制霉菌素。

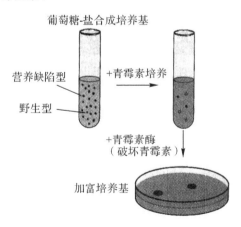

图 4 - 15 抗生素法筛选营养缺陷型菌株

如图 4 - 15 所示,将诱变育种处理后的混合菌液先置于完全培养基中进行培养,此时野生型菌和营养缺陷型菌都能生长;然后在培养体系中加入青霉素,在缺乏营养素的基础培养液中进行培养,野生型菌因为生长被青霉素杀死,营养缺陷型菌因为没有营养而不生长被保留下来;之后,加入青霉素酶,将青霉素水解掉,再涂布至营养丰富的平板培养基上,此时只有营养缺陷型菌保留了下来,在平板上形成菌落,从而得到分离。

(2)菌丝过滤法。这种方法适用于丝状菌,如放线菌和霉菌。其原理是:只有野生型菌能够在缺乏营养成分的基础培养基上发育成菌丝;营养缺陷型菌株,则因为不能生长,以孢子的形式通过滤膜;长成菌丝的野生型则不能通过。

收集滤过液继续培养,每隔3~4 h过滤一次,重复3~4次,就可以最大限度地除去野生型细胞。然后收集过滤液,稀释后用涂布平板法进行分离。

(3)差别杀菌法。这种方法适用于产芽孢的菌。其原理是:利用芽孢杆菌类的芽孢和营养体对热敏感性的差异,让诱变后的细菌形成芽孢,然后把处在芽孢阶段的细菌移到基本培养液中,振荡培养一定时间,野生型芽孢萌发,而营养缺陷型芽孢不能萌发。此时将培养物加热到80℃,维持一定时间,野生型细胞大部分被杀死,营养缺陷型则得以保留,起到了浓缩作用。

3)营养缺陷型菌株的检出

营养缺陷型菌株的检出方法主要有逐个测定法(点植对照法)、夹层平板法(延迟补给法)、影印接种法。

(1)逐个检出法。该法如图4-16所示,对应于在基本培养基上不长,而在完全培养基上长出的菌落,即营养缺陷型突变株。

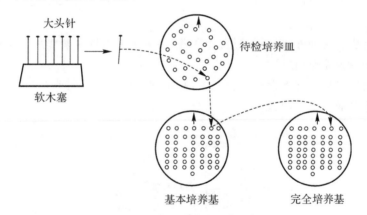

图4-16 营养缺陷型突变株的逐个检出法

(2)夹层培养法。如图4-17所示,夹层培养法是先在培养皿中倒入两层基本培养基,中间接有菌液层,培养一段时间出现的菌落为野生型,在背面做标记;然后倒入完全培养基再培养一段时间,后生长出来的为营养缺陷型突变株。

(3)影印接种法。如图4-18所示,影印接种法是通过印章转接的方法,分别将菌株接种至基本培养基和完全培养基,两种培养基上的差异菌落即为营养缺陷型菌株。

4)突变株的选出

由于筛选准确性的提高只正比于实验重复次数的二次方根,初期应该从分离平板上挑取大量菌落,可以采用较粗放的平板筛选法进行。平板筛选法实际上是一种初筛的预筛,准确性虽然不太高,但可淘汰大量低产菌株,留下的菌株再经过初筛、复筛、再复筛或小型发酵实验,优良突变株随之不断地筛选,最后获得高产菌株。所用方法主要有随机筛选(摇瓶筛选法、琼脂块筛选法)和理性化筛选(初级代谢产物高产菌株、次级代谢产物高产菌株)。

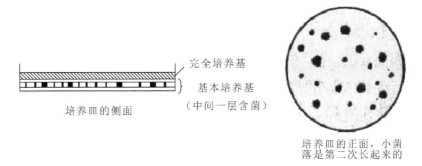

完全培养基

基本培养基
(中间一层含菌)

培养皿的侧面

培养皿的正面,小菌落是第二次长起来的

图 4 - 17　夹层培养法检出营养缺陷型突变株

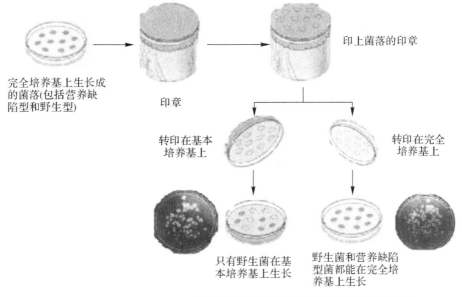

完全培养基上生长成的菌落(包括营养缺陷型和野生型)

印章

印上菌落的印章

转印在基本培养基上

转印在完全培养基上

只有野生菌在基本培养基上生长

野生菌和营养缺陷型菌都能在完全培养基上生长

两个培养基上差异的菌落即为营养缺陷型菌落

图 4 - 18　夹层培养法检出营养缺陷型突变株

(1)随机筛选。

a.摇瓶筛选法。突变菌株的摇瓶筛选法如图 4 - 19 所示。其原理是,将待选菌株在摇瓶中培养,然后测定其发酵生产能力。这种方法的工作量大、时间长、操作复杂。

b.琼脂块筛选法。突变菌株的琼脂块筛选法如图 4 - 20 所示。其原理是,待选菌株在平板培养上产生的产物会分泌到其菌落周围的琼脂块中,再将这些琼脂块转移至生物鉴定板上,使得产物在鉴定板上呈现肉眼可见的抑菌圈或者生化反应,从而快速筛选正突变菌落,再分离纯化后即可备用。

(2)理性化筛选。

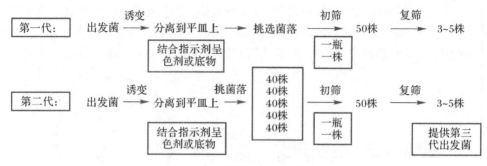

图 4 - 19　突变株的摇瓶筛选法

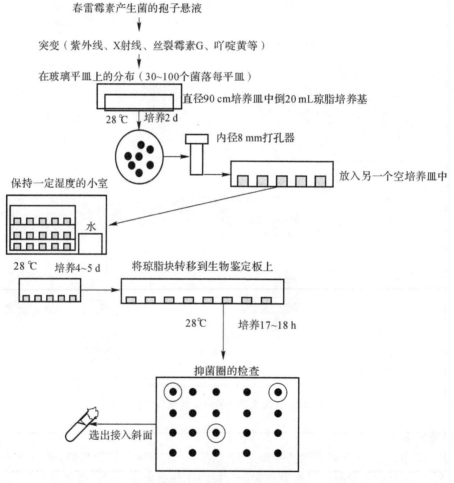

图 4 - 20　突变株的琼脂块筛选法

a. 初级代谢产物高产菌株的筛选。根据代谢调控的机理,氨基酸、核苷酸、维生素等小分子初级代谢产物的合成途径中普遍存在着反馈阻遏或反馈抑制。为此,筛选有反馈抑制作用的初级代谢产物营养缺陷型菌株,就可以解除这种反馈阻遏或反馈抑制。具体筛选方法与前述营养缺陷型菌株筛选相同。

b. 次级代谢产物高产菌株的筛选。以抗生素高产菌株的筛选为例,说明次级代谢产物高产突变菌株的筛选方法。

利用营养缺陷型筛选。如图 4-21 所示,在氯霉素的合成过程中,芳香族氨基酸会反馈抑制氯霉素合成的中间体——莽草酸合成,从而降低氯霉素产量。为此,筛选芳香族氨基酸营养缺陷型菌株可以解除这种反馈调节作用,进而提高氯霉素合成量。

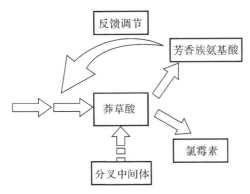

图 4-21　氯霉素合成中的芳香族氨基酸反馈调节作用
(芳香族氨基酸营养缺陷型可能增产氯霉素)

筛选去碳源分解代谢调节突变株。抗生素生产中最常见的碳源分解代谢调节是"葡萄糖效应",即葡萄糖被快速分解代谢所积累的分解代谢产物在抑制抗生素合成的同时也抑制其他某些碳、氮源的分解利用。可以利用这些被阻遏或抑制的碳源或氮源作为唯一可供菌利用的碳(或氮)源,筛选抗葡萄糖分解代谢调节突变株。

一种方法是,将菌在含有葡萄糖(阻遏性碳源)和组氨酸为唯一氮源的培养基中连续传代后,可选出去葡萄糖分解代谢调节突变株。这是因为,正常的组氨酸分解酶类是被葡萄糖分解代谢物阻遏的,如果突变株能在这种培养基中生长,说明它含有能够分解组氨酸而获得氮源的酶。

另一种方法是,利用葡萄糖的结构类似物筛选去碳源分解代谢调节突变株。以半乳糖作为可供菌生长利用的唯一碳源,再于培养基中添加葡萄糖的结构类似物。该结构类似物不能为菌所利用,但可抑制菌利用半乳糖。这种培养条件下,只有去葡萄糖分解代谢调节突变株能够利用半乳糖进行生长,原始菌株由于不能利用半乳糖而不能生长。因而可选出去碳源分解代谢调节突变株。

筛选氨基酸结构类似物抗性突变株。氨基酸的代谢和抗生素合成有着密切的联系,打破菌的氨基酸代谢的调节,可能导致抗生素高产。这是因为,许多抗生素和氨基酸有共同的前体或者有些氨基酸本身可以作为某些抗生素的前体。如图 4-22 所示,青霉素合成会受赖氨酸反馈抑制作用的影响。筛选赖氨酸结构类似物抗生性突变株,可以促进青霉素的合成。

7. 适用于突变株的培养条件改进

菌种的发酵产量决定于菌种的遗传特性和菌种的培养条件。突变株的遗传特性改变了,其培养条件也应该作出相应的改变。在菌种选育过程的每个阶段,都需不断改进培养基和培养条件,才能充分发挥突变株的生产优势。

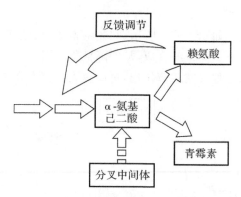

图 4－22　青霉素合成中的赖基酸反馈调节作用(赖氨酸营养缺陷型可能增产青霉素)

例如,诱变处理四环素产生菌得到的突变株,在原培养基上与出发菌株相比较,发酵单位的提高并不明显,但是在原培养基配方中增加碳、氮浓度,调整磷的浓度,该菌株就表现出代谢速度快、发酵产量高的特性,并采用通氨补料的工艺,使产量有了新的突破。

三、微生物诱变育种的应用

国内外发酵工业中所使用的生产菌种绝大部分是人工诱变选育出来的,几乎所有的抗生素生产菌都离不开诱变育种。时至今日,诱变育种仍然是工业微生物育种上最重要和最有效的技术。通过诱变育种不仅可以提高工业发酵过程中有效产物的产量,还有改善菌种的生物学特性、提高产物质量、简化生产工艺、创造新品种等作用。一些诱变育种的作用效果举例如下。

1. 提高产物产量

目前生产上使用的主要抗生素生产菌,其原始亲株发酵单位很低,经过诱变育种,不断提高发酵水平,产量增加上千倍,甚至上万倍,效果十分显著。

2. 提高产品质量

通过诱变育种提高产品质量的典型案例是青霉素生产菌的获得。例如:原始青霉素产生菌产生的黄色素在提炼过程中很难除去,影响产品质量;经过诱变育种,可以获得不产生色素的突变株不仅提高了青霉素的产品质量,简化了提炼工艺,还显著降低了成本。

3. 提高有效成分含量

大多数抗生素都是多组分的,除了有效组分外,有不少是无效组分,甚至是有毒组分。例如,麦迪霉素产生菌吸水链霉菌(*Streptomyces hygroscopicus*)经过人工诱变 30 代以后,发酵水平由原始菌株的 20 U/mL(U 为单位,全称 Unit)提高到 4 500 U/mL,但有效组分 A 仅有 40%;后经连续 10 代的人工诱变,选育出耐缬氨酸的突变株,将有效组分比例提高到 75%。

4. 简化工艺条件

选育孢子生长能力强、孢子丰满的突变株,可以降低种子生产工艺的难度;选育泡沫少的突变株,既可节省消泡剂,又可以增加发酵罐的投料量,提高罐的利用率;选育发酵液黏性小的突变株,有利于改善发酵过程溶氧条件,提高发酵液的过滤性能;选育抗噬菌体突变株,可以减少噬菌体侵染而倒罐;选育空气量要求低的突变株,可以减少发酵过程中的供氧需求;选育无油的突变株、发酵热低的突变株等都可以简化工艺,降低成本,提高发酵效率。

5. 开发新品种

通过诱变育种,可以获得产物结构改变、多余代谢产物被去除、原有代谢途径改变、能合成新代谢产物的新菌种。例如,诱变柔红霉素产生菌,可以筛选出产生阿霉素的突变株。一个成功案例是:1974 年,我国对四环素产生菌——金色链霉菌进行诱变育种,获得了能够合成去甲基金霉素的突变株。

第四节　微生物的定向育种

微生物的定向育种主要包括杂交育种、原生质体融合、基因工程育种三大类。

一、杂交育种

杂交育种是一种选用两个已知性状的供体菌和受体菌作为出发菌株,定向地改变微生物的遗传性,从而获得新菌种的现代育种技术。该法克服了诱变育种定向性差的缺点。

杂交育种是一种体内基因重组,是指重组过程发生在细胞内,这是相对于体外 DNA 重组技术(或基因工程技术)而言的。体内基因重组育种是指采用接合、转化、转导和原生质体融合等遗传学方法和技术使微生物细胞内发生基因重组,以增加优良性状的组合,或者导致多倍体的出现,从而获得优良菌株的一种育种方法。该方法在微生物育种中占有重要地位。

杂交育种(cross breeding)的目的包括:使不同菌株的遗传物质进行交换和重新组合,从而改变原有菌株的遗传物质基础,获得杂种菌株(重组体);把不同菌株的优良生产性能集中于重组菌株中,克服长期用诱变剂处理造成的菌株生活力下降等缺陷;扩大变异范围,改变产品的质量和产量,甚至出现新的品种;分析杂交结果,可以总结遗传物质的转移和传递规律,促进遗传学理论的发展。

常规的杂交育种不需用脱壁酶处理,就能使细胞接合而发生遗传物质重新组合(见图4-22),例如青霉菌的杂交过程。

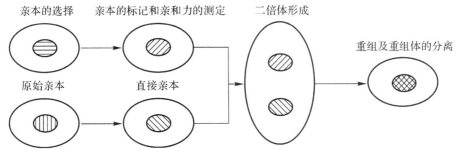

图 4-22　杂交育种的基本程序

二、原生质体融合

用脱壁酶处理将微生物细胞壁除去,制成原生质体,再用聚乙二醇(PEG)促进原生质体发生融合,从而获得异核体及重组子,这一技术叫原生质体融合(protoplast fusion)。原生质体融合技术是通过人为方法将遗传性状不同的两个细胞融合为兼有双亲遗传性状的稳定重组子的一种技术,又称为细胞杂交。获得的重组子称为融合子(fusant)。能进行原生质体融合的细胞不仅包括原核生物中的细菌和放线菌,还包括各种真核生物的细胞。不同菌株间或种间可以进行融合,属间、科间甚至更远缘的微生物或高等生物细胞间也能发生融合。酿酒酵母不能直接利用淀粉,糖化酵母虽能利用淀粉,但发酵能力很弱,这两个不同属的菌株融合后,有可能筛选到能利用淀粉直接发酵生产酒精的融合子。

原生质体融合的操作步骤主要包括原生质体的制备、原生质体的融合、原生质体再生和融合子选择等(见图 4 - 23)。

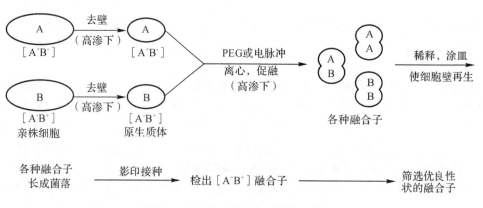

图 4 - 23　原生质体融合的操作步骤

第一步:原生质体的制备。不同微生物的原生质体制备过程中用来破壁的酶也不同:细菌主要用溶菌酶,酵母菌和霉菌一般用蜗牛酶或纤维素酶。为了防止原生质体破裂,要把原生质体释放到高渗缓冲液或高渗培养基中。

第二步:原生质体的融合。制备好的二亲本原生质体可通过化学因子诱导或电场诱导进行融合。化学因子诱导:用 PEG 作为融合剂,PEG 具有促进原生质体融合的作用,再加入 Ca^{2+} 和 Mg^{2+} 等阳离子,pH 调至 9,可得到高融合频度。电融合技术:原生质体在电场中极化成偶极子,并沿电力线方向排列成串,然后加直流脉冲后,原生质体膜被击穿,导致融合的发生。原生质融合过程可以在显微镜下进行,并可在镜下挑出融合的原生质体。该方法为一个空间、时间同步的可控过程,对细胞无毒害作用。

第三步:原生质体再生。此时,原生质体已经失去细胞壁,仅有一层厚约 10 nm 的细胞膜,其具有生物活性,但不是正常的细胞,在普通培养基上不能生长。两个原生质体融合后必须涂布于再生培养基上,使其再生率为百分之零点几至百分之几十。再生培养基以高渗培养基为主,增加高渗培养基的渗透压或添加浓度大于 0.3 mol/L 的蔗糖溶液均可增加再生率。

第四步:融合子选择。其主要依靠在选择培养基上的遗传标记,两个遗传标记互补就可确定为融合子。常用方法有:①营养缺陷型标记,它是常规而准确的选择手段,但往往会造成一些优良性状丢失和所代谢物产量下降。②灭活原生质体融合法,即在融合中灭活(热、紫外线、电离辐射、生化试剂、抗生素等)1个亲株的原生质体,再与另一亲株的原生质体融合,被灭活的亲株可不加任何遗传标记,只需对活菌株进行标记,大大减小了融合前亲株进行遗传标记的工作量。例如,将链霉素产生菌灰色链霉菌的四个亲株的原生质体等量混合后,均等分成两份,分别用热和紫外线灭活,然后进行融合,获得的融合子中有一株兼有生产菌株的效价高和野生型菌株的生长快的双重优点(由于致死损伤不一致可通过融合互补产生活的重组体)。该方法由于具有不用遗传标记等优点,在育种工作中已初见成效。③荧光染色法,即在酶解制备原生质体时向酶液中加入荧光色素,使双亲原生质体分别带上不同的荧光色素,带上荧光色素的原生质体仍能发生融合并具再生能力。

杂交育种和原生质体融合的对比如表4-3所示。

表4-3 杂交育种与原生质体融合对比

方法	原理	优势	局限	应用
杂交育种	将父母本菌株杂交,形成不同的遗传多样性,再通过对杂交后代的筛选,获得具有父母本优良性状,且不带有父母本中不良性状的新品种的育种方法。增加遗传多样性即不同基因组合的数量,从而产生新的优良性状	改变亲株的遗传物质基础,扩大变异范围,使两亲株的优良性状集中于重组体内,获得新品种	不会产生新基因;杂交后代会出现性状分离,育种过程缓慢,过程复杂	选用具有优良性状的品种、品系以至个体进行杂交,繁殖出符合育种要求的杂交种群。
原生质体融合	不同来源的原生质体自发或在人工操作条件下(适宜的物理条件或化学试剂)融合为一个杂种细胞的过程或方法,也称为细胞融合、体细胞杂交、超性杂交或超性融合	打破了微生物的种界界限,可实现远缘菌株的基因重组;可使遗传物质传递更为完整,获得更多基因重组的机会	转化、转导等现象在微生物中不普遍;有性重组的局限性很大,两亲株必须具有亲和性,即使发生杂交,遗传重组的频率不高	在微生物育种应用中打破了不能充分利用遗传重组的局面

三、基因工程育种(分子育种)

利用基因工程能够使跨种生物的DNA插入某一细胞质复制因子中,进而引入寄主细胞进行成功表达。传统的基因工程技术是基因重组,最新发展起来的基因工程技术是基因编辑。

1.基因重组

基因重组是把分离到的或合成的基因经过改造插入载体中,然后导入宿主细胞内,使其扩增和表达,从而获得新物种的一种育种技术,它使这个菌株成为具有多功能、高效和适应性强等特点。基因工程的核心技术是重组 DNA 技术。其基本操作可归纳为以下主要步骤(见图 4-24):①制备供体 DNA,主要涉及目的基因的分离或合成;②制备载体 DNA;③连接载体和供体 DNA 片段,将外源基因与载体进行体外连接;④将受体菌制成原生质体;⑤转化,将外源基因导入宿主细胞;⑥再生和选择,目的基因克隆的筛选和鉴定,最终实现目的基因在宿主细胞中表达。

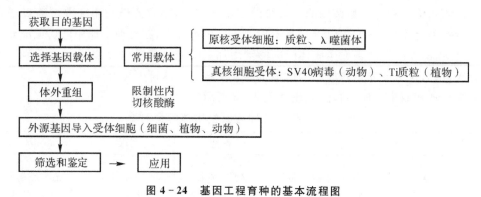

图 4-24 基因工程育种的基本流程图

2.基因编辑

基因编辑是近年来发展起来的一种新型、高效的基因重组技术。它是通过核酸酶对靶基因进行定点改造,实现特定 DNA 的定点敲除、敲入以及突变等,最终下调或上调基因的表达,使细胞获得新表型的一种新型技术。即利用序列特异性核酸酶在基因组特定位点产生 DNA 双链断裂,随后通过非同源末端连接(Non-Homologous End Joining,NHEJ)和同源重组(Homology Directed Repair,HDR)两种自我修复途径,实现基因的敲除、定点插入或替换。基因编辑技术已被广泛运用于基因结构与功能的研究和多种细胞的基因工程改造。常用的基因编辑技术主要包括(Cre/loxP 重组技术)、锌指核酸酶(Zinc Finger Nuclease,ZFN)技术、类转录激活因子效应物核酸酶(Transcription Activator-Like Effector Nucleases,TALEN)技术、CRISPR(规律间隔成簇短回文重复序列编辑技术)、Red/ET 重组技术和基因组改组 Genome shuffling)技术等(见表 4-4)。

1)Cre/loxP 重组技术

Cre/loxP 重组是一种特定位点的重组酶技术,可在 DNA 的特定位点上执行删除、插入、易位及倒位,用该系统可以针对特定的细胞类型或采用特定的外部刺激,对细胞中 DNA 进行修改。它在真核和原核系统中均适用。

Cre(Cyclization recombination enzyme)是一种重组酶,来源于 P1 噬菌体,其基因编码区序列全长 1 029 bp,为 38 kDa 大小的、由 343 个氨基酸组成的多肽单体蛋白。Cre 重组酶的 C-末端结构域包含催化活性位点,能够催化 DNA 分子中特定位点之间的重组,同时,Cre 还能识别特异的 DNA 序列,即 loxP 位点,使两个 loxP 位点间发生基因重组。loxP 是位于 P1 噬菌体中长度为 34 bp 的一段序列,由两个 13 bp 的反向回文序列和 8 bp 的中间间隔序列共同组成。反向回文序列是 Cre 重组酶的识别和结合区域,间隔序列决定 loxP 序列的方向。

表4-4 常用的基因编辑工具

基因编辑体系	主要特点	应用
Cre/loxP	宿主范围广、特异性强、效率高;但是需要引入识别位点	基因敲除、激活和易位;loxP位点的突变可实现多基因敲除
锌指核酸酶(ZFN)	基因方式修复多样、精准更换基因,对基因表达强度影响较小;但是锌指核酸酶存在上下文依赖效应,限制了该技术的应用(锌指中各个锌指蛋白可以相互作用,影响识别和结合特定核苷酸序列)	高效用于多种生物细胞的基因定点修饰
类转录激活因子效应物核酸酶(TALEN)	同源重组频率高、遗传稳定性好、基因改造效率高、可实现无标记敲除;但工具载体不易构建,多基因敲除存在挑战	脱靶效率较低,在生物的基因组编辑研究中有广泛的运用
CRISPR基因编辑	稳定性、特异性、生物编辑性良好,可同时敲除多个靶基因;但存在修复机制的差异与脱靶效应	目标基因的敲除、定点替换或敲入
Red/ET重组技术	所需同源序列短,突变率低,无限制性内切酶位点限制和DNA大小限制;但操作复杂	细菌人工染色体长片段基因的克隆、亚克隆及快速修饰
基因组改组技术	不受种属限制,对微生物的快速改良无需清晰的遗传背景要求,在应用方面克服了"转基因生物"的限制;但高通量筛选方法的建立比较复杂	激活沉默基因;获得理想的微生物表型

Cre/loxP系统存在几种诱导重组的方式,这是基于Cre重组酶与loxP位点的相互作用而实现的。当基因组内存在loxP位点时,一旦有Cre重组酶,便会结合到loxP位点两端的反向重复序列区形成二聚体。此二聚体与其他loxP位点的二聚体结合,进而形成四聚体。随后,loxP位点之间的DNA被Cre重组酶切下,切口在DNA连接酶的作用下重新连接。重组的结果取决于loxP位点的位置和方向。几种主要的重组方式(见图4-25)如下:

(1)两个loxP位点位于同一条DNA链上且方向相同,Cre重组酶敲除loxP间的序列;

(2)两个loxP位点位于同一条DNA链上且方向相反,Cre重组酶诱导loxP间的序列翻转;

(3)两个loxP位点位于不同的DNA链或染色体上,Cre重组酶诱导两条DNA链发生交换或染色体易位;

(4)四个loxP位点分别位于两条DNA链或染色体上,Cre重组酶诱导loxP间的序列互换。

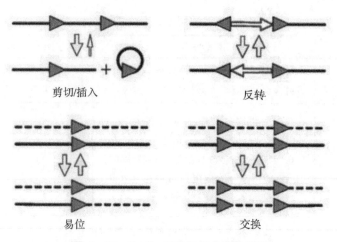

图 4-25　Cre/loxP 重组技术作用机制

2)锌指核酸酶(Zinc Finger Nuclease,ZFN)技术

ZFN 由两部分组成:一部分是重复的锌指蛋白(ZFP),用于识别和结合特定的基因序列;另一部分是 FokⅠ核酸内切酶,可以通过二聚体化特异性地切割目的基因,并且可以切割真核基因组的任何识别序列。

将 ZFN 质粒转化到细胞中,表达的融合蛋白将分别与靶位点结合,FokⅠ二聚体化对目的基因进行切割产生 DNA 的双链断裂,细胞内的 DNA 修复机制随即开启。细胞通过 NHEJ 或 HDR 的方式进行修复,可发生碱基或基因片段缺失、替换或增加,从而实现基因编辑的目的(见图 4-26)。

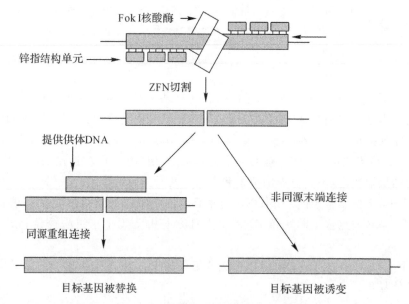

图 4-26　锌指核酸酶技术作用机制

3）类转录激活因子样效应物核酸酶（Transcription Activator-Like Effector Nucleases，TALEN）技术

典型的 TALEN 由一个包含核定位信号（Nuclear Localization Signal，NLS）的 N 端结构域、一个包含可识别特定 DNA 序列的典型串联 TALE（TAL 效应因子）重复序列的中央结构域，以及一个具有 Fok Ⅰ 核酸内切酶功能的 C 端结构域组成。

TALEN 由两部分组成，一部分是 DNA 的特异性识别和结合区域 TALE，另一部分是与 ZFN 相同的 ⅡS 型的 Fok Ⅰ 核酸酶，通过二聚体化使目的片段产生双链的断裂。通过激活细胞内的修复机制，利用 NHEJ 通路修复损伤，也可引入修复的 DNA 模板，通过高保真的同源重组修复来修复 DNA 的双链损伤，也可在靶位点引入其他的基因或者沉默靶基因（见图 4 - 27）。

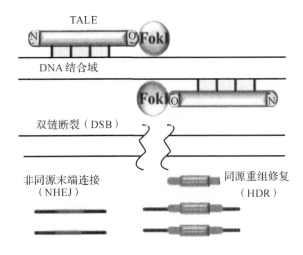

图 4 - 27 转录激活因子样效应核酸酶技术（TALEN）作用机制

4）规律间隔成簇短回文重复序列编辑技术（Clustered Regularly Interspaced Short Palindromic Repeats，CRISPR）

CRISPR/Cas9（核酸酶 9）基因编辑系统就是在 Ⅱ 型系统基础上经过遗传工程改造获得的。改造后的 CRISPR/Cas9 系统由 sgRNA（单链 RNA）单链引导 RNA 与 Cas9 蛋白 2 个部分组成。（CRISPR/Cas 系统基于 CRISPR 序列和 Cas 蛋白种类的不同，可以分为 3 种类型：Ⅰ 型、Ⅱ 型和 Ⅲ 型。其中，Ⅰ 型和 Ⅲ 型系统较为复杂，需要多个 Cas 蛋白参与才能完成切割活性；而 Ⅱ 型系统较为简单，只需一个 Cas9 蛋白即可完成对特定外源 DNA 的切割。）

通过人工设计特异的 sgRNA，识别靶标 DNA 序列，引导 Cas9 蛋白对其进行切割，Cas9 蛋白的 HNH 结构域识别与 crRNA 互补的模板链并进行切割；RuvC（一种核酸内切酶）结构域切割另一条非互补链，最终导致双链断裂。切割过程还需要在靶标 DNA 序列上有一段保守的前间隔序列邻近基序（Protospacer Adjacent Motif，PAM），sgRNA 与 PAM（原间隔相邻）序列共同决定 CRISPR/Cas9 对靶位点结合的特异性（见图 4 - 28）。

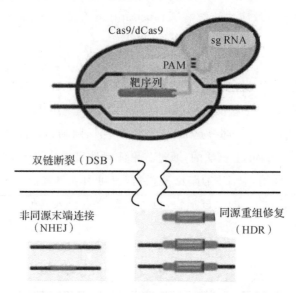

图 4 - 28　CRISPR/Cas9 基因编辑系统作用机制

5）Red/ET 重组技术

Red/ET 同源重组系统是 Red 同源重组系统和 ET 同源重组系统的总称。Red 重组系统是由 Redα 和 Redβ 两种蛋白组成的同源重组系统。Redα 由三个蛋白质亚基组成，中间的空隙能消化 DNA 分子，与 ET 系统中的 RecE 蛋白相似，它具有 5′→3′端核酸外切酶活性，能形成 3′黏性末端。Red β 也是一种单链结合蛋白，作用类似于 ET 系统中的 RecT 蛋白。ET 同源重组系统所需的单侧同源臂长度仅为 35～50 bp，该噬菌体通过表达蛋白 RecE 和 RecT 来介导重组反应。其中 RecE 蛋白有 5′→3′外切酶活性，能够从 5′→3′端依次切下双链 DNA 上的碱基，使 DNA 分子形成 3′黏性末端。RecT 是一种单链结合蛋白，保护单链核苷酸不被降解，能在退火时指导单链入侵。在 ET 系统中，带有同源臂的外源 DNA 分子可以直接通过同源臂找到同源区域，然后进行 DNA 的互换。

在这两个系统中，整个重组过程由 DNA 重组酶参与而不需要限制性内切酶，且对同源臂长度的要求低，仅需 35～50 bp 的同源序列，而传统的 RecA 同源重组则需要大约 1 kb 的同源序列。此外，该系统介导的整个同源重组过程都是在细胞内进行的，避免了因胞外反应引起的不必要突变。

当带有同源臂的外源 DNA 分子进入到大肠杆菌中时，Red α 或 Rec E 发挥其 5′→3′端核酸外切酶功能，由 5′端开始降解 DNA 序列，产生 3′黏性末端，这时外源 DNA 具备了与受体 DNA 发生重组的条件。产生的黏性末端被 RecT 或者 Redβ 结合 35 bp 的单链核苷酸序列，同时防止被细胞内存在的核酸内切酶降解。在 DNA 退火时，含有黏性末端的 3′单链进攻双链 DNA 片段重组。发生重组的两条 DNA 链经过剪切和 DNA 聚合酶的修复作用后，重组 DNA 形成，外源 DNA 成功导入受体 DNA 中（见图 4 - 29）。

6）基因组改组（genome shuffling）技术

基因组改组技术是结合传统菌种改良技术与细胞融合技术发展的一种新兴菌种改良手

段,它主要指将传统育种得到的具有不同表型的菌株进行全基因重组,从而使得这些菌株的优良性状能集于一身。

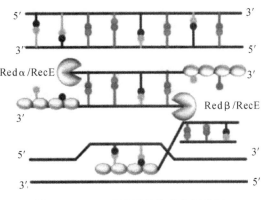

图 4 - 29 Red/ET 重组技术作用机制

首先以传统的诱变方法获得一个突变体库,筛选出若干个正向突变株作为出发株,然后通过多轮递推原生质体融合的方式使众多基因随机重组,最终从获得的突变体库中筛选出性状被提升的目的菌株(见图 4 - 30)。

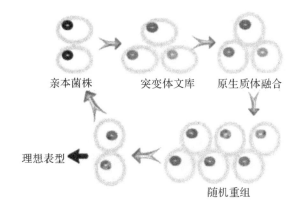

图 4 - 30 基因组改组技术作用机制

第五节 微生物的代谢工程育种

一、代谢工程概述

代谢工程是在代谢控制发酵的理论基础上发展起来的理论体系。有关代谢工程的定义经历了十多年的演变(见表 4 - 5)。其原理是,在对细胞内代谢途径网络系统分析的基础上,对其进行定向改变,以更好地利用细胞代谢进行化学转化、能量转导合成、分子组装。

它的研究对象是代谢网络,依据代谢网络进行代谢流量分析(FMA)和代谢控制分析(MCA),并检测出速率控制步骤,最终目的是改变代谢流,提高目的产物的产率。

表 4-5 代谢工程的定义演变

时间	定义
1974 年	代谢工程的第一个应用实例是,在假单胞菌属的恶臭假单胞菌($P.$ $putide$)和铜绿假单胞菌($P.$ $aeruginosa$)中分别引入几个稳定的重组质粒,增加了两者对樟脑和萘的降解催化活性,标志着代谢工程作为一门学科的诞生
1988 年	微生物途径工程是利用 DNA 重组技术修饰各种代谢途径(包括生物体非固有的代谢途径),提高特定代谢物的产量
1991 年	$Science$ 上的文章首次将代谢工程定义为,利用 DNA 重组技术优化细胞的酶活、转运和调控功能,提高细胞活力
1991 年	$Science$ 论述了有关"过量生产代谢产物时的代谢工程""代谢网络的刚性、代谢流的分配、关键分叉点及速率限制步骤"等内容,把代谢工程定义为"生化途径的修饰、设计与构建"
1993 年	Cameron 认为,代谢工程是利用 DNA 重组技术对代谢进行目的性修饰
1994 年	Pieperberg 认为,代谢工程/途径工程是改造细胞代谢途径,提高天然最终产物产量或合成新产物(包括中间产物或修饰性最终产物)
1994 年	Gregory 将代谢工程定义为:代谢工程是对生化反应的代谢网络进行目的性修饰
1996 年	William 将代谢工程定义为:为达到所需目的,对活细胞的代谢途径进行修饰
1999 年	Koffasl 将代谢工程定义为:利用分子生物学原理系统分析代谢途径,设计合理的遗传修饰战略从而优化细生物学特性
目前	代谢工程,又称途径工程,是基因工程的一个重要分支。代谢工程是应用重组 DNA 技术和应用分析生物学相关的遗传学手段进行有精确目标的遗传操作,改变酶的功能或输送体系的功能,甚至产能体系的功能,以改变细胞某些方面的代谢活性的整套操作工作(包括代谢分析、代谢设计、遗传操作、目的代谢活动的实现等)。简而言之,代谢工程是生物化学反应代谢网络的有目的地修饰

二、代谢工程育种的设计策略

代谢工程的主要目标是识别特定的遗传操作和环境条件的控制,以增强生物技术过程的产率及生产能力,或对细胞性质进行总体改造。在代谢工程发展的初期,代谢工程首先从分析细胞代谢网络结构着手,依据已知的生化反应找到代谢过程中的节点;然后采取合适的分子改造方法进行遗传改造,从而调整细胞的代谢网络;最后对改造后的细胞生理、代谢等状态进行综合分析,确定后续代谢工程的相关工作。

经典的系统代谢工程的设计策略包括以下 3 个步骤:

(1)构建起始工程菌。分析局部代谢网络结构后,对其代谢途径进行改造,优化细胞生理性能等。

（2）在基因组水平系统分析和计算机模拟代谢分析。通过高通量组学分析技术的使用，可以将能提高细胞发酵性能的基因和代谢途径有效地鉴定出来。基因组水平代谢网络模型的构建也可以模拟分析出另外一些靶点基因。

（3）对工业水平发酵过程进行优化，使目的产物代谢达到较高的工业化生产水平。

三、代谢工程在发酵工业中的应用与案例

代谢工程在工业微生物育种领域的应用主要体现在：通过现代基因工程技术对微生物进行定向改造，集中于细胞代谢流的控制，以提高目的代谢物的产量或产率。根据微生物的不同代谢特性，代谢工程在发酵工业中的应用主要分为以下三个方面。

1）扩展代谢途径

在宿主细胞中引入外源基因，使原来的代谢途径向后延伸，产生新的末端代谢产物，或者使代谢途径向前延伸，能利用新的原料合成代谢产物，提高产量。有文献记载：从自然样品中筛选分离得到一株能在 pH＝2.5 的培养基中生长且不利用乳酸的酵母菌，在其中插入外源乳酸脱氢酶编码基因 ldhA 后，使其具有产 L-乳酸的能力，而且其最适生长 pH 为 3.5，并在 pH＝2.5 时能正常发酵产乳酸。

2）重新分配代谢流

对于利用微生物细胞内脂肪酸和脂肪酸代谢中间产物生产生物柴油的发酵工业来讲，中断其中的 β-氧化降解途径是必要的。在大肠杆菌中，敲除编码 β-氧化降解途径第一步的脂酰辅酶 A 合成酶基因 fadD，可使菌株发酵生产脂肪酸的产量大大提高。此外，敲除编码 β-氧化降解途径第二步的脂酰辅酶 A 脱氢酶基因 fadE，可以抑制 β-氧化降解途径，达到积累脂肪酸的目的。这些方法都是通过改变分支代谢途径的流向，阻断其他代谢产物的合成，从而达到提高目标产物产量的目的的。

3）转移或构建新的代谢途径

酿酒酵母由于缺少水解淀粉所需的酶类，不能直接利用淀粉作为底物发酵生产乙醇。将黑曲霉的糖化酶基因和 α-淀粉酶基因共同和分别转入酿酒酵母，可以获得多株含双基因和单基因的酵母工程菌。随后，将黑曲霉糖化酶 GAIc DNA 用 PCR（聚合酶链式反应）技术改造后，重新引入酿酒酵母，提高了基因的表达、分泌水平及水解淀粉的能力。通过这一策略，构建新的淀粉代谢途径，突破了酵母对底物利用的局限性。

4）拓展菌种的底物利用范围

案例一：戊糖代谢生产乙醇的代谢工程。自然界中产乙醇菌株不能有效利用纤维素或将其水解产物中的五碳糖转化为乙醇，且对抑制剂（如纤维素水解产物中的酸、醛等物质）的耐受能力差。利用分子生物学技术改造产乙醇重组工程菌研究的重点包括：①利用基因工程和细胞融合等方法，将木糖代谢基因导入酿酒酵母及运动发酵单胞菌（*Zymamonas mobilis*）中，使之能够代谢木糖生产乙醇；②通过引入高效的产乙醇基因，使得底物利用广泛的菌株［如克雷伯菌（*Klebsiella oxytoca*）和大肠杆菌］获得产乙醇的能力；③通过遗传工程选育具有高耐受抑制剂的产乙醇菌株。

案例二：代谢工程改造微生物利用乳糖和乳清。乳清是乳品工业中一种营养丰富的副产品。乳清中含有大量的乳糖（干重的 75％）和蛋白质（12％～14％），还含有少量的有机

酸、矿物质和维生素。工业上最重要的一些微生物[如酿酒酵母、运动发酵单胞菌和真养产碱菌(*Alcligenes eutrophus*)]均无法利用乳清。乳糖的利用需要分解代谢酶β-半乳糖苷酶(lacZ 编码),以便将乳糖水解为葡萄糖和半乳糖。将完整的 *E. coli* 乳糖操纵子插入谷氨酸棒杆菌(*C. glutamicum*)中,带有 lac 基因的重组谷氨酸棒杆菌在以乳糖为唯一碳源的特定培养基中可以迅速生长。

5)实现高产、高产率与高生产强度的相对统一

制约发酵产品工业化进程最关键的因素是目标产物的产量、目标产物对底物的产率和底物消耗速度。高产量有利于产物的后提取;高产率有利于降低原料成本;在保证一定产量和产率的基础上加速底物消耗,可以缩短发酵时间,降低能耗,并提高生产率。如何在认识微生物代谢调控机理的基础上,通过定向改变和优化微生物细胞的生理功能实现目标代谢产物生产的高产量、高产率和高生产强度的有机统一,对于以发酵工程为核心内容的工业生物技术来说,具有非常重要的意义。

6)增加菌种对恶劣环境的耐受性

在应对外界恶劣环境时,微生物常会采取相应的应激保护措施,产生一些其他代谢产物来应对外界不利条件,进而导致目的产物减少。通过代谢工程改造,使得重组菌具备应对外界胁迫的能力,在一定程度上降低了生产成本。

7)生产新的代谢产物

通过扩展宿主菌内代谢途径,可以实现已知和全新化合物的大量生产,主要包括抗生素、聚酮化合物、维生素 C、β-胡萝卜素、生物聚合物(例如,黄原胶和细菌纤维素)、可生物降解塑料的成分——聚羟基烷酸酯(PHA)的发酵生产等。通过改变发酵过程中碳源和(或)菌种,可以生产包括从硬塑料、脆塑料到有弹性的聚合物。

四、合成生物学在微生物育种中的应用

1. 合成生物学概述

合成生物学(synthetic biology)是以生物学、化学工程、电子工程、信息学、计算科学等相关学科为基础发展起来的一门新兴多学科交叉汇聚的工程学科。合成生物学是基于工程学理念,采用标准化的生物元件和基因线路,在理性设计原则指导下组装并合成新的、具有特定功能的生物系统。简单来讲,合成生物学就是把具有某个功能的几个基因(或称为操纵子)作为一个生物零件,把完成某个任务所需要的生物零件组装起来,构建一个新的细胞。合成生物学包括两条路线:①新的生物零件、组件和系统的设计与建造;②对现有的、天然的生物系统的重新设计。合成生物学的流程可总结为图 4-31。

相较于基因工程,合成生物学更多的是利用标准化生物元件对现有的基因线路进行改造或重构。基因工程往往设计的基因数目较少,也很少利用计算机或者数学手段进行分析,而合成生物学则是对多组基因甚至整个基因组的改变、设计到网络分析、计算机模拟等。合成生物学中一些常用的辅助设计分析用数据库和软件如表 4-6 所示。

与生物学其他学科相比,合成生物学的主要特点是"工程化"。其工程化研究主要有两种策略:自上而下(逆向工程)和自下而上(前/正向工程)。由自下而上的方法所构建的人工合成细胞将减轻合成生物系统对自然界原有细胞环境的依赖,有可能实现对自然界原有细

胞环境的部分或者完全替代,但是这一领域发展得还不是很成熟。自下而上的方法所构建的人工合成细胞有很多种不同的形式,它们既可以是具有细胞样结构并展现出活细胞的一些关键特征(比如进化、自我复制和新陈代谢)的整体生物细胞模仿物,也可以是仅模仿细胞的一些性质(例如表面特征、形状、形态或一些特定功能)的工程材料。自下而上的方法所构建的人工合成细胞必须具备三个最基本的元件:携带信息的分子(决定人工合成细胞的功能和性质)、细胞膜(为人工合成细胞内的分子提供一个栖息地,同时也是与外界进行物质交换的媒介)和代谢系统(提供能量)。

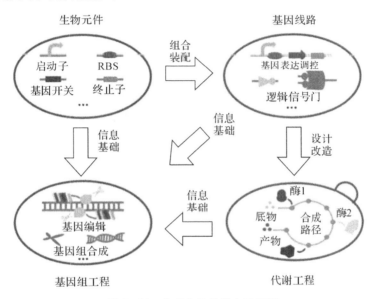

图 4-31　合成生物学基本流程图

表 4-6　合成生物学中一些常用的辅助设计分析用数据库和软件

	数据库及软件	描述
元件挖掘	Registry of Standard Biological Parts^iGEM	麻省理工学院部件登记处,包含各种类型的生物元件,如启动子、RBS、转录终止子和质粒,主要由在 iGEM(国际基因工程机器大赛)比赛期间收集的元件组成
	IMG	集成微生物基因组,用于微生物基因组比较和进化分析,包括邻域直系同源基因的搜索
	antiSMASH	次生代谢物生物合成基因簇的鉴定、注释和比较分析
	KEGG	代谢物和代谢途径数据库的关键集合,包括代谢途径和网络的生物体特异性/通用图谱,基因-酶相关信息,直系同源信息等
	ASC	活性位点分类(active site classification),使用蛋白质结构寻找酶活性位点附近的残基,用来构建酶家族内的酶的亚型分类(例如底物特异性)

续表

数据库及软件		描述
元件选取与优化合成	RBS Calculator	基于转录起始热力学模型的 RBS 自动设计
	RBSDesigner	用于预测 mRNA 翻译效率的算法,以及用于据所需蛋白质表达水平设计相应的 RBS
	Gene Designer 2.0	基因、操纵子和载体设计的软件包,也可用于密码子优化和引物设计
	DNAWorks	用于基于 PCR 的基因合成寡核苷酸设计的 Web 服务器,集成了密码子优化的功能
通路和电路设计	Asmparts	通过元件组装模型生成生物系统模型的计算工具
	GenoCAD	用于设计多基因通路的 CAD 软件,可以对设计草案进行交互式"语法检查"
	SynBioSS	用于设计、建模和仿真合成遗传结构的软件套件,适用 BioBricks 或其他部件
	CellDesigner	可以以系统生物学标记语言(SBML)存储的调控和生化网络的图形绘制编辑器
代谢建模与通量平衡分析	COBRA toolbox	代谢建模与通量平衡分析的标准工具箱
	SurreyFBA	用于基因组水平的代谢网络约束建模的命令行工具和图形用户界面
	BioMet toolbox	用于分析基因组规模代谢模型的 Web 工具箱,包括基因敲除分析、通量优化等
	iPATH2	代谢途径数据的交互式可视化,可以根据用户的喜好对 KEGG(京东基因和基因组百科全书)代谢图进行着色
途径挖掘	BNICE	生化网络集成浏览器,一个用于鉴定和热力学评估所有可能的降解或合成给定化合物的途径的软件架构
	DESHARKY	鉴定与特定宿主的天然代谢网络最匹配的途径,并向用户提供来自亲缘关系密切的生物体的相应酶的氨基酸序列
	RetroPath	一个统一的反向合成途径设计框架,整合了通路预测和排名、宿主基因的相容性预测、毒性预测和代谢建模等功能
	FMM	From Metabolite to Metabolite,一个可以找到 KEGG 数据库内两种代谢物之间的生物合成途径的网络服务器

2.合成生物学在微生物代谢工程改造中的应用

合成生物学在代谢工程中的应用可分为四个方面:①改造代谢途径中的关键酶,如对异源基因进行密码子优化,借助随机突变或定向进化提高酶的催化活性等;②构建异源代谢途径;③调控表达代谢途径中的多个基因,如在代谢途径中设计合理的操纵子以调控多基因的同时表达;④改造宿主细胞,如构建最小基因组。其中,第一个方面与基因工程相似,此处主要介绍后三个方面。

1）构建异源代谢途径

合成生物学已被大量应用于代谢产物的异源表达和途径优化。例如，通过组合表达来自丙酮丁酸梭菌的乙酰辅酶 A 乙酰基转移酶、来自大肠杆菌的乙酰辅酶 A 转移酶、来自丙酮丁酸梭菌的乙酰脱羧酶，以及来自拜氏梭菌的乙醇脱氢酶，在大肠杆菌中构建了异丙醇的代谢途径。

一个经典应用案例是青蒿素的合成。在青蒿素合成生物系统的构建和优化中，最初选用大肠杆菌作为表达和优化甲羟戊酸途径的底盘细胞（见图 4 - 32）。通过两个质粒（MevB 和 MevT）在大肠杆菌中异源表达甲羟戊酸的途径，同时表达黄花蒿（*Artemisia annua*）中的紫穗槐二烯合酶（ADS）以使乙酰 CoA 转化为紫穗槐二烯。但是在紫穗槐二烯合成之后的步骤难以在大肠杆菌中异源重构，因此酿酒酵母被用作整个工程化合成途径的底盘细胞。除了质粒携带的 ADS 和 CYP71AV1 基因之外，将紫穗槐醛转化为青蒿酸所需的其余基因全部被整合到酿酒酵母基因组中。该途径的最后一步，即将青蒿酸转化为青蒿素，需要体外化学的转化方可实现。其中所用基因分别来源于大肠杆菌、酿酒酵母、金黄色葡萄球菌、黄花蒿。

最后，通过对高产所需新酶的挖掘和发酵工艺的改进等，青蒿素的微生物发酵生产得以实现，并于 2014 年由医药巨头赛诺菲（Sanofi）公司生产出售。青蒿素微生物发酵生产商业化的成功第一次证明了合成生物系统在药物生产和研发上具有巨大潜力。

2）代谢途径中的多基因表达调控

代谢途径一般是由多基因整合构建的，合成生物学为多基因表达的调控提供了更多方法。启动子改造是调控基因表达的常用手段，通过诱导型启动子，可以粗略地进行表达调控，而通过合成生物学方法构建一系列强度不同的启动子可以根据宿主内的代谢水平实现对基因的精细调控，以满足不同的需求。

多种机制可用来调节基因的表达时间和表达量，其中，核糖开关（riboswitch）就是一种在翻译水平上对基因表达进行调控的 RNA 调控元件。核糖开关由两个结构域组成：适体结构域和表达结构域。前者负责识别与结合配体，后者主要对基因的表达进行调控。适体结构域可以识别小分子配体并且与其结合，影响下游基因表达。

通过体外筛选技术可以筛选出具有高度亲和力与专一性的小分子核酸适配体，利用筛选到的能够识别细胞代谢物的适配体，构建根据代谢物浓度变化调控基因表达的核糖开关，实现实时监测代谢物的浓度变化。原核操纵子之间具有能直接影响 mRNA 稳定性的一些序列，通过对这些区域加以改造，可以实现操纵子多基因的表达水平。Keasling 课题组通过构建 mRNA 二级结构、RNA 酶切位点和核糖体结合位点的基因间区域分子库，对这些基因间区域进行不同组合，实现了对操纵子中不同基因表达水平的调控，并且应用这个系统成功将甲羟戊酸的产量提高了 7 倍。

3）构建优势小基因组菌株

合成生物学的研究方向之一是最小基因组研究、基因组的设计、合成与组装。优势小基因组菌株是保留有菌株特殊功能基因簇的小基因组菌株，基因组减少了冗余基因，改善了代谢效率，减少了代谢调节网络中的冗余。优势小基因组菌株可以提高目标产物的合成量和含量，尽可能地消除副产物，提高菌株的生长繁殖速率，降低原料消耗，缩短生产周期。

基因组精简的过程概括起来主要是,在掌握菌株全基因组数据的基础上,确立菌株生长繁殖发育的必需基因和生产某产品的功能基因及其关联基因,建立无痕敲除大片段基因序列的方法,采用所构建的方法进行基因组精简,检验所构建的优势小基因组菌株的生长和生产状况。

本章知识图谱与视频

一、本章知识图谱

本章知识图谱如图 4-32 所示。

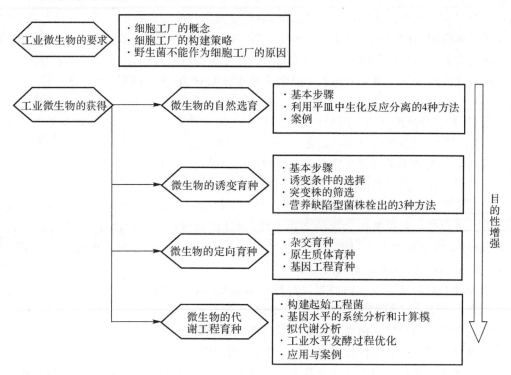

图 4-32　第四章知识图谱

二、本章视频

1. 发酵工业微生物的基本要求

2. 发酵工业微生物的获得途径

3. 工业微生物的自然选育 1

4. 工业微生物的自然选育 2

5. 工业微生物的自然选育 3

6. 工业微生物的诱变育种 1

7. 工业微生物的诱变育种 2

8. 突变菌株的筛选 1

9.突变菌株的筛选 2

10.发酵工业微生物的定向育种 1

11.发酵工业微生物的定向育种 2

12.工业微生物的生物鲁棒性与育种

13.基因工程菌发酵的宿主:载体系统

14.利用基因工程生产的特点

15.重组大肠杆菌的高密度培养策略

16.影响重组工程菌生长与表达的因素

17.甲醇营养型酵母的生长和表达

18.菌种改造及其主要方法

19.基因工程改造菌种

20.霉菌的基因改造 1:实验原理

21.霉菌的基因改造 2:实验流程

22.霉菌的基因改造 3:操作流程 1

23.霉菌的基因改造 4:操作流程 2

24.霉菌的基因改造 5:操作流程 3

1.发酵工业微生物的基本要求　2.发酵工业微生物的获得途径　3.工业微生物的自然选育1　4.工业微生物的自然选育2　5.工业微生物的自然选育3　6.工业微生物的诱变育种1

7.工业微生物的诱变育种2　8.突变菌株的筛选1　9.突变菌株的筛选2　10.发酵工业微生物的定向育种1　11.发酵工业微生物的定向育种2　12.工业微生物的生物鲁棒性与育种

13.基因工程菌发酵的宿主:载体系统　14.利用基因工程生产的特点　15.重组大肠杆菌的高密度培养策略　16.影响重组工程菌生长与表达的因素　17.甲醇营养型酵母的生长和表达　18.菌种改造及其主要方法

19.基因工程改造菌种　20.霉菌的基因改造1:实验原理　21.霉菌的基因改造2:实验流程　22.霉菌的基因改造3:操作流程1　23.霉菌的基因改造4:操作流程2　24.霉菌的基因改造5:操作流程3

三、本章知识总结

本章知识总结如图 4-33 所示。

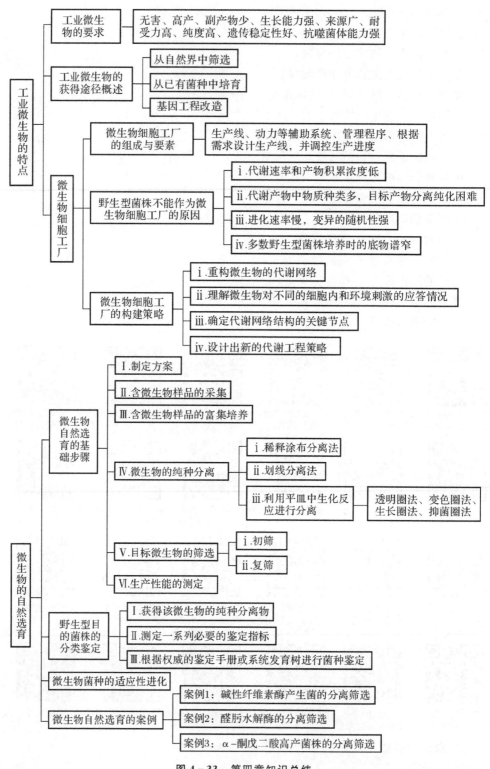

图 4-33 第四章知识总结

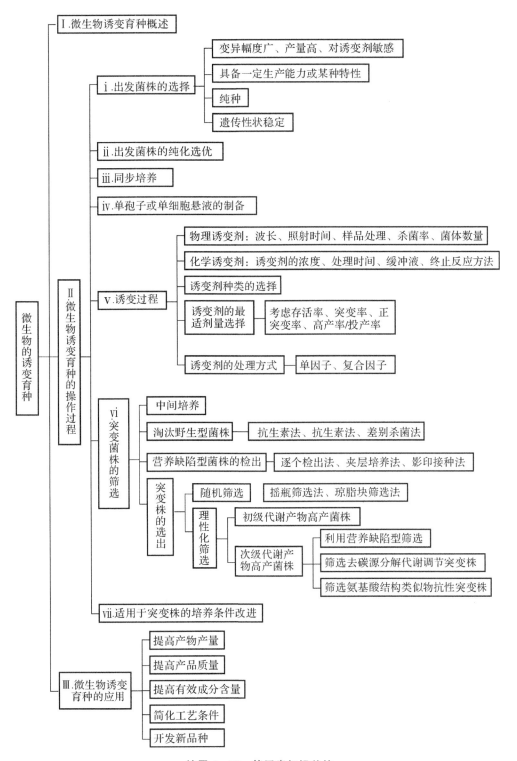

续图 4-33　第四章知识总结

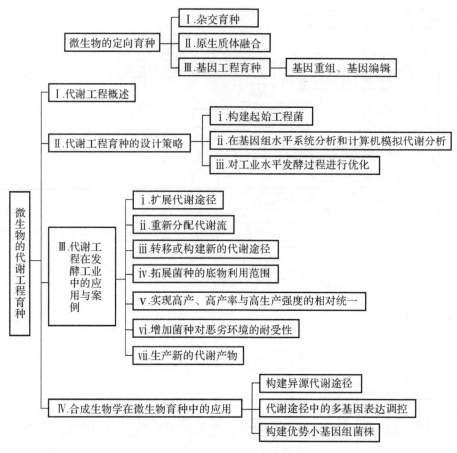

续图 4-33 第 4 章知识总结

本 章 习 题

1.简述获得工业微生物菌种的主要途径。

2.为什么说野生菌株不能称为细胞工厂?

3.论述自然选育和诱变育种之间的区别与联系。

4.简述微生物自然选育的操作流程与关键环节。

5.简述微生物诱变育种的操作流程与关键环节。

6.简述杂交育种的适用菌种。

7.简述原生质体融合育种的操作流程与关键环节。

8.简述合成生物学在微生物育种中的应用。

第五章 菌种的保藏与接种物的制备

第一节 工业微生物的退化、复壮与保藏

一、菌种的退化和防止

菌种退化是指生产菌种或选育过程中筛选出来的较优良菌株,由于进行移接传代或保藏之后,群体某些生理特征和形态特征逐渐减退或完全丧失的现象。

1.菌种退化的表现

菌种退化主要表现为生长速度变慢和目的代谢产物合成能力下降,具体如图 5-1所示。

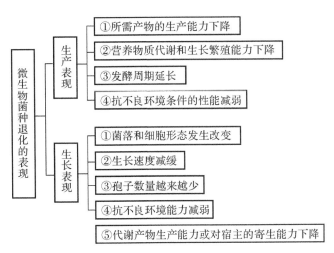

图 5-1 生产用菌种退化的表现

产生这些现象的原因在于,发生突变或者能力下降的菌株在种子中占据了大多数(见图5-2)。

2.导致菌种退化的原因

菌种退化的原因可以分为内因和外因两种。

内因有两个:一是菌种发生了基因突变;二是变异菌株性状分离。

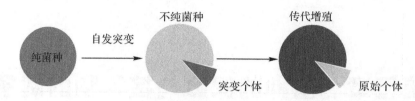

图 5-2 生产用菌种发生退化的过程

外因有四个:①菌种保藏不妥;②菌种的生长条件要求没有得到满足;③遇到不利的条件;④失去某些需要的条件;⑤连续传代以及不当的培养和保藏条件。其中,菌种的连续传代是菌种退化的主要原因。

3.防止菌种退化的方法

遗传是相对的,变异是绝对的。因此,要求一个菌种永远不衰退是不可能的,但是积极采取措施,延缓退化是可以做到的。防止菌种退化的方法主要有以下几种:

(1)尽量减少传代;

(2)经常对菌种进行纯化;

(3)创造良好的培养条件;

(4)用单核细胞移植传代;

(5)采用有效的菌种保藏方法。

二、菌种的复壮

在发生退化的菌种中一般仍然有少量尚未衰退的个体存在。因此,人们可以通过人工选择法从中分离筛选出那些具有优良性状的个体,使菌种获得纯化,这就是复壮。

菌种复壮的定义:使衰退的菌种恢复原来的性状。狭义的定义是指,通过纯种分离和生产性能测定等方法,从已衰退的群体中找出未衰退的个体;广义的定义是指,在未衰退前就有意识地经常进行纯种的分离和生产性能测定,以期使菌种的生产性能得到逐步提高。其实质是利用自发突变(正变)的方法不断地从生产中选种。

菌种复壮的主要方法有以下几种:

(1)纯种分离。通过纯种分离,可以把退化菌种的细胞群体中一部分还保持原有典型性状的单细胞分离出来,经过扩大培养,就可以恢复原菌株的典型性状。可以采用的方法有平板划线法、涂布法、倾注法、单细胞挑取法等。

(2)淘汰法。淘汰已衰退的个体来实现复壮,例如杀死生命力较差的已衰退个体。有人曾对产生放线菌素的 Streptomyces micoflavus 的分生孢子,在 −30∼−10℃ 下低温处理 5∼7 d,使死亡率达到 80%。结果发现,在抗低温的存活个体中,留下了未退化的健壮个体,从而达到了复壮的目的。

(3)宿主体内复壮法。通过宿主体内生长进行复壮。对于寄生性微生物的退化菌株,可通过将其接种至相应的动、植物体内的措施来提高它们的活性。

三、工业微生物菌种的保藏

防止菌种退化的重要方法是采用有效的菌种保藏方法。

菌种保藏的目的:让生产用菌种存活、不丢失、不污染,防止优良性状丧失,以及随时为生产、科研提供优良菌种。

菌种保藏的原理:选用优良的纯种,最好是休眠体,如分生孢子、芽胞等,创造降低微生物代谢活动强度、生长繁殖受抑制、难以发生突变的环境条件(低温、缺氧、缺营养、添加保护剂等)。

根据菌种的存活方式,可以将菌种保藏方法分为图5-3所示的几种类型。

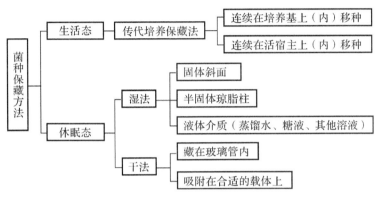

图5-3 菌种的保藏方法

菌种保藏的原则:选择优良纯种,并为菌种创造休眠环境。

菌种保藏方法的要求:能够保持菌种优良特性,而且经济方便。

需要说明的是,保藏后的菌种在再次使用前,需要再次检测和确定保藏菌种的形态学和生化特征,如代谢产物的产生、酶活力、遗传特征及生化指标。

常用的几种工业微生物保藏方法的条件与特点可总结为表5-1。除表中所列方法外,还有载体保藏法。麦壳、沙土灭菌后都可以用作保藏菌种的载体。此外,需要说明的是,工程菌的保藏通常采用斜面,或者将甘油和菌体或菌悬液摇匀后置于-80℃冰箱保藏,甘油浓度一般为15%,但是需要在培养基中加入一定浓度的抗生素或其他具有选择压力的物质。

表5-1 工业微生物保藏方法

菌种保藏方法		操作过程	保藏条件	原理	适宜菌种	保藏期	备注
冰箱保藏法	斜面	采用斜面菌种结合定期移接;每隔1~3个月后需移接一次;移接代数最好不要超过4代	4℃	低温	非长期保藏,以及不能采用低温干燥方法保藏的各类菌种	3~6月	简便,但易使菌株发生自发突变,易引起菌种的退化甚至死亡
	半固体		4℃	低温	细菌、酵母菌	6~12月	简便

续表

菌种保藏方法		操作过程	保藏条件	原理	适宜菌种	保藏期	备注
液体石蜡油封藏法		在斜面中加入了石蜡油,可以防止培养基水分蒸发并隔绝氧气	室温	低温、缺氧	丝状真菌、酵母、细菌和放线菌,特别是难以冷冻干燥的丝状真菌,以及难以在固体培养基上形成孢子的担子菌	1～2 年	简便、有效
沙土保藏法				干燥、无营养	产孢子微生物	1～10 年	简便
冷冻干燥		用保护剂制备菌悬液,然后将含菌样快速降至冰冻状态,减压抽真空,使冰升华成水蒸气排出,从而使含菌样脱水干燥,并在真空状态立即密封瓶口隔绝空气,造成无氧的真空环境,然后置于低温下保存	常温	干燥、无氧、低温、有保护剂	除一些不产孢子的丝状零点菌不宜采用冷冻干燥法保藏外,大多数微生物都可以采用此法	15 年以上	简便、有效必须使用冷冻保护剂,常用脱脂乳、蔗糖等
冷冻保藏	普通冷冻保藏	离心收获对数生长中期至后期的微生物细胞;用新鲜培养基重新悬浮所收获的细胞;加入等体积的 20% 甘油或 10% 二甲亚砜;混匀后分装入冷冻指管或安瓿管中,在不同温度下保藏	−20 ℃	低温、有保护剂	各类微生物	5 年左右	简单、有效,但是培养物运输较困难
	超低温冷冻保藏		−60～−80 ℃				
	液氮冷冻保藏		−196 ℃				
工程菌的保藏		斜面,或者将甘油和菌体或菌悬液摇匀后置于 −80℃ 冰箱保藏,甘油浓度一般为 15%			保藏时一定要在培养基中加入一定浓度的抗生素或其他的选择压力		

第二节　种子的扩大培养

将保存在沙土管、冷冻干燥管中处于休眠状态的生产菌种接入试管斜面活化后,再经过扁瓶或摇瓶及种子罐逐级扩大培养,最终获得一定数量和质量的纯种过程,称为种子扩大培养。这些纯种培养物称为种子。

一、优质种子的要求

种子的浓度和质量对最终产物的产量有很大的影响。发酵必须用生长良好的种子进行接种。优质种子的准则是:

(1)菌种细胞的生长活力强,移种至发酵罐后能迅速生长,延迟期较短。

(2)生理性能和生产能力稳定。

(3)菌体总量及菌体密度能满足大容量发酵罐的要求。

(4)无杂菌污染。可将其概括为:活力强(移种至发酵后,能够迅速生长)、稳定(生理状况稳定,保持稳定的生产能力)、量足、无污染。

二、种子扩大培养的任务

斜面种子只能为需要孢子的摇瓶培养提供种子,而摇瓶培养则可以同时为摇瓶发酵或发酵罐发酵过程提供种子。摇瓶发酵中培养基的体积通常只有几十毫升,而中小型的发酵罐中培养基的体积通常有 2~5 000 L。每种发酵实验操作都需要有相应量的种子。为大规模发酵过程提供种子需要进行二级种子培养。一级种子的培养通常是在摇瓶中进行,2 L三角瓶中种子培养基的装量为 500 mL,二级种子的培养可在搅拌发酵罐中进行。二级种子的体积可根据发酵罐的体积来确定,再按照二级种子的体积确定需要培养多少一级种子。在种子制备过程中,应检查种子培养基、接种前菌体悬浮液和成熟种子液及发酵培养基是否有污染杂菌。

种子扩大培养的目的是:①获得一定数量和质量的纯种;②满足接种量的需要;③菌种的驯化;④缩短发酵时间,保证生产水平。

三、孢子的制备

1.不同微生物的孢子制备

1)放线菌的孢子制备

采用斜面,培养基中含有一些适合产孢子的成分,如麸皮、豌豆浸汁、蛋白胨和一些无机盐等。

需要注意的是,碳源和氮源不要太丰富(碳源约为 1%,氮源不超过 0.5%)。碳源丰富容易造成生理酸性的营养环境,不利于放线菌孢子的形成;氮源丰富则有利于菌丝繁殖,而不利于孢子形成。

此外,干燥和限制营养可直接或间接诱导孢子形成。培养温度一般为 28 ℃,少数为

37 ℃,培养时间为 5～14 d。放线菌种子扩大培养过程如图 5-4 所示。

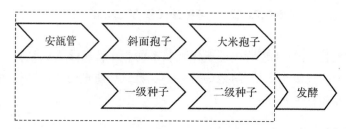

图 5-4　放线菌种子扩大培养过程

2）霉菌孢子的制备

培养基：大米、小米、玉米、麸皮、麦粒等天然农产品。其营养成分适合霉菌孢子的繁殖。

培养温度：25～28 ℃。

培养时间：4～14 d。

3）细菌芽孢的制备

斜面培养：碳源限量而氮源丰富的配方，牛肉膏、蛋白胨常用作有机氮源。

培养温度：37 ℃。

培养时间：1～2 d,产芽孢的细菌则需培养 5～15 d。

2. 影响孢子质量的因素

1）培养温度

例如,龟裂链霉菌斜面最适温度为 36.5～37 ℃,如果高于 37 ℃,那么孢子成熟早,易老化,接入发酵罐后,就会出现菌丝对糖、氮利用缓慢、氨基氮回升提前、发酵产量降低等现象。培养温度控制低一些,则有利于孢子的形成。将龟裂链霉菌斜面先放在 36.5 ℃培养 3 d,再放在 28.5 ℃培养 1 d,所得的孢子数量比在 36.5 ℃培养 4 d 所得的孢子数量增加了 3～7 倍。

2）培养时间

例如,土霉素菌种斜面培养 4.5 d,孢子尚未完全成熟,冷藏 7～8 d 菌丝即开始自溶。培养时间延长半天(即培养 5 d),孢子完全成熟,可冷藏 20d 也不自溶。过于衰老的孢子会导致生产能力下降,孢子的培养时间应控制在孢子量多、孢子成熟、发酵产量正常的阶段终止后。

3）冷藏时间

斜面孢子的冷藏时间对孢子质量也有影响,其影响随菌种不同而异,总的原则是冷藏时间宜短不宜长。有报道称：在链霉素生产中,斜面孢子在 6 ℃冷藏 2 个月后的发酵单位比冷藏 1 个月的低 18%,冷藏 3 个月后则降低 35%。

4）接种量

一般一支高度为 20 cm、直径为 3 cm 的试管斜面,丝状菌孢子数要求达到 10^7 以上。

四、种子的制备

1. 种子制备流程

在种子扩大培养过程中,需要经过实验室种子制备和生产车间种子制备两个阶段。前者所用设备为培养箱、摇床等,在菌种室完成;后者则在种子罐里进行,工厂中归发酵车间管理。其基本过程如图5-5所示,操作顺序为:保藏管→斜面→扁瓶(培养皿)→摇瓶→种子罐。

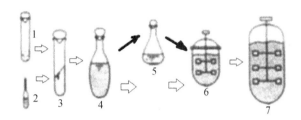

1—沙土孢子;2—冷冻干燥孢子;3—斜面孢子;4—扁瓶孢子;5—摇瓶菌丝;6—种子罐;7—发酵罐

图5-5　种子制备流程

1)实验室种子制备

根据培养基不同,可将实验室种子制备分为固体培养、液体培养两种方法。其中,固体培养基培养法适用于产孢子能力强,孢子发芽、生长繁殖快的菌种的种子制备,所产孢子可直接作为种子罐的种子,操作简便,不易污染杂菌。液体培养法适用于产孢子能力不强,或孢子发芽慢的菌种。

2)生产车间种子制备

生产车间种子制备是指,将实验室制备的孢子斜面或摇瓶种子移接到种子罐进行扩大培养。生产车间种子制备的目的:一是获得足量的菌种;二是使菌体适应发酵环境。在种子培养过程中,应采用相似的培养基,即上一步所用培养基与下一步所用培养基的成分不能相差太大。生产车间的种子罐中培养基和培养条件更接近于发酵罐培养用醪液成分和培养条件,譬如通无菌空气搅拌等。

2. 种子制备方法

种子制备方法主要有以下四种。

1)表面培养

这是一种好氧静置培养方法,如醋酸、柠檬酸发酵和曲盘制曲。根据培养基的形态,可以分为液态表面培养和固态表面培养。表面积越大,越易促进氧气由气液界面、气固界面向培养基内传递。使用这种方法时,菌的生长速度与培养基深度有关,单位体积的表面积越大,生长速度就越快。

缺点:氧的供给常成为发酵的限速因素,发酵周期长,占地面积大。

优点:不需要深层培养时的搅拌和通气,节省动力。

2)固体培养

固体培养分为浅盘固体培养和深层固体培养,统称曲法培养。这是起源于我国酿造生产特有的传统制曲技术。其最大特点是,固体曲的酶活力高。在这种培养过程中,氧气由基质粒子间空隙的空气直接供给微生物,比液体培养时的用通气搅拌供给氧气节能。

优点:①培养基组成简单。以谷物和农业废物为主要原料,只需外加适量水分、无机盐等。②防止污染。霉菌能在水分较少的基质表面进行增殖,在这种条件下,细菌生长不好,因此不易引起细菌污染。③通气。使用循环的冷却增湿的无菌空气来控制温湿度,能根据菌种在不同生理时期的需要灵活调节。

3)液体深层培养

在这种培养方法中,从罐底部通气,送入的空气由搅拌桨叶分散成微小气泡以促进氧的溶解。相对于由气液界面靠自然扩散使氧溶解的表面培养法,这种由罐底部通气搅拌的培养方法称为深层培养法。

优点:容易按照生产菌种对代谢的营养要求和不同生理时期的通气、搅拌、温度、与培养基中氢离子浓度等条件,选择最佳培养条件。

4)载体培养

载体培养脱胎于曲法培养,吸收了液体培养的优点,是近年来新发展的一种培养方法。

优点:以天然或人工合成的多孔材料代替麸皮之类的固态基质作为微生物的载体,营养成分可以严格控制,发酵结束,只需将菌体和培养液挤压出来进行抽提,载体又可以重新使用。

载体的取材必须耐蒸汽加热或药物灭菌,多孔结构既有足够的表面积,又能允许空气流通。

第三节　种子质量控制

一、种子的质量标准与判断

1.种子的质量标准

1)形态

单细胞:菌体健壮、菌形一致、均匀整齐,有的还要求有一定的排列或形态。

霉菌、放线菌:菌丝粗壮,对某些染料着色力强,生长旺盛,菌丝分枝情况和内含物情况好。

2)生化指标

种子液中糖、氮、磷含量及 pH 的变化是菌体生长繁殖、物质代谢的反映。不少产品的种子质量以这些物质的利用情况及变化为指标。

3)产物生成量

种子液中产物生成量的多少是种子生产能力和成熟程度的反映。

4)酶活力

如土霉素生产的种子液中的淀粉酶活力与发酵单位有一定的关系,可作为质量依据。

5)无污染

确保无任何杂菌污染。

2.种子质量的判断

种子质量的最终指标是其在发酵罐中所表现出来的生产能力,需要定期取样测定一些参数以观察基质的代谢变化及菌丝形态是否正常。观察的指标有:pH,培养基中磷、糖、氨基氮的含量、菌丝形态、菌丝浓度和培养液外观(色素、颗粒等),接种前抗生素含量、某种酶活力等其他指标。

二、影响种子质量的因素

影响种子质量的因素如图 5-6 所示,主要包括孢子质量、培养基组成、培养条件、种龄、接种量等。

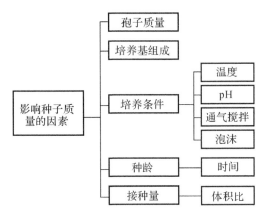

图 5-6　影响种子质量的因素

1.培养基的营养条件

培养基是微生物生长的主要营养来源,对于微生物生长繁殖、酶的活性与产量都有直接影响。不同微生物对营养物质的要求不一样,但它们所需的基本营养大体一致,尤其以碳源、氮源、无机盐、生长素和金属离子等最为重要。产量提高是培养基选择的重要标准,但同时要求培养基的组成简单、来源丰富、价格低、取材方便等。

通常情况下,发酵培养基一般比较浓,种子培养基以略稀薄为宜。种子培养基中糖分较少,而氮源较多,无机氮源的比例要大些。种子罐和发酵罐的培养基成分一致性较好,可使处于对数生长期的菌种移植到适宜的环境中发酵,大大缩短了其生长过程的延滞期。这是因为参与细胞代谢活动的酶系在种子培养阶段已经形成,而不需花费时间另建适宜新环境的酶系。对于某一菌种和具体设备条件来说,应该进行多因素优选,通过对比实验确定最适宜的培养基配比。如果菌种的特性或设备条件(如罐型、搅拌的形式和转速等)变化较大,则培养基的配比应通过实验进行相应的调整。

2.培养条件

重点考虑培养温度、pH、通气搅拌、泡沫控制。

(1)培养温度:培养温度直接影响其生长和胞内酶的合成,通常在生物学范围内温度每升高 10℃,细胞生长速度就加快一倍。如果所培养的微生物能在稍高一些的温度进行生长、繁殖,则可减少污染杂菌的机会和夏季培养所需的降温辅助设备和费用,对工业生产有很大的好处。每种微生物都有其最高生长温度和最低生长温度。在接近微生物生长最适温度的条件下培养,可以缩短微生物生长的延滞期;在较低温度下培养,则会延长种子延滞期。

（2）pH：培养基的氢离子浓度，即培养液 pH 会显著影响微生物生命活动和酶系组成。各种微生物都有自己生长和合成酶的最适 pH。同一菌种合成酶的类型与酶系组成可以随 pH 值的改变而产生不同程度的变化。例如：泡盛曲霉突变株在 pH＝6.0 培养时以产生 α-淀粉酶为主，糖化型淀粉酶和麦芽糖酶极少；在 pH＝2.4 条件下培养时，则转向糖化型淀粉酶与麦芽糖酶的合成，α-淀粉酶的合成受到抑制。

（3）通气搅拌：通气和搅拌决定了种子罐中氧气供给水平。氧气参与菌体呼吸作用。不同微生物生长所要求的通气量不同，即使同一菌株，在不同的生理时期对通气量的要求也不相同。在控制种子罐的通气和搅拌水平时，必须考虑到既能满足菌种生长与胞内酶合成的不同要求，又要节省电耗，提高经济效益。在微生物培养的各个时期究竟如何选择通气量，同样要根据菌种的特性和罐的结构、培养基的性质等许多因素，通过实验进行。随着菌体繁殖，呼吸增强，必须按菌体的耗氧量加大通气量，以增加溶解氧的量。一般来说，发酵罐的高度高，搅拌转速大，通气管开孔小或多，气泡在培养液内停留时间就长，氧的溶解速度也就大。培养基的黏度越小，氧的溶解速度也就越大。搅拌可以提高通气效果，促进微生物繁殖，但是过度剧烈搅拌会使培养液产生大量泡沫，增加污染杂菌的机会，也会增加发酵过程的能耗。另外，对于丝状微生物，一般不宜采用剧烈搅拌。

（4）泡沫控制：培养过程中产生的泡沫持久存在会影响微生物对氧的吸收及二氧化碳的排放，会破坏细胞生理代谢的正常进行，不利于发酵过程的进行。泡沫的主要危害是：影响微生物对氧的吸收；妨碍 CO_2 的排放；减少设备利用率。

3. 种龄

种龄是指种子罐中培养的菌丝体开始移入下一级种子罐或发酵罐时的培养时间。

在工业发酵生产中，选取在生命力极为旺盛的对数生长期，菌体量尚未达到最高峰时移种。过于年轻的种子接入发酵罐后，往往会出现前期生长缓慢、泡沫多、发酵周期延长的现象。种龄过长的种子接入发酵罐后，则会因菌体老化而导致生产能力衰退。种龄过长或过短，不但会延长发酵周期，而且会降低产量，因此对种子的种龄必须严格掌握，以免贻误时机。

土霉素生产中，一级种子的种龄相差 2～3 h，转入发酵罐后，菌体的代谢就会有明显的差异。最适种龄因菌种不同而有很大差异，一般需经过多种实验来确定。不同微生物的适宜种龄分别为：细菌，7～24 h（谷氨酸生产菌为 7～8 h）；霉菌，15～50 h；放线菌，21～64 h。

4. 接种量

接种量是指移入的种子液体积和接种后培养液体积的比例。接种量决定于生产菌种在发酵罐中生长繁殖的速度，采用较大的接种量可以缩短发酵罐中菌丝繁殖达到高峰的时间，使产物的形成提前到来，并可减小杂菌的生长机会。但接种量过大或者过小，都对发酵不利。接种量过大引起溶氧不足，影响产物合成，而且会过多移入代谢废物，也不经济；接种量过小，则延长培养时间，会降低发酵罐的生产率。

一般来说，接种量与细胞生长的延滞期长短成反比。大量地接入成熟的菌种，可以缩短生长过程的延滞期，缩短发酵周期，节约发酵培养的动力消耗，提高设备利用率，并有利于减少染菌机会。一般都将菌种扩大培养,进行两级发酵或三级发酵。

不同微生物的适宜接种量为:细菌,1%~5%;霉菌,10%;酵母菌,5~10%;多数抗生素生产的接种量为 7%~15%,有的可加大到 20%~25%。

染菌是生产的大敌,一旦发现染菌,应该及时进行处理,避免造成更大的损失。染菌的原因,除设备本身结构上存在"死角"外,还有设备、管道、阀门渗漏,灭菌不彻底,空气净化不好,无菌操作不严或菌种不纯等。要控制染菌的继续发展,必须及时找出染菌的原因,采取措施,杜绝染菌事故再现。菌种发生染菌将会使各个发酵罐都染菌,因此,必须加强接种室的消毒管理工作,定期检查消毒效果,严格无菌操作技术。如果菌种不纯,则需反复分离,直至获得完全的纯种为止。对于已出现杂菌菌落或噬菌体、噬菌斑的试管斜面菌种,应予废弃。同时,平时应经常分离试管菌种,以防菌种衰退、变异和污染杂菌。对于菌种扩大培养的工艺条件要严格控制,对种子质量更要严格掌握,必要时可将种子罐冷却,取样做无菌实验,确保种子无杂菌存在后,才能向发酵培养基中接种。

三、种子异常情况与分析

种子质量异常的现象及其可能原因如下:

(1)生长发育缓慢或过快。这主要因为通入的空气温度低、灭菌质量差。

(2)菌丝结团。在液体培养条件下,菌丝聚集成团(白色小颗粒),影响氧及营养物质的吸收。可能原因是搅拌效果差、接种量小。

(3)菌丝粘壁。菌丝粘壁是指在培养过程中,菌丝逐步粘在罐壁上。可能原因是搅拌效果不好、泡沫过多、种子罐装液系数过小,使得培养液中菌丝减少,形成菌丝团。相比于细菌和放线菌,真菌粘壁的机会较多。

例如,阿维拉霉素(avilamycin)能够明显地促进鸡和猪的生长,提高饲料的利用率。菌丝结团是影响阿维拉霉素发酵生产的主要问题之一。通过实验发现:当接种量低于 3%时,菌体生长缓慢,出现菌丝结团现象,且菌体生物量及阿维拉霉素的产量低。接种量越低,结团现象越明显;当接种量大于 5%时,虽然发酵液比较黏稠,但阿维拉霉素的产量开始上升。根据分析,出现这一现象的原因是:接种量较大,菌种进入发酵培养基后容易适应,菌种液中含有大量体外水解酶类,有利于产生菌对原料的利用。

第四节　接种方法

一、实验室接种技术

接种技术是微生物学实验及研究中的一项最基本的操作技术。接种是将纯种微生物在无菌操作条件下移植到已灭菌并适宜该菌生长繁殖的培养基中。为了获得微生物的纯种培养,要求接种过程中必须严格进行无菌操作。接种过程一般可在无菌室、超净工作台火焰旁或实验室火焰旁进行。

根据不同的实验目的及培养方式可以采用不同的接种工具和接种方法。常用的接种工具有接种针、接种环、接种铲、玻璃涂棒、移液管及滴管等。常用的方法有斜面接种、液体接种、穿刺接种和平板接种等。

斜面接种：从已长好微生物的菌种管中挑取少许菌苔接种至空白斜面培养基上。

液体接种：将斜面菌种接到液体培养基(如试管或三角瓶)中。

穿刺接种：常用来接种厌氧菌、检查细菌的运动能力或保藏菌种。具有运动能力的细菌，经穿刺接种培养后，能沿着穿刺线向外运动生长，故形成的菌的生长线粗且边缘不整齐；不能运动的细菌仅能沿穿刺线生长，故形成细而整齐的菌生长线。

平板接种：用接种环将菌种接至平板培养基上，或用移液管、滴管将一定体积的菌液移至平板培养基上。平板接种的目的是观察菌落形态、分离纯化菌种、活菌计数以及在平板上进行各种实验。

平板接种的方法有多种，根据实验要求的不同可分为以下几种：

(1)斜面接平板。

划线法：在无菌操作条件下，自斜面用接种环直接取出少量菌体，接种在平板边缘的一处，烧去多余的菌体，再用接种环从接有菌种的部位在平板培养基表面自左至右轻轻连续划线或分区划线(注意，不要划破培养基)，经培养后在沿划线处长出菌落，以便观察或挑取单一菌落。

点种法：一般用于观察霉菌的菌落，在无菌操作条件下，用接种针从斜面或胞子悬浮液中取少许孢子，轻轻点种于平板培养基上，一般以三点(∴)的形式接种。霉菌的孢子易飞散，用孢子悬液点种效果好。

(2)液体接平板。用无菌移液管或者滴管吸取一定体积的菌液移至平板培养基上，然后用无菌玻璃涂棒将菌液均匀涂布在整个平板上；或者将菌液加入培养皿中，然后再倾入融化并冷却至 $45\sim50℃$ 的固体培养基上，轻轻摇匀，平置，凝固后倒置培养。在稀释分离菌种时常采用此操作。

(3)平板接斜面。一般是将在平板培养基上经分离培养得到的单菌落，在无菌操作下分别接种到斜面培养基上，以便作进一步扩大培养或保存之用。接种前先选择好平板上的单菌落，并做好标记；左手拿平板，右手拿接种环，在火焰旁操作，先将接种环在空白培养基处冷却，挑取菌落，在火焰旁稍等片刻，此时左手将平板放下，拿起斜面培养基，按斜面接种法接种。注意，接种过程中不要将菌烫死，接种时操作应迅速，勿使其污染杂菌。

(4)其他平板接种法。根据实验的不同要求，可以有不同的接种方法。例如：做抗菌谱实验时，可用接种环取菌在平板上与抗生素划垂直线；做噬菌体裂解实验时可在平板上将菌液与噬菌体悬液混合涂布于同一区域；等等。

二、生产车间接种技术

生产车间常有三种接种方法：双种法、倒种法、混种法。

其中：双种法是指，将 2 个种子罐的种子接入 1 个发酵罐的接种方法；倒种法是指，为防止种子染菌或种子质量不理想，采用适宜的发酵液，将其倒出部分到另一发酵罐作为种子；

混种法是指,以种子液和发酵液混合作为发酵罐的种子。三种方法运用得当,有可能提高发酵产量,但其染菌机会和变异机会增多。

为了在移种过程中防止染菌,可以将孢子悬浮液种子、摇瓶菌丝体种子采用火罐法或压差法接入;种子罐之间、发酵罐间的移种,主要采用差压法接入;由种子接种管道进行移种,移种过程中要防止接受罐表压降至零,否则会引起染菌。

从实验室摇瓶或孢子悬浮液容器接种的方法如图5-7所示,从种子罐接种的方法如图5-8所示。

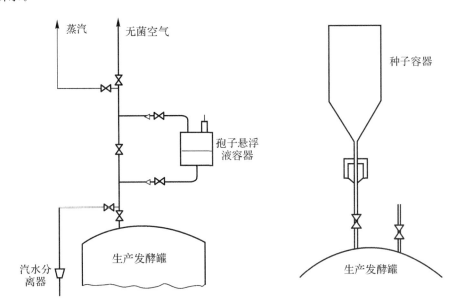

图5-7 从实验室摇瓶或孢子悬浮液容器接种

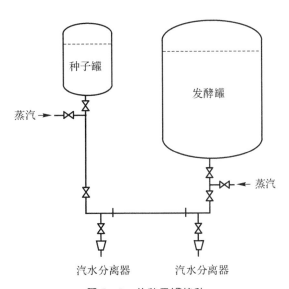

图5-8 从种子罐接种

三、种子罐级数及其确定

1. 种子罐的级数

种子罐的级数是指制备种子需逐级扩大培养的次数（见图5-9）。三级种子罐制备的过程示意图如图5-10所示。

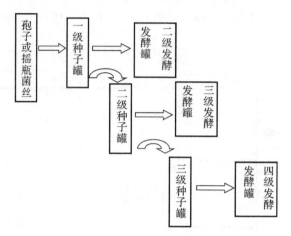

图5-9 种子罐的级数

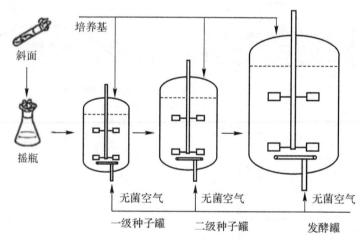

图5-10 三级种子罐制备

2. 种子罐级数的确定

影响种子罐级数的因素是接种量、孢子发芽能力、菌体生长特性、发酵规模。

种子罐的级数大，难控制，易染菌，易变异，难管理，一般为2～4级。

种子级数的确定原则是：种子进入发酵罐后能迅速生长，达到一定的量，利于产物合成。

种子罐级数愈小，愈有利于简化工艺及控制过程。级数小可减少种子罐污染杂菌的机会，减少消毒和值班工作量以及减少因种子罐生长异常而造成发酵的波动，但是也应该考虑到如何才能最大限度地缩短发酵罐中非合成代谢产物的运转周期。

种子罐级数的确定取决于菌种的性质（如菌种传代后的稳定性）、孢子瓶中孢子数、孢子发芽和菌丝繁殖速度，以及发酵罐中种子培养液的最低接种量和种子罐与发酵罐的容积比等。如果孢子瓶中的孢子数量较多，孢子在种子罐中发育较快，且对发酵罐的最低接种量的要求亦较小，则可采用二级发酵流程。

种子罐的级数还随产物的品种及生产规模而定，也可随着工艺条件的改变而作适当的调整。例如通过加速孢子的发育或改进孢子瓶的培养工艺来增加孢子数量，或通过改变种子罐的培养条件使三级发酵简化为二级发酵。

第五节　种子制备过程案例

一、谷氨酸生产的种子制备

谷氨酸生产的种子制备流程如图 5-10 所示，主要包括斜面菌种培养、一级种子培养、二级种子培养、发酵几个步骤。

图 5-10　谷氨酸生产的种子制备流程

1）第一步：斜面（AS1.299）菌种培养

培养基：蛋白胨 1%、牛肉膏 1%、氯化钠 0.5%，琼脂 2%，pH 为 7.0～7.2。

培养条件：32 ℃，生长 18～24 h。

培养基特点：有利于菌体的生长，原料比较精细。

生长斜面要求：生长良好，所使用斜面连续传代不超过 3 次。

2）第二步：一级种子（摇瓶）

培养基：葡萄糖 2%、尿素 0.5%、玉米浆 2.5%，K_2HPO_4 0.1%。

培养条件：于 1 000 mL 三角瓶中，装液 200～250 mL，32 ℃培养 12 h。

培养基特点：有利于菌体的生长，所使用的原料已经基本接近于发酵培养基。

3）第三步：二级种子（种子罐）

培养基：和一级种子相似，其中葡萄糖用水解糖代替，浓度为 2.5%。

培养条件：在种子罐中培养（容积为发酵罐的 1%），32 ℃培养 7～10 h。

培养基特点：长菌体，更接近于发酵培养基。

4）种子的质量要求

浓度为 10^8～10^9 个/mL；大小均匀，呈单个或八字排列；pH 为 7.0～7.2 时结束；菌种活力旺盛。

二、青霉素生产的种子制备

青霉素生产的种子制备流程如图 5-11 所示，各步所用培养基组成、培养条件、培养基特点等信息如表 5-2 所示。

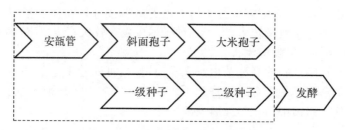

表 5-11 青霉素生产的种子制备流程

表 5-2 青霉素生产的种子的培养基组成、培养条件和培养基特点等

	斜面孢子	大米孢子	一级种子	二级种子
培养基组成	甘油、葡萄糖、蛋白胨等	大米及氮源(玉米浆)	(葡萄糖、乳糖、蔗糖)、玉米浆	(葡萄糖、乳糖、蔗糖)、玉米浆
培养条件	25 ℃,7 d, 湿度为 50% 左右	25 ℃,7 d,控制湿度	27 ℃,40 h	27 ℃、10~14 h
培养基特点	利于长孢子,用量少而精细	成本低、米粒之间结构疏松能提高比表面积和氧的传质,营养适当(要求大米的白点小)有利于孢子的生长	长菌体	长菌体
产物特点		1 粒米含 1.4×10⁶ 个孢子	接种量:每吨 200 亿个孢子	接种量:10%

本章知识图谱与视频

一、本章知识图谱

本章知识图谱如图 5-12 所示。

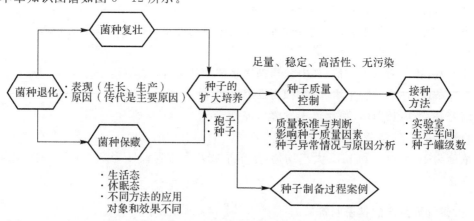

图 5-12 第五章知识图谱

二、本章视频

1.种子扩大培养概述 1

2.种子扩大培养概述 2

3.孢子的制备 1

4.孢子的制备 2

5.种子的制备 1

6.种子的制备 2

7.影响种子质量的因素 1

8.影响种子质量的因素 2

9.菌种的退化与防止 1

10.菌种的退化与防止 2

11.接种方法

12.种子的制备过程举例

13.种子扩大培养的知识汇总

14.超净台与酒精灯的使用

15.培养基的配制与灭菌

16.实验室接种 1：三区划线法分离菌种

17.实验室接种 2：平板至斜面接种

18.实验室接种 3：斜面至斜面接种

1.种子扩大培养概述1　2.种子扩大培养概述2　3.孢子的制备1　4.孢子的制备2　5.种子的制备1　6.种子的制备2

7.影响种子质量的因素1　8.影响种子质量的因素2　9.菌种的退化与防止1　10.菌种的退化与防止2　11.接种方法　12.种子的制备过程举例

13.种子扩大培养的知识汇总　14.超净台与酒精灯的使用　15.培养基的配制与灭菌　16.实验室接种1:三区划线法分离菌种　17.实验室接种2:平板至斜面接种　18.实验室接种3:斜面至斜面接种

19.实验室接种 4:平板至液体培养基接种

20.实验室接种 5:液体转至液体接种

21.平板涂布与倾注法计数

22.发酵罐接种实验操作:火焰接种法

23.细菌生长曲线测定

| 19.实验室接种4:平板至液体培养基接种 | 20.实验室接种5:液体转至液体接种 | 21.平板涂布与倾注法计数 | 22.发酵罐接种实验操作:火焰接种法 | 23.细菌生长曲线测定 |

三、本章知识总结

本章知识总结如图 5-13 所示。

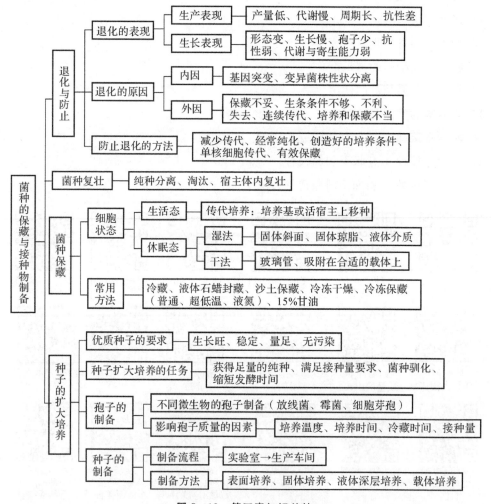

图 5-13 第五章知识总结

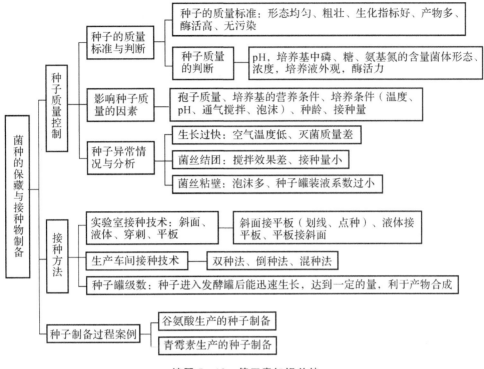

续图 5-13 第五章知识总结

本 章 习 题

1.工业微生物退化的原因是什么？退化后的菌种有哪些表现？

2.如何防止微生物菌种退化？

3.微生物菌种保藏的原则是什么？

4.微生物菌种保藏的方法有哪些？它们的适用对象和特点是什么？

5.种子培养的目的是什么？

6.优良的种子应该具备哪些性能？

7.种子培养和孢子培养之间有什么关系？

8.影响孢子培养和种子培养的因素各有哪些？

9.不良的种子会对发酵过程产生什么样的影响？

10.常用的接种方法有哪些？适用于哪些情况？

第六章　微生物发酵动力学

发酵动力学是指,研究微生物生长、产物合成、底物消耗之间的动态定量关系,定量描述微生物生长和产物形成过程的理论。它以化学热力学(研究反应的方向)和化学动力学(研究反应的速度)为基础,针对微生物发酵的表观动力学,通过研究微生物群体的生长、代谢,定量反映细胞群体酶促反应体系的宏观变化速率。

发酵动力学的主要研究内容包括:发酵过程中菌体生长速率、发酵产物生成速率、底物消耗速率的相互关系和环境对三者的影响。发酵动力学研究的主要对象为微生物群体,而非单个微生物菌体,即从宏观上研究发酵过程。其主要包括微生物生长动力学、底物消耗动力学、产物合成动力学。

发酵动力学的研究目的有二:一是监控过程的正常进行;二是保证发酵过程更好地进行。

具体过程为:通过对微生物生长率、基质和氧消耗率、产物合成率的动态研究,实现发酵条件参数的在线检测,认识发酵过程的规律,确定发酵动力学模型;优化发酵工艺条件,确定最优发酵过程参数,如基质浓度、温度、pH、溶氧等;提高发酵产量、效率和转化率,以发酵动力学模型作为依据,利用计算机设计程序、模拟最合适的工艺流程和发酵工艺参数,从而使生产控制最优化。

发酵动力学研究的意义在于:通过这些研究,实现发酵过程的定量化描述,从而为发酵过程的自动化、可控化、可预测化奠定基础,进一步实现发酵过程的人工智能化、过程精准化,为实验工厂比拟放大、为分批发酵过渡到连续发酵提供理论依据。

发酵动力学研究的理想状态是:反应器内的搅拌系统能保证理想的混合,使任何区域的温度、pH、物质浓度等变量差异得以避免;能够控制温度、pH等环境条件以保持稳定,从而使动力学参数也保持相应的稳定;细胞有固有的化学组成,不随发酵时间和某些发酵条件的变化而发生明显改变;各种描述发酵动态的变量对发酵条件变化的反应无明显滞后。

第一节　发酵动力学的基础理论

一、发酵的类型与特点

发酵过程根据生产菌种和发酵条件的要求分为好氧发酵和厌氧发酵。好氧发酵有液体表面培养发酵、在多孔或颗粒状固体培养基表面发酵和通氧式液体深层发酵三种。厌氧发酵采用不通氧的深层发酵。液体深层培养是在有一定径高比的圆柱形发酵罐内完成的。根据其操作方法可分为以下几种。

1. 分批发酵

分批发酵(batch fermentation)是采用单罐的分批发酵法。每个分批发酵过程都经历接种、生长繁殖、菌体衰老、结束发酵、分离产物等过程。

分批发酵的优点是：操作简单、投资少；运行周期短；染菌机会减少；生产过程、产品质量较易控制。

分批发酵的缺点是：不利于测定过程动力学，存在底物限制或抑制问题，会出现底物分解阻遏效应及二次生长现象；对底物类型及初始高浓度敏感的次级代谢物(如一些抗生素等)不适合用分批发酵(生长与合成条件差别大)；养分耗竭快，无法维持微生物继续生长和生产；非生产时间长，生产率较低。

分批发酵的特点是：微生物所处的环境是不断变化的，可进行少量多品种的发酵生产；如果发生染菌，能够很容易终止操作；当运转条件发生变化或需要生产新产品时，易改变处理对策；对原料组成要求较粗放等。

例如，杀假丝菌素分批发酵中的葡萄糖消耗、DNA 含量和杀假丝菌素合成的变化过程如图 6-1 所示。

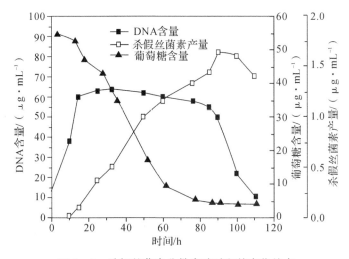

图 6-1　杀假丝菌素分批发酵过程的变化特点

2. 连续发酵

连续发酵(continuous fermentation)是在发酵过程中，连续向发酵罐流加培养基，同时以相同流量从发酵罐中取出培养液的一种发酵过程。其特点是，添加培养基的同时，放出等体积发酵液，形成连续生产过程，获得相对稳定的连续发酵状态。连续发酵的优缺点及类型如表 6-1 所示。根据串连级数，连续发酵又可以分为单级连续发酵和多级连续发酵两种。

表 6-1 连续发酵的优缺点

优点	缺点
(1)提供了微生物在恒定状态下高速生长的环境,便于进行微生物菌种生物的代谢、生理、生长和遗传特性的研究。 (2)在工业生产上可减少分批发酵中的清洗、装料、消毒、接种、放罐等的操作时间,提高生产效率。 (3)中间及最终产物的生产稳定;由于系统化产生的综合效果,产物质量比较稳定。 (4)可以作为分析微生物的生理、生态及反应机制的有效手段	(1)在长时间的培养过程中,微生物菌种容易发生变异,发酵过程容易染菌。 (2)新加入的培养基与原有的培养基不易完全混合,影响培养基和营养物质的利用。 (3)必须和整个作业的其他工序连续一致。 (4)收率及产物浓度比分批法稍低。 (5)有可能被杂菌污染及变异;各因素对生物反应的影响和动力学关系不能充分解释所需的设备和投资较少,便于实现自动化

3.补料分批发酵

补料分批发酵(fed-batch fermentation),又称半连续发酵或半连续培养,是指在分批培养过程中,间歇或连续地补加新鲜培养基。

与传统分批发酵相比,其优点是:①使发酵系统中维持很低的基质浓度,可以除去快速利用碳源的阻遏效应,并维持适当的菌体浓度,以不致加剧供氧的矛盾;②避免培养基积累有毒代谢物。

补料分批发酵法广泛应用于抗生素、氨基酸酶制剂核苷酸有机酸及高聚物等的生产。

二、微生物发酵动力学的类型

根据菌体生长与产物形成间的关联性,产物形成与基质消耗间的关系,以及反应形式,可以对发酵动力学进行分类。

1.根据菌体生长与产物形成是否偶联分类

(1)偶联型:产物生成速率与菌体生长速率有紧密关系,发酵产物通常是分解代谢的直接产物。

(2)非偶联型:在菌体生长和发酵产物无关联的发酵模式中,菌体生长时,无产物形成,但菌体停止生长后,则有大量产物积累,发酵产物的生成速率只与菌体积累量有关。产物合成发生在菌体停止生长之后(即产生于次级生长),故习惯上把这类与生长无关联的产物称为次级代谢产物。但不是所有次级代谢产物一定与生长无关联。非偶联型发酵的生成速率只与已有的菌体量有关,而产物比生成速率为一常数,与比生长速率没有直接关系。因此,其产率和浓度高低取决于菌体生长期结束时的生物量。

(3)混合型:菌体生长与产物生成(如乳酸、柠檬酸、谷氨酸等的发酵)相关。

2.根据产物形成与基质消耗的关系分类

(1)类型Ⅰ:产物的形成直接与基质(糖类)消耗有关,这是一种产物合成与利用糖类有化学计量关系的发酵,糖类提供了生长所需的能量。糖耗速率与产物合成速率的变化是平行的,如利用酵母菌的酒精发酵和酵母菌的好氧生长。这种形式也叫作有生长联系的培养。

(2)类型Ⅱ:产物的形成间接与基质(糖类)的消耗有关,即微生物生长和产物合成是分开的,糖既满足菌体生长所需的能量,又作为产物合成的碳源。但在发酵过程中有两个时期对糖的利用最为迅速,一个是最高生长时期,另一个是产物合成的最高时期。

(3)类型Ⅲ:产物的形成显然与基质(糖类)的消耗无关,即产物是微生物的次级代谢产物,其特征是产物合成与利用碳源无准量关系,产物合成在菌体生长停止时才开始,如抗生素发酵此种培养也叫作无生长联系的培养。

3.根据反应形式分类

亭道孚(Deinderfer)根据反应形式提出了五种发酵动力学的类型。

(1)简单反应型:营养成分以固定的化学量转化为产物,没有中间物积聚。其又可分为有生长偶联和无生长偶联两类。

(2)并行反应型:营养成分以不定的化学量转化为产物,在反应过程中产生两种以上的产物,而且这些产物的生成速率随营养成分的浓度不同而异,同时没有中间物积聚。

(3)串联反应型:在形成产物之前积累一定程度的中间物的反应。

(4)分段反应型:营养成分在转化为产物之前全部转变为中间物,或营养成分以优先顺序选择性地转化为产物。反应过程由两个简单反应段组成,这两段反应由酶诱导调节。

(5)复合型:大多数发酵过程是联合反应,它们的联合可能相当复杂。青霉素的发酵过程就是这种反应。菌种的生长曲线是一个特殊的两段型。青霉素的生产曲线也呈现一个两段型的特征并滞后于生长曲线。一个中间产物的积聚是在糖分消失和青霉素出现之间的某处。这也是青霉素发酵过程中添加糖的一个理由。

不同发酵动力学类型的分类依据、判断因素和举例可总结为表6-2。

表6-2　发酵动力学分类表

分类依据	类型	判断因素	举例
产物生成与基质消耗是否有关	Ⅰ	产物生成与基质(糖类)消耗直接有关	酒精发酵、葡萄糖酸发酵、乳酸发酵、酵母培养等
	Ⅱ	产物生成与基质(糖类)消耗间接有关	柠檬酸、衣康酸、谷氨酸、赖氨酸、丙酮、丁醇等的发酵
	Ⅲ	产物生成与基质(糖类)消耗无关	青霉素、链霉素、糖化酶、核黄素等的发酵
产物生成与菌体生长有否偶联	偶联型	产物生成速率与菌体生长速率有紧密联系	酒精发酵
	混合型	产物生成速率与菌体生长速率只有部分联系	乳酸发酵
	非偶联型	产物生成速率与菌体生长速率无紧密联系	抗生素发酵

分类依据	类型	判断因素	举例
反应进程	简单型	营养成分以固定的化学量转化为产物，无中间物积累	黑曲霉葡萄糖酸发酵阴沟产气杆菌的生长
	并联型	营养成分以不固定的化学量转化为一种以上的产物，且产物生成速率随营养成分含量而异，也无中间物积累	黏红酵母的生长
	串联型	形成产物前积累一定程度的中间物的反应	极毛杆菌的葡萄糖酸发酵
	分段型	营养成分在转化为产物前全转变为中间物或以优先顺序选择性地转化为产物，反应过程由两个简单反应段组成	大肠杆菌的两段生长，弱氧化醋酸杆菌的 5 - 酮基葡萄糖酸发酵
	复合型	大多数的发酵过程是一个复杂的联合反应	青霉素发酵

三、发酵动力学的研究方法

研究发酵动力学的主要步骤是：尽可能地寻找能反映过程变化的各种理化参数，再将各种参数变化和现象与发酵代谢规律联系起来，然后找出它们之间的相互关系和变化规律；建立各种数学模型以描述各参数随时间变化的关系；再通过计算机的在线控制，反复验证各种模型的可行性与适用范围。

1. 微生物发酵(反应)速率的数学模拟

微生物发酵(反应)基本上有两种情况：一是利用微生物细胞产生某些酶催化的反应，如异构糖的生产、青霉素母核(6 - APA)的制造；二是通过微生物细胞的培养，利用细胞中的酶系将底物摄入微生物细胞内，一部分转化为代谢产物，另一部分转化为新生细胞的组成物质，从而导致菌体细胞的生长，而基质消耗和产物生成受微生物生长状态及代谢途径的影响很大。

此处主要讨论后一种情况，即微生物发酵生产过程中的菌体生长、基质消耗、产物生成的动态平衡及其内在规律。因此，可视微生物反应存在如下的平衡式：

$$基质＝新生菌体＋代谢产物$$

根据上式，研究微生物发酵(反应)动力学至少要对三个状态变量进行数学描述。对于一些简单情况，只要能表示出两个状态变量，另一个即可通过计量关系导出。对于仅以菌体生产为目的的微生物反应和废水处理过程，由于它是自动催化过程，所以无须考虑代谢产物的生成速率，但其受到多种外界因素的影响。

在推导这三个状态变量的变化速率方程时,仅依普通化学反应的简单质量作用定律很难奏效。这是因为微生物反应是很多种物质参与的复杂代谢过程的综合结果。因此,微生物反应的动力学方程只能通过数学模拟得到。在进行数学模拟时,难点在于对象本身具有菌株的变异(遗传基因的突变)及天然培养基组成有微妙变化等许多不确定因素。这就需要在不脱离发酵过程本质的前提下,运用数学和计算机进行大幅度简化和近似模拟处理。

2.建立数学模型的原则与过程

建立发酵动力学模型的目的是:在一定程度上精练地描述发酵过程的特征(例如各影响因素与过程状态间的对应关系),从而了解微生物生长的本质,预测规律和发酵过程的内在机理;从宏观角度出发,实现对发酵体系的微生物生长和代谢产物合成等有关参数的优化和控制,指导生产并预测结果;以最优化工艺控制来提高产量和质量,并降低消耗和成本。如何建立发酵动力学模型,并进行有效的评价和应用,具有通用的规律可循。

发酵动力学模型建立和评价的一般过程如图6-2所示,具体过程如下:

(1)明确建立模型的目的。为了对发酵工程的动力学模型的工艺参数进行优化和过程控制,从宏观角度出发,实现产物最大生长比速及最短生产周期,以获得最满意的经济效益,同时要求动力学模型尽量简单,并能够用计算机求解,从而进行自动控制。

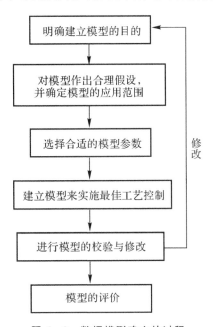

图6-2　数据模型建立的过程

(2)对模型作出合理假设,并确定模型的应用范围。由于发酵过程非常复杂,为得到简单的数学模型,通常要对系统作出一定的假设。只有对发酵过程有充分的认识,才能使假设合理,例如对培养液的流变性能、培养条件等的设定。假设发酵液流变性(黏度)不变而建立的模型,其使用范围为发酵液前后流变性变化很小或其变化不会造成对发酵结果的影响。

(3)选择合适的模型参数。由于影响发酵产物生长比速的因素很多,如主要营养物质的浓度、溶氧浓度、氧化还原电位、温度、pH、发酵液流变性、二氧化碳、泡沫、促进剂、前体酶、代谢产物等物理化学因素,以及菌体浓度生长速率、死亡速率细胞状态等生物因素,因此,要从中确定主要影响参数,且模型中的参数最好容易测定,才能使控制容易进行。

（4）建立模型来实施最佳工艺控制。只有建立模型才能够通过优化工艺和管理,将发酵控制在最佳状态,如控制温度、pH、溶氧浓度等,最终实现目标值。

（5）进行模型的校验与修改。任何一个模型是否合理,都需要通过实验和生产检验,并进行必要合理的修改。其中修改要从第（2）步重新开始。因此,成功的模型应能够很好地与实验结果吻合,满足生产需要。

（6）模型的评价。对模型的评价主要考虑:在实验范围内,模型是否符合实验结果、是否简单、是否具有一定的通用性,模型参数是否恰当。这些因素以生产中容易应用为基本出发点。生产过程中,根据可靠的数学模型实施最优化工艺操作及其参数控制,包括对温度、pH、溶解氧、泡沫等因素的调控,以提高生产控制的精确性、可靠性和自动化程度。

四、发酵动力学相关参数

1. 菌体生长速率

发酵动力学中的菌体生长动力学用群体生物量的变化来表示。菌体生长速率是指,单位体积（或面积）、单位时间里微生物群体生长的菌体量。菌体量一般指其干重。微生物群体存在细胞大小差异;单细胞的生长速率与细胞的大小直接相关,因此也存在生长速率分布差异。以下讨论的微生物生长速率指具有这种分布的群体平均值。群体的繁殖速率是群体的各个新单体的生长速率。

菌体比生长速率用单位细胞浓度或细胞数量在单位时间内的增加量（μ、μ_n）来表示,即单位时间内单位菌体的增量,它描述细胞生长及其在产物合成或者物料利用中的效率。平衡条件下,菌体的比生长速率 μ 或 μ_n 的定义式如下:

$$\mu = \frac{1}{X}\frac{dX}{dt}, \quad \mu_n = \frac{1}{N}\frac{dN}{dt} \tag{6-1}$$

$$X_t = X_0 e^{\mu t} \quad N_t = N_0 e^{\mu_n t} \tag{6-2}$$

式中　X——细胞浓度（g/L）;

$\quad N$——细胞个数;

$\quad t$——生长时间;

X_0、X_t——初始微生物浓度和 t 时细胞浓度;

N_0、N_t——初始细胞个数和 t 时细胞个数;

$\quad \mu$——以细胞浓度表示的比生长速率;

$\quad \mu_n$——以细胞数量表示的比生长速率。

2. 产物生成速率

代谢产物有分泌于培养液中的,也有保留在细胞内的,因此讨论生成速率的数学模式有必要区分这两种情况。当以体积为基准时,生成速率称为代谢产物的生成速率,记为 v_P;当

以单位质量为基准时，生成速率称为产物的比生成速率，记为 Q。相关式为

$$Q = \frac{v_P}{c_X} \tag{6-3}$$

（1）偶联型发酵过程中，产物生成速率与菌体生长速率紧密相关，有以下关系：

$$\frac{dc_P}{dt} = Y_{P/X} \frac{dc_X}{dt} = Y_{P/X} \mu c_X \quad \text{或} \quad Q_P = Y_{P/X} \mu \tag{6-4}$$

式中　$Y_{P/X}$——以菌体细胞为基准的产物得率系数，g/g；

$\qquad c_P$——产物浓度，g/L；

$\qquad c_X$——菌体浓度，g/L；

$\qquad \mu$——比生长速率，h^{-1}；

$\qquad Q_P$——产物比生成速率，h^{-1}；

$\qquad \dfrac{dc_P}{dt}$——产物生成速率，g/(L·h)；

$\qquad \dfrac{dc_X}{dt}$——菌体生长速率，g/(L·h)。

（2）非偶联型发酵过程中，产物形成与菌体浓度间的关系为

$$\frac{dc_P}{dt} = \beta c_X \tag{6-5}$$

式中　β——非生长偶联的比生成系数，g/(g·h)。

（3）混合型发酵过程中，发酵产物生成速率可描述为

$$\frac{dc_P}{dt} = \alpha \frac{dc_X}{dt} + \beta c_X = \alpha \mu c_X + \beta c_X$$

或

$$Q_P = \alpha \mu + \beta \tag{6-6}$$

式中　α——与生长偶联的产物生成系数，g/g；

$\qquad \beta$——非生长偶联的产物比生成系数，g/(g·h)。

该复合模型的形成是将常数 α、β 作为变数，它们在分批生长的四个时期分别具有特定的数值。

CO_2 不是目的代谢产物，但是在微生物反应中是一定会产生的。CO_2 的 Q 值，常表示为 Q_{CO_2}。好氧微生物反应中 Q_{CO_2} 相对于氧的消耗，又称为呼吸商（RQ），有

$$RQ = \frac{\Delta c \, CO_2}{-\Delta c \, O_2} = \frac{v_{CO_2}}{-v_{O_2}} = \frac{Q_{CO_2}}{-Q_{O_2}} \tag{6-7}$$

Q 是 μ 的函数，考虑到生长偶联与非生长偶联两种情况，Q 与 μ 的关系可写成

$$\beta Q = A + B\mu \tag{6-8}$$

另外，作为一般形式，可认为 Q 的表达式是二次方程，即

$$Q = A + B\mu + C\mu^2 \tag{6-9}$$

式中，A、B、C 为常数。某些酶的生产和氨基酸的合成属于这种类型。

3. 基质消耗速率

以菌体得率系数为媒介，可确定基质消耗速率与菌体生长速率的关系。基质的消耗速

率 v_S 可表示为

$$-v_S = \frac{v_X}{Y_{X/S}} \tag{6-10}$$

式中　$Y_{X/S}$——菌体得率系数,又称细胞得率系数,g/mol。

基质的消耗速率常以单位菌体表示,称为基质的比消耗速率,以 v 表示:

$$v = \frac{v_S}{c_X} \tag{6-11}$$

当以氮源、无机盐、维生素等为基质时,由于这些成分只能构成菌体的组成成分,不能成为能源,$Y_{X/S}$ 近似一定,所以式(6-10)能够成立。但当基质既是能源又是碳源时,就应考虑维持能量,即

$$-v_S = \frac{1}{Y_G} v_X + m \cdot c_X \tag{6-12}$$

式中　m——基质维持代谢系数,mol/(g·h);

　　　$-v_S$——碳源总消耗速率,mol/(L·h);

　　　v_X——菌体生长速率,g/(L·h);

　　　Y_G——菌体得率系数(对细胞生长所消耗的基质而言),g/mol。

式(6-12)两边同除以 c_X,则有

$$-v = \frac{1}{Y_G} \mu + m \tag{6-13}$$

式(6-13)作为连接 v 和 μ 的关联式,可看做是含有两个参数的线性模型。v 对 μ 的依赖关系可简化为

$$-v = g(\mu) \tag{6-14}$$

式(6-14)也间接表明了 v 对环境的依赖关系。

4.维持系数与得率系数

1)维持系数

单位质量干菌体在单位时间内因维持代谢消耗的基质量,用 m 表示,则有

$$m = \frac{1}{X} \cdot \frac{dS}{dt} \tag{6-15}$$

式中　m——维持系数,mol/(g·h);

　　　X——菌体干重,g;

　　　S——基质的量,mol;

　　　t——发酵时间,h。

这里的"维持"是指活细胞群体没有净生长和产物没有净合成的生命活动,所需能量由细胞物质氧化或降解产生,这种用于"维持"的物质代谢称为维持代谢(内源代谢),代谢释放的能量叫维持能。

2)得率系数(或产率、转化率、Y)

得率系数是对碳源等物质生成菌体或其他产物的潜力进行定量评价的重要参数。消耗 1 g 基质生成菌体的质量(g)称为菌体得率系数或细胞得率系数 $Y_{X/S}$(cell yield 或 growth yield)。其定义为

$$Y_{X/S} = \frac{生成菌体的质量}{消耗基质的质量} = \frac{\Delta X}{-\Delta S} \tag{6-16}$$

菌体得率系数的单位(以菌体/基质计)是 g/g 或 g/mol。这里的菌体只指干菌体(除特殊说明外,以下菌体的质量均指干菌体质量)。实际生产中,菌体得率系数是一个比较重要的概念。例如,在单细胞蛋白(single cell protein,SCP)生产中,选用相对于基质的菌体得率系数高的菌株是非常必要的。

某一瞬间的菌体得率系数称为微分菌体得率系数(或瞬间菌体得率系数),其定义式为

$$Y_{X/S} = \frac{dX}{d[S]} = \frac{v_X}{v_S}\left(\frac{dX/dt}{d[S]/dt}\right) \tag{6-17}$$

式中　　v_X——菌体生长速率;

v_S——基质的消耗速率。

同一菌种,同一培养基,好氧培养的 $Y_{X/S}$ 比厌氧培养的大得多。

另外,同一菌株在基本、合成和复合培养基中培养所得 $Y_{X/S}$ 的大小顺序为复合培养基、合成培养基、基本培养基。表 6-3 列出了几种微生物的菌体得率。

表 6-3　几种微生物在发酵过程中的菌体得率

微生物	培养基	培养条件	碳源	产物	$Y_{X/S}$(以细胞/基质计)/$(g \cdot mol^{-1})$
干酪乳杆菌 (Lactobacillus casei)	复合	厌氧	葡萄糖	乳酸、乙酸、乙醇、甲酸	62.8
无乳链球菌 (Streptococcus agalactiae)	复合	厌氧	葡萄糖	乳酸、乙酸、乙醇	21.4
	复合	需氧	葡萄糖	乳酸、甲酸、3-羟基丁酮	51.6
运动发酵单胞菌 (Zymomonas mabilis)	复合	厌氧	葡萄糖	乙醇、乳糖	7.95
	合成	厌氧	葡萄糖	乙醇、乳糖	4.98
	复合	厌氧	葡萄糖	乙醇、乳糖	4.09
产气气杆菌 (Aerbacter aerogene)	基本	需氧	葡萄糖	乙醇、乳糖	72.7
	基本	需氧	果糖	乙醇、乳糖	76.1
	基本	需氧	核糖	乙醇、乳糖	53.2
	基本	需氧	琥珀酸	乙醇、乳糖	29.7
	基本	需氧	乳糖	乙醇、乳糖	16.6

当基质为碳源,无论是好氧培养还是厌氧培养,碳源的一部分都被同化为菌体的组成部分,其余部分被异化分解为CO_2和代谢产物。如果从碳源到菌体的同化作用看,与碳元素相关的菌体得率系数Y_C可由下式表示:

$$Y_C = \frac{菌体生产量 \times 菌体含碳量}{基质消耗量 \times 基质含碳量} = Y_{X/S} \frac{X_C}{S_C} \qquad (6-18)$$

式中　　X_C、S_C——单位质量菌体和单位质量基质中所含碳源数量。

Y_C值一般小于1,为0.4~0.9。

第二节　分批发酵动力学

分批培养时,在一个密封系统内投入有限数量的营养物质后,接入少量的微生物菌种进行培养使微生物生长繁殖,在特定的条件下只完成一个生长周期的微生物培养方法,称为分批发酵。该方法在发酵开始时,将微生物菌种接入已灭菌的新鲜培养基中,在微生物最适宜的培养条件下进行培养,在整个培养过程中,除氧气的供给、发酵尾气的排出、消泡剂的添加和控制 pH 需要加入酸或碱外,整个培养系统与外界没有其他物质的交换。分批培养过程中随着培养基中营养物质的不断减少,微生物生长的环境条件也不断变化,因此,微生物分批培养是一种非稳态的培养方法。

一、分批发酵的细胞生长动力学

1.分批发酵的细胞生长规律

在分批培养过程中,随着微生物生长和繁殖,细胞量、底物、代谢产物的浓度等均不断发生变化。微生物的生长可分为五个阶段:延滞期、对数生长期、对数生长期后期、稳定期、衰亡期(图 6-3)。

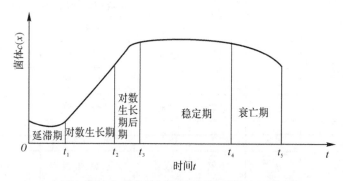

图 6-3　分批发酵中典型的细菌生长曲线

1)停滞期

停滞期是微生物细胞适应新环境的过程。在该过程中,系统的微生物细胞数量并没有增加,处于一个相对的停止生长状态;但细胞内却在诱导产生新的营养物质运输系统,有一些基本的辅助因子可能会扩散到细胞外,同时参加初级代谢的酶类再次调节状态以适应新的环境。

2）对数生长期

处于对数生长期的微生物细胞的生长速度大大加快,单位时间内细胞的数量或质量的增加维持恒定,并达到最大值。如在半对数纸上用细胞数目或细胞质量的对数值对培养时间作图,可得到一条直线,该直线的斜率就等于 μ 。

微生物的生长有时也可用倍增时间（t_d）表示,定义为微生物细胞浓度增加一倍所需要的时间,即

$$t_d = \frac{\ln 2}{\mu} = \frac{0.693}{\mu}$$

因微生物细胞比生长速率和倍增时间受遗传特性及生长条件的控制,有很大的差异。应当指出,并不是所有微生物的生长速度都符合上述方程。

3）稳定期

在微生物的培养过程中,随着培养基中营养物质的消耗和代谢产物的积累或释放,微生物的生长速率也随之下降,直至停滞生长。当所有微生物细胞分裂或细胞增加的速率与死亡的速率相当时,微生物的数量就达到平衡,微生物的生长也就进入了稳定期。在微生物生长的稳定期,细胞的质量基本维持稳定,但活细胞的数量可能下降。

由于细胞的自溶作用,一些新的营养物质,诸如细胞内的一些糖类、蛋白质等被释放出来,又作为细胞的营养物质,从而使存活的细胞继续缓慢地生长,出现通常所称的二次或隐性生长。

4）衰亡期

当发酵过程处于衰亡期时,微生物细胞内所储存的能量已经基本耗尽,细胞开始在自身所含的酶的作用下死亡。需要注意的是,微生物细胞生长的停滞期、对数生长期、稳定期和衰亡期的时间长短取决于微生物的种类和所用的培养基。

微生物细胞在分批发酵过程不同阶段的细胞特征可总结为表 6-4。

表 6-4　细胞在分批培养过程中各个阶段的细胞特征

生长阶段	细胞特征
停滞期	细胞个体增大,合成新的酶及细胞物质,细胞数量很少增加,微生物对不良环境的抵抗力降低。当接种的是饥饿或老龄的微生物细胞,或新鲜培养基营养不丰富时,停滞期将延长
对数生长期	细胞活力强,生长速率达到最大值且保持稳定,生长速率大小取决于培养基的营养和环境
稳定期	随着营养物质的消耗和产物的积累,微生物的生长速率下降,并等于死亡速率,系统中活菌的数量基本稳定
衰亡期	在稳定期开始以后的不同时期内出现,由于自溶酶的作用或有害物质的影响,细胞破裂死亡

2.分批发酵的细胞生长动力学

1)微生物生长方程

分批培养过程中,虽然培养基中的营养物质随时间的变化而变化,但通常在特定条件下,其比生长速率往往是恒定的。从 20 世纪 40 年代以来,人们提出了许多描述微生物生长过程中比生长速率和营养物质浓度之间关系的方程。其中,1942 年,Monod 提出了在特定温度、pH、营养物类型、营养物浓度等条件下,微生物细胞的比生长速率与限制性营养物的浓度之间存在如下的关系式[通常称莫诺(Monod)方程]:

$$\mu = \frac{\mu_{\max}[S]}{K_S + [S]}$$

式中 $\mu_{\max}$——微生物的最大比生长速率,1/h;

[S]——限制性营养物质的浓度,g/L;

K_S——饱和常数,mg/L。

K_S 的物理意义为当比生长速率为最大比生长速率的一半时,限制性营养物质的浓度。它的大小表示了微生物对营养物质的吸收亲和力大小。

K_S 越大,表示微生物对营养物质的吸收亲和力越小;反之就越大。

对于微生物来说,K_S 值是很小的,一般为 0.1～120 mg/L 或 0.01～3.0 mmol/L,这表示微生物对营养物质有较高的吸收亲和力。

微生物生长的最大比生长速率 $\mu_{\max}$ 在工业生产上有很大的意义,$\mu_{\max}$ 随微生物的种类和培养条件的不同而不同,通常为 $0.09 \sim 0.64/h^{-1}$。一般来说,细菌的 $\mu_{\max}$ 大于真菌。就同一细菌而言,培养温度升高,$\mu_{\max}$ 增大;营养物质改变,$\mu_{\max}$ 也要发生变化。通常容易被利用的营养物质,其 $\mu_{\max}$ 较大;随着营养物质碳链的逐渐加长,$\mu_{\max}$ 逐渐变小。

当限制性底物浓度很低时,[S]$\ll K_S$,若提高限制性底物浓度,可明显提高细胞的生长速率。此时有

$$\mu \approx \frac{\mu_{\max}}{K_S}[S]$$

细胞比生长速率与底物浓度为一级动力学关系。此时有

$$r_X \approx \frac{\mu_{\max}}{K_S}[S][X]$$

当[S]$\gg K_S$ 时,$\mu \approx \mu_{\max}$,若继续提高底物浓度,细胞生长速率基本不变。此时细胞比生长速率与底物浓度无关,显示零级动力学特点:

$$r_X \approx \mu_{\max}[X]$$

当[S]处于上述两种情况之间时,μ 与 [S] 的关系符合 Monod 方程:

$$r_X = \frac{d[X]}{dt} = \mu[X] = \mu_{\max}\frac{[S]}{K_S + [S]}[X]$$

Monod 方程表述简单,应用范围广泛,是细胞生长动力学最重要的方程之一。但是 Monod 方程仅适用于细胞生长较慢和细胞密度较低的环境。因为只有这时细胞的生长才能与底物浓度[S]成一简单关系。如果底物消耗速率过快,则极有可能产生有害的副产物;在细胞浓度很高时,有害的副产物可能更多。因此,人们又提出了如下一些无抑制的细胞生

长动力学。

对由于初始底物浓度过高而造成细胞生长过快的细胞反应,可采用下述方程,即

$$\mu = \mu_{max} \frac{[S]}{K_S + K_{S_0}[S_0] + [S]}$$

式中　$[S_0]$——底物初始浓度,g/L;

　　　K_{S_0}——无量纲初始饱和常数。

除 Monod 方程外,还有一些类似的动力学方程,表 6 - 5 列出了其中一部分。但在大多数情况下,实验数据与 Monod 方程更接近。因此,Monod 方程的应用也更为广泛。

表 6 - 5　不同方程的提出者和时间

提出者	动力学方程	年份
Monod	$\mu = \frac{\mu_{max}[S]}{K_S + [S]}$	1942
Tessier	$\mu = \mu_{max}(1 - e^{-K[S]})$	1936
Moser	$\mu = \mu_{max} \frac{[S]^n}{K_S + [S]^n}$	1958
Contois 藤本	$\mu = \mu_{max} \frac{[S]}{K_S[X] + [S]}$	1959
Blackman	当 $[S] \gg 2K_S$ 时,$\mu = \mu_{max} \frac{[S]}{2K_S}$ 当 $[S] \ll 2K_S$ 时,$\mu = \mu_{max} \frac{[S]}{2K_S}$	1963

上述方程中,Tessier 方程有两个动力学参数(μ_{max}, K)。Moser 方程有 3 个参数(μ_{max}, K, n),Moser 方程也是这些方程中常用的一种,当 $n = 1$,即为 Monod 方程。Contois 方程适用于在高密度下细胞生长,方程中 K_S 与细胞密度相关。Blackman 方程虽然与实际数据拟合有时要比 Monod 方程更好,但其不连续性给其应用带来了麻烦。根据上述方程可以看出,细胞比生长速率随底物浓度下降而下降,有的还与细胞浓度成反比关系。

2)Monod 方程的释义

假定整个生长阶段无抑制物作用存在,则微生物生长动力学可用阶段函数表示如下:

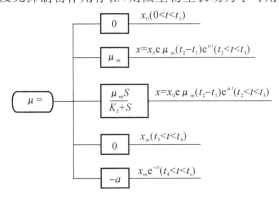

分阶段解释如下：

(1)延滞期：X 不变，即 $dX/dt = 0$，$\mu = 0$。

(2)对数生长期：假定无抑制作用存在，则有

$$\mu = \mu_m$$

$$\mu_m = \frac{1}{X}\frac{dX}{dt}$$

$$\ln X = \ln X_0 + \mu_m t$$

$$X = X_0 e\mu_m t$$

(3)衰减期：开始出现一种底物不足的限制。

若不存在抑制物时，微生物生长与底物浓度有关，可用莫诺方程式表示，描述微生物比生长速度与有机底物浓度之间的函数关系。具体如下：

$$\mu = \frac{\mu_m S}{K_S + S}$$

$$\ln X = \ln X_0 + \frac{\mu_m S}{K_S + S}t \quad X = X_0 e^{\mu t}$$

这一阶段的过程放大后如图 6-4 所示。

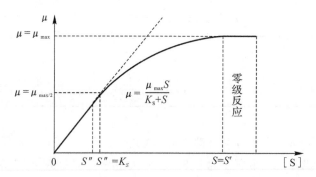

图 6-4 衰减期的细胞生长与底物浓度间的关系

在高底物浓度的条件下，$S \gg K_S$（对数期满足 $S \gg 10K_S$），K_S 可以忽略不计，则 $\mu = \mu_{max}$。对应于图 6-4 中的阶段为：高浓度底物的条件下（$S > S'$ 的区段），微生物以最大的速度增长，增长速度与有机底物的浓度无关，呈零级反应。这时，有机底物的浓度再提高，降解速度也不会提高，因为微生物处于对数增殖期，其酶系统的活性位置都被有机底物饱和。

在低底物浓度的条件下，$S \ll K_S$（减速期，$S \ll 10K_S$）在方程分母中 S 值可忽略不计，这样方程可简化为

$$\mu = \frac{\mu_{max}}{K_S}S$$

这说明微生物增长遵循一级反应，有机底物的浓度已经成为微生物增长的控制因素，即图 6-4 中底物浓度 $S = 0 \sim S''$ 的区段，曲线的表现形式为通过原点的直线。这时，微生物酶系统多未被饱和，增加底物浓度将提高微生物的比增长速度。但是，在分批发酵过程中，此时的底物浓度相对于开始时有所下降，因此 μ 值降低，与细胞生长速度在衰减期下降一致。

当微生物的种类和底物确定以后，K_S 与 μ_{max} 可以视为两个不变的常数。体现出微生物增长的特性，以及底物被微生物利用的特性。K_S 与 μ_{max} 只与微生物种类及其底物有关，而与底物浓度无关。表 6-6 为不同微生物对限制性底物的 K_S 值。

表 6-6　为不同微生物对限制性底物的 K_S 值

微生物	限制性底物	$K_S/(mg \cdot L^{-1})$	μ_{max}/h^{-1}
产朊假丝酵母	氧	0.032	0.44
棕色固氮菌	氧	0.224	0.35
产朊球拟酵母	氧	0.45	0.51
曲　　霉	葡萄糖	154.8	0.13
	半乳糖	514.0	0.10

当底物浓度处于 $S' \sim S''$ 时，细胞生长符合 Monod 方程。

方程中 K_S 与 μ_{max} 可以通过实验，由作图法求得。先将莫诺方程变形为

$$\frac{1}{\mu} = \frac{1}{\mu_{max}} + \frac{K_S}{\mu_{max}} \times \frac{1}{S}$$

绘制 $(1/\mu)$-$(1/S)$ 曲线，为一条直线，直线截距为 $\dfrac{1}{\mu_{max}}$，斜率为 $\dfrac{K_S}{\mu_{max}}$，可计算出 K_S 与 μ_{max}。

上述方法在底物浓度较低的情况下误差较大。在低浓度底物时可采用下式：

$$\mu = \frac{\mu_{max} S_t}{K_S + S_t} \qquad \frac{S}{\mu} = \frac{S}{\mu_{max}} + \frac{K_S}{\mu_{max}}$$

绘制 (S/μ)-S 曲线，为一条直线，直线截距为 $\dfrac{K_S}{\mu_{max}}$，斜率为 $\dfrac{1}{\mu_{max}}$。

Monod 方程可以表征 μ 与培养基中残留的生长限制性底物 S_t 的关系：

式中　K_S——底物亲和常数，等于处于 $1/2\mu_{max}$ 时的底物浓度，表征微生物对底物的亲和力，两者成反比。绘制图形如图 6-5 所示。

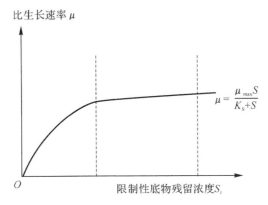

图 6-5　残留的限制性底物浓度对微生物比生长率的影响

Monod 方程的应用：测定微生物对不同底物的亲和力大小（K_S 值）；通过实验确定适于微生物生长的最佳底物；比较不同底物发酵最终残留的大小；比较不同微生物对同一底物的

竞争优势,确定连续培养的稀释率。

当培养基中存在多种限制性营养物时,Monod 方程应改为下式:

$$\mu = \mu_{\max}\left[\frac{K_1 S_1}{K_1 + S_1} + \frac{K_2 S_2}{K_2 + S_2} + \cdots + \frac{K_i S_i}{K_i + S_i}\left(\frac{1}{\sum\limits_i k_i}\right)\right]$$

(4)稳定期:稳定期的特点是,细胞不生长或细胞的生长率与死亡率相等,满足下式:

$$\mu = \frac{1}{X}\frac{\mathrm{d}X}{\mathrm{d}t} = 0, \quad X = X_{\max}(浓度最大)$$

(5)死亡期,即

$$\mu = a(比死亡率,\mathrm{s}^{-1})$$
$$\ln X = \ln X_{\max} - at$$
$$X = X_{\max}\mathrm{e}^{-at}$$

3)得率系数的定义

得率系统是指消耗单位营养物所生成的细胞或产物数量。其大小取决于生物学参数(μ, X)和化学参数$(DO、C/N、磷含量等)$。生长得率系数有以下几种表达方式:

$Y_{X/S}、Y_{X/O}、Y_{X/\mathrm{kcal}}$:消耗每克营养物、每克分子氧以及每千卡能量所生成的细胞质量(g);

$Y_{X/C}、Y_{X/N}、Y_{X/P}、Y_{X/Ave-}$:消耗每克 C、每克 N、每克 P 和每个有效电子所生成的细胞质量(g);

$Y_{X/\mathrm{ATP}}$:消耗每克分子的三磷酸腺苷生成的细胞质量(g)。

$Y_{X/S}、Y_{X/O_2}、Y_{\mathrm{ATP}/S}、Y_{CO_2/S}$:消耗每克营养物(S)或每克分子氧($O_2$)生成的产物(P)、ATP 或 CO_2 的质量(g)。

二、分批发酵的产物生成动力学

分批发酵的产物生成动力学方程因产物与细胞生长间的关系不同而有所差异,不同类型的示意图如图 6-6 所示。

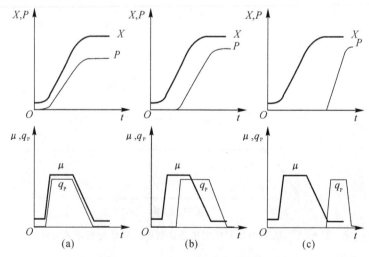

图 6-6 分批发酵过程中产物生成与细胞生长间关系示意图
(a)相关型;(b)部分相关型;(c)非相关型

1. 产物合成与细胞生长相关：生长偶联型（或相关型）

在这种发酵过程中，产物的生成是微生物细胞主要能量代谢的直接结果，菌体生长速率的变化与产物生成速率的变化相平行。例如，乙醇发酵这一过程符合下式所示关系：

$$\frac{dP}{dt} = Y_{P/X} \frac{dX}{dt}, \quad q_P = Y_{P/X}$$

2. 产物合成与细胞生长部分相关：生长部分偶联型（或部分相关型）

在这种发酵过程中，产物间接由能量代谢生成，不是底物的直接氧化产物，而是菌体内生物氧化过程的主流产物（与初生代谢紧密关联）。例如，柠檬酸、氨基酸发酵这一过程符合下式所示关系：

$$\frac{dP}{dt} = \alpha \frac{dX}{dt} + \beta \rightarrow q_P = \alpha\mu + \beta$$

3. 产物合成与细胞生长不相关：生长无关联型（或非相关型）

在这种发酵过程中，产物生成与能量代谢不直接相关，通过细胞进行的独特的生物合成反应而生成。例如，抗生素发酵这一过程符合下式所示关系：

$$\frac{dP}{dt} = \beta X \rightarrow q_P = \beta$$

若考虑到产物可能存在分解，则有

$$\frac{dP}{dt} = \beta X - k\,d_P = q_P - kd_P$$

三、分批发酵的基质消耗动力学

表示基质消耗动力学的指标有表观得率和专一性得率两个指标。
其中，表观得率的方程如下：

$$Y_{X/S} = \frac{\Delta X}{\Delta S} \quad Y_{P/S} = \frac{\Delta P}{\Delta S}$$

专一性得率的方程如下：

$$Y_G = \frac{\Delta X}{\Delta S}, \quad Y_P = \frac{\Delta P}{\Delta S}$$

其中，专一性得率是指专一性用于生长或产物合成的底物量。公式中 ΔS，不含用于维持能耗及产物形成部分的用量。

对于表观得率来讲，基质消耗速率与细胞生长、产物合成之间有如下关系：

$$\frac{dX}{dt} = -Y_{X/S} \cdot \frac{dX}{dt} \Rightarrow -\frac{dX}{dt} = \frac{1}{Y_{X/S}} \cdot \frac{dX}{dt} = \frac{\mu X}{Y_{X/S}}$$

$$\frac{dP}{dt} = -Y_{P/S} \cdot \frac{dX}{dt} \Rightarrow -\frac{dX}{dt} = \frac{1}{Y_{P/S}} \cdot \frac{dP}{dt}$$

对于专一性得率来讲，基质消耗与细胞生长、产物合成之间有以下关系：

$$-\frac{dX}{dt} = \frac{\mu X}{Y_G} + mX + \frac{1}{Y_P} \cdot \frac{dP}{dt}$$

为了扣除细胞量的影响,可以上述公式两侧同时除以细胞总量 X,则可以得到以下公式:

基质比消耗速率:

$$q_S = -\frac{1}{X} \cdot \frac{dX}{dt}$$

产物比生成速率:

$$q_P = -\frac{1}{X} \cdot \frac{dP}{dt}$$

同理可以推导出如下公式:

$$-\frac{dP}{dt} = \frac{\mu X}{Y_G} + mX + \frac{1}{Y_P} \cdot \frac{dP}{dt} \quad \Rightarrow \quad q_S = \frac{\mu}{Y_G} + m + \frac{q_P}{Y_P}$$

$$-\frac{dS}{dt} = \frac{1}{Y_{X/S}} \cdot \frac{dX}{dt} = \frac{\mu x}{Y_{X/S}} \quad \Rightarrow \quad q_S = \frac{\mu}{Y_{X/S}}$$

$$-\frac{dS}{dt} = \frac{1}{Y_{P/S}} \cdot \frac{dP}{dt} \quad \Rightarrow \quad q_S = \frac{q_P}{Y_{P/S}}$$

$$\frac{\mu}{Y_{X/S}} = \frac{\mu}{Y_G} + m + \frac{q_P}{Y_P} = \frac{q_P}{Y_{P/S}}$$

若生长阶段产物生成可以忽略,即

$$\frac{q_P}{Y_P} \approx 0, \quad \frac{1}{Y_{X/S}} = \frac{1}{Y_G} + \frac{m}{\mu}$$

则可以通过图解法求微生物的本征参数 Y_G 和 m,如图 $6-7$ 所示。

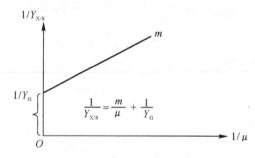

图 $6-7$　图解法求微生物的本征参数 Y_G 和 m

第三节　连续发酵动力学

一、连续发酵的基本理论

1.连续发酵的定义与特点

连续发酵是指,在发酵过程中连续向发酵罐流加培养基,同时以相同流量从发酵罐中取出培养液。

连续发酵的优点:添加新鲜培养基,克服养分不足所导致的发酵过程过早结束的问题,延长对数生长期,增加生物量等。

连续发酵的缺点:在长时间发酵中,菌种易于发生变异,并容易染上杂菌;如果操作不当,新加入的培养基与原有培养基不易完全混合。

2.连续发酵的分类

连续发酵主要有罐式连续发酵和塞流式连续发酵两大类。罐式连续发酵又可以分为单级连续发酵、多级串联连续发酵、细胞回流式连续发酵三种方式。

罐式连续发酵的实现方法有二:

(1)一是恒浊法,即通过调节营养物的流加速度,利用浊度计检测细胞浓度,使之恒定;

(2)二是恒化法,即通过调节营养物的流加速度,保持某一限制性基质在一恒定浓度水平。

3.几个参数

1)稀释率(D)

新物料的加入,会导致原有发酵液体系被稀释。稀释率为

$$D = F/V$$

式中　F——流量,m^3/h;

　　　V——培养液体积,m^3。

2)理论停留时间(T_L)

根据新物料加入对发酵体系的扰动,有等式 $FT_L = V$。根据该式进行推导,可以得出 $T_L = V/F$。

因此,理论停留时间和稀释率之间有关系式:

$$T_L = 1/D$$

二、单级连续发酵动力学

1.细胞生长动力学(μ 和 D 的关系)

在图 6-7 所示的单级连续发酵过程中,存在以下平衡:

积累的细胞(净增量)= 流入的细胞-流出的细胞+生长的细胞-死亡的细胞

用数学量表示为

$$\frac{dX}{dt} = \frac{F}{V}X_0 - \frac{F}{V}X + \left(\frac{dX}{dt}\right)_G - aX = DX_0 - Dx + \mu X - aX$$

对于单级恒化器,$X_0 = 0$ 且通常有 $\mu \gg a$。因此有

$$\frac{dX}{dt}(\mu - D)X$$

(1)稳定状态时,有

$$\frac{dX}{dt} = 0$$

此时 $\mu = D$(这是单级连续发酵的重要特征)。

（2）不稳定时，有

$$\begin{cases} \dfrac{dX}{dt} > 0, X \uparrow (\mu > D) \\[3mm] \dfrac{dX}{dt} < 0, X \downarrow (\mu < D) \end{cases}$$

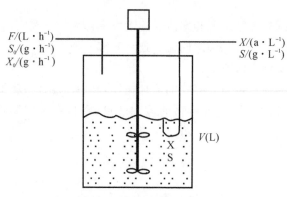

$F/(L \cdot h^{-1})$
$S_0/(g \cdot h^{-1})$
$X_0/(g \cdot h^{-1})$

$X/(a \cdot L^{-1})$
$S/(g \cdot L^{-1})$

$V(L)$

X
S

图 6 - 7 单级连续发酵示意图

2.基质消耗动力学

在单级连续发酵中，基质存在以下平衡式：

积累的营养组分＝流入量－流出量－生长消耗量－维持生命需要量－形成产物消耗量

用数学量表示为

$$\frac{dS}{dt} = \frac{F}{V}S_0 - \frac{F}{V}S - \frac{\mu X}{Y_{X/S}} - mX - \frac{q_P X}{Y_{P/S}}$$

稳态时，有

$$\frac{dS}{dt} = 0$$

一般条件下，有

$$mX \ll \frac{\mu X}{Y_{X/S}}$$

产物相对菌体生长量较少，即

$$\frac{q_P X}{Y_{P/S}} \approx 0$$

所以有

$$D(S_0 - S) = \frac{\mu X}{Y_{X/S}}$$

稳态时，单级连续培养稳态时有两个方程：

$$\begin{cases} \mu = D \\ x = Y_{X/S}(S_0 - S) \end{cases}$$

这两个稳态方程隐含了几点假设：一是 $Y_{X/S}$ 对于一个特定微生物及具体操作参数（D）来讲是常数；二是 $Y_{X/S}$ 只受一种限制性营养基质 S 的影响：S 一定，μ 一定，则 $Y_{X/S}$ 一定。

所以有

$$\frac{1}{Y_{X/S}} = \frac{1}{Y_G} + \frac{m}{\mu}$$

3. 细胞浓度与稀释率的关联（X 与 D 的关系）

临界稀释率 D_C 的定义：导致菌体开始从系统中洗出时的稀释率。

当流入底物浓度为 S_0 时，临界稀释率 D_C 的计算公式为

$$D_C = \frac{\mu_m S_0}{K_S + S_0}$$

在连续发酵过程中，需要保证稀释率 D 不能超过连续发酵系统的临界稀释率，即有以下关系式：

$$D = \mu = \frac{\mu_m S}{K_S + S} < \frac{\mu_m S_0}{K_S + S_0} = D_C$$

（1）如果取 $D > D_C$，则会出现：$D > D_C > \mu$。

由 $\dfrac{dx}{dt} = (\mu - D)x$ 可知，这时 x 减小，细胞呈现负增长，系统进入非稳态，菌体最终被洗出，即 $x = 0$ 时，达到"清洗点"。此时有

$$D_C = \frac{\mu_m S_0}{K_S + S_0}$$

应用 Monod 方程，有

$$D = \mu = \frac{\mu_m S}{K_S + S}$$

由两个稳态方程可以推出 D 与 X 关联的生长模型。

（2）当 $D < D_C$ 时，结合底物衡算方程

$$D = \mu = \frac{\mu_m S}{K_S + S} \Rightarrow S = \frac{K_S D}{\mu_m - D}$$

得到细胞衡算方程：

$$X = Y_{X/S}(S_0 - S)$$

可以推算出

$$X = Y_{X/S}\left(S_0 - \frac{K_S D}{\mu_m - D}\right)$$

4. 细胞生产率

在上述方程式两边同乘以 D，可得

$$Dx = DY_{X/S}\left(S_0 - \frac{K_S D}{\mu_m - D}\right)$$

（1）当 $\dfrac{dDx}{dD} = 0$ 时，即 $D = \mu_m\left(1 - \sqrt{\dfrac{K_S}{K_S + S_0}}\right)$ 时，可得最大细胞生产率：

$$(Dx)_m = Y_{X/S}\mu_m S_0\left(\sqrt{\frac{K_S + S_0}{S_0}} - \sqrt{\frac{K_S}{K_S + S_0}}\right)^2$$

如果 $S_0 \gg K_S$（即 $S_0 > 10K_S$），说明底物供给浓度很大，为非限制性因素，则有

$$(DX)_m = Y_{X/S} \mu_m S_0$$

可以推出此时的最大临界稀释率为

$$D_C = \frac{\mu_m S_0}{K_S + S_0} \rightarrow \mu_m$$

（2）当 $D > D_C = \mu_m$ 时，$\frac{dX}{dt} < 0$，发酵体系中细胞量减少。总结 X、S、DX 与 D 之间的关系，如下：

$$\mu = D, \quad X = Y_{X/S}(S_0 - S), \quad S = \frac{K_S D}{\mu_m - D}, \quad DX = DY_{X/S}\left(S_0 - \frac{K_S D}{\mu_m - D}\right)$$

5. 产物形成动力学

在单级连续发酵过程中，体系中的产物积累具有以下平衡式：

产物变化率＝细胞合成产物速率＋流入－流出－分解项

即

$$\frac{dP}{dt} = \left(\frac{dP}{dt}\right)_{细胞合成} + DP_0 - DP - k_D P = q_P X + D(P_0 - P) - K_D P$$

当连续发酵处于稳态时，有

$$\left(\frac{dP}{dt}\right)_{总变化} = 0$$

而且加料中不含产物，即 $P_0 = 0$。

P 分解速率可忽略。由此可得

$$DP = q_P X$$

6. 单级连续发酵动力学的应用

单级连续发酵动力学可以用于以下研究：一是菌种的遗传稳定性研究；二是选择适当的物质作为限制性基质，使连续发酵中细胞代谢产物的产量大大提高；三是提高生产率；四是有助于了解和研究细胞生长、基质消耗和产物生成的动力学规律，从而优化发酵工艺；五是便于研究细胞在不同比生长速率下的特征；六是利用连续培养的选择性进行富集培养菌种选择及防污染处理。

1）提高生产率

分批发酵的生产周期有以下公式：

$$t_B = t_L + \frac{1}{\mu_m} \ln \frac{X_E}{X_0} + t_R + t_P$$

式中　t_L——延迟期所占用时间；

　　　t_R——放料时间；

　　　t_P——清洗发酵罐、培养基、灭菌、冷却所需时间；

　　　X_E——发酵终点细胞浓度；

　　　X_0——接种后细胞浓度。

假定分批发酵的指数生长期延续到限制性基质耗尽，这时达到最大细胞浓度 X_E。

根据上式，可以推导出分批发酵的细胞生产率（P_{CB}）的计算公式：

$$P_{\text{CB}} = \frac{X_{\text{E}} - X_0}{t_{\text{B}}} = \frac{Y_{\text{X/S}} S_0}{\dfrac{1}{\mu_{\text{m}}} \ln \dfrac{X_{\text{E}}}{X_0} + t_{\text{L}} + t_{\text{R}} + t_{\text{P}}}$$

根据单级连续发酵最大生产率(P_{CC})计算公式：

$$P_{\text{CC}} = Y_{\text{X/S}} \mu_{\text{m}} S_0 \quad (S_0 \gg K_{\text{S}})$$

可以计算出单级连续发酵与分批发酵最大生产率之比为

$$\frac{P_{\text{CC}}}{P_{\text{CB}}} = \ln \frac{X_{\text{E}}}{X_0} + \mu_{\text{m}}(t_{\text{L}} + t_{\text{R}} + t_{\text{P}})$$

由此可见,细胞的 μ_{m} 越大,辅助操作时间越长,连续发酵的优势就越大。

2)判断单级连续发酵过程中杂菌污染的危害与防污

连续培养中杂菌能否积累取决于它在培养系统中的竞争能力。

在发酵过程中,污染的杂菌(Y、Z、W)和目标菌(X)之间的关系有图 6 - 8 所示的三种情况。

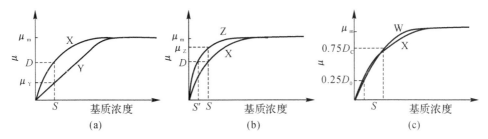

图 6 - 8　单级连续发酵过程中杂菌污染的影响

情况一:底物浓度为 S 时,杂菌 Y 的生长速率 μ_{Y} 比系统的稀释速率 D 要小。此时,Y 的积累速率为

$$\frac{\mathrm{d}Y}{\mathrm{d}t} = \mu_{\text{Y}} Y - DY$$

若 $\mu_{\text{Y}} < D$,上式的结果为负值,表明杂菌不能在系统中存留。

情况二:底物浓度为 S 的情况下,杂菌 Z 的比生长速率大于 D。此时,Z 的积累速率为

$$\frac{\mathrm{d}Z}{\mathrm{d}t} = \mu_{\text{Z}} Y - DY$$

底物浓度为 S,μ_{Z} 比 D 大得多,故 $\mathrm{d}Z/\mathrm{d}t$ 是正的,杂菌 Z 积累。当系统中底物浓度下降到 S' 时,$\mu_{\text{Z}} = D$,建立新的稳态,此时生产菌 X 的比生长速率 μ_{X} 比原有的小,有 $\mu_{\text{X}} < D$,故生产菌将从系统中淘汰。

情况三:杂菌 W 入侵的成败取决于系统的稀释速率。在稀释率为 $0.25D_{\text{C}}$(临界稀释速率)下,W 竞争不过 X 而被冲走;但是当稀释率大于 $0.75D_{\text{C}}$ 时,W 将留下,生产菌被洗走。

三、多级连续发酵动力学

多级罐式连续发酵是指两个及以上的发酵罐串联起来,前一级发酵罐的出料作为下一

级发酵罐的进料。图 6-9 所示为两级连续发酵示意图,图 6-10 为多级串联连续发酵示意图。

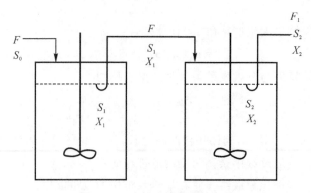

图 6-9　两级连续发酵示意图

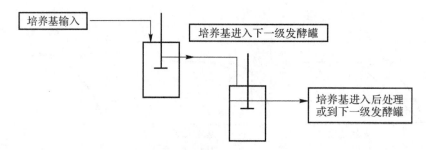

图 6-10　多级串联连续发酵示意图

1. 第一级动力学模型

假设两级发酵罐内培养体积相同,即 $V_1 = V_2$,且第二级不加入新鲜培养基,则第一级动力学模型(方程)与单级相同。

稳态时,有以下方程式:

$$\mu_1 = D$$

$$X_1 = Y_{X/S}(S_0 - S_1)$$

$$S_1 = \frac{K_S D}{\mu_m - D}$$

$$Dx_1 = DY_{X/S}\left(S_0 - \frac{K_S D}{\mu_m - D}\right)$$

$$DP_1 \approx q_P X_1$$

2. 第二级动力学模型

$$\mu_1 = \frac{\mu_m S_1}{K_S + S_1} = \frac{\mu_m}{1 + K_S/S_1}$$

$$\mu_2 = \frac{\mu_m S_2}{K_S + S_2} = \frac{\mu_m}{1 + K_S/S_2}$$

因为 $S_1 < S_0$，$S_2 < S_1$，所以 $\mu_2 < \mu_1 = D$，即从第二级开始，比生长速率不再等于稀释率 D。

1）第二级细胞生长动力学

第二级罐中的细胞生长平衡关系为

$$\frac{\mathrm{d}X_2}{\mathrm{d}t} = DX_1 - DX_2 + \mu_2 X_2 = aX_2$$

第二级稳态时，有

$$\frac{\mathrm{d}X_2}{\mathrm{d}t} = 0, \quad \mu_2 = D\left(1 - \frac{X_1}{X_2}\right)$$

同理，由稳态方程可得，第 n 级的生长速率可用下式表示：

$$\mu_n = D\left(1 - \frac{X_{n-1}}{X_n}\right)$$

2）第二级基质消耗动力学

第二级罐中的底物平衡有以下等式：

$$\frac{\mathrm{d}S_2}{\mathrm{d}t} = DS_1 - DS_2 - \frac{\mu_2 X_2}{Y_{X/S}} - mX_2 - \frac{q_P X_2}{Y_{P/S}}$$

稳态时，有以下关系式：

$$\frac{\mathrm{d}S_2}{\mathrm{d}t} = 0, \quad \mu_2 = D\left(1 - \frac{X_1}{X_2}\right), \quad X_2 = Y_{X/S}\frac{D}{\mu_2}(S_1 - S_2)$$

$$X_2 = \frac{DY_{X/S}}{\mu_2}(S_1 - S_2) = Y_{X/S}\frac{D}{\mu_2}(S_1 - S_2)$$

$$X_2 - X_1 = Y_{X/S}(S_1 - S_2)$$

$$X_2 = X_1 + Y_{X/S}(S_1 - S_2) = Y_{X/S}(S_0 - S_1) + Y_{X/S}(S_1 - S_2)$$

$$X_2 = Y_{X/S}(S_0 - S_2)$$

S_2 的求解过程如下：

$$\mu_2 = D\left(1 - \frac{X_1}{X_2}\right) \tag{1}$$

$$x_1 = Y_{X/S}(S_0 - S_1) \quad x_2 = Y_{X/S}(S_0 - S_2) \tag{2}$$

$$S_1 = \frac{K_S D}{\mu_m - D}, \quad \mu_2 = \frac{\mu_m S_2}{K_S + S_2} \tag{3}$$

方程（1）与方程（3）相等，则可以推出下式：

$$(\mu_m - D)S_2^2 - \left(\mu_m S_0 - \frac{K_S D^2}{\mu_m - D} + K_S D\right)S_2 + \frac{K_S^2 D^2}{\mu_m - D} = 0$$

解此方程可得第二级发酵罐中稳态限制性基质浓度 S_2，式（2）可确定 x_2，再求出 Dx_1，Dx_2。

3）第二级产物生成动力学

细胞形成产物的速率表示为 DP_2，则有以下关系式：

$$\frac{\mathrm{d}P_2}{\mathrm{d}t} = DP_1 - DP_2 + \left(\frac{\mathrm{d}P_2}{\mathrm{d}t}\right)_{\text{细胞合成}} - kP_2 = DP_1 - DP_2 + q_P X_2$$

稳态时,有

$$\frac{\mathrm{d}P_2}{\mathrm{d}t}=0$$

所以 $\qquad DP_2=DP_1+q_{\mathrm{P}}X_2=q_{\mathrm{P}}X_1+q_{\mathrm{P}}X_2$

第二级发酵罐产物浓度有以下关系式:

$$P_2=P_1+\frac{q_{\mathrm{P}}X_2}{D}$$

同时,类推出第 n 级发酵罐的产物浓度有以下关系:

$$P_n=P_{n-1}+\frac{q_{\mathrm{P}}X_n}{D}$$

3. 多级连续发酵动力学的应用案例

1)例一

已知某一微生物反应,其细胞生长符合 Monod 动力学模型,有

$$\mu_{\max}=0.5,\quad K_{\mathrm{S}}=2\ \mathrm{g/L},\quad S_0=50\ \mathrm{g/L},\quad Y_{\mathrm{X/S}}=1$$

试问:

(1)在单一 CSTR(连续搅拌式反应器)进行反应,稳态下操作且无细胞死亡,欲达到最大的细胞生产率,其最佳稀释率是多少?

(2)采用同样大小 n 个 CSTR 相串联,其 D 值相同,若要求最终反应基质浓度降至 1 g/L 以下,试求 N 至少应为多少级。

解答:

(1) $D_{\max}=\mu_{\max}\left(1-\sqrt{\dfrac{K_{\mathrm{S}}}{K_{\mathrm{S}}+S_0}}\right)=0.5\left(1-\sqrt{\dfrac{2}{2+50}}\right)=0.402\ \mathrm{h}^{-1}$。

(2)对第一个反应器,其出口浓度分别为

$$S_1=\frac{K_{\mathrm{S}}\cdot D_{\max}}{\mu_{\max}-D_{\max}}=\frac{2\times0.402}{0.5-0.402}=8.2\ \mathrm{g/L}$$

$$X_1=Y_{\mathrm{X/S}}(S_0-S_1)=1\times(50-8.2)=41.8\ \mathrm{g/L}$$

将上述 S_1、X_1 代入下式:

$$S_2=S_1-\frac{1}{D}\frac{1}{Y_{\mathrm{X/S}}}\mu_2X_2,\quad X_2=\frac{D\cdot X_1}{D-\mu_2}$$

$$X_2=Y_{\mathrm{X/S}}\frac{D}{\mu_2}(S_1-S_2)$$

$$\mu_2=D\left(1-\frac{X_1}{X_2}\right)$$

因此 $\qquad S_2=S_1-\dfrac{1}{D}\dfrac{1}{Y_{\mathrm{X/S}}}\mu_2\dfrac{DX_1}{D-\mu_2}=8.2-2.48\mu_2\dfrac{0.402\times41.8}{0.402-\mu_2}$

又因为 $\qquad \mu_2=\mu_{\max}\dfrac{S_2}{K_{\mathrm{S}}+S_2}=\dfrac{0.5\times S_2}{2+S_2}$

故有 $\qquad S_2^2-228.7S_2+67.1=0$

$$S_2 = 0.3 \text{ g/L}$$

因此采用 $n=2$，即两个等体积 CSTR 串联能满足本题需求。求得

$$\mu_2 = 0.065 \text{ h}^{-1}$$

$$X_2 = 49.7 \text{ g/L}$$

如果取 $n=3$，则有

$$S_3 = S_2 - \frac{1}{D} \frac{1}{Y_{X/S}} \mu_3 X_3$$

$$X_3 = \frac{D \cdot X_2}{D - \mu_3}$$

由上面两式可得

$$S_3 = S_2 - \frac{1}{D} \frac{1}{Y_{X/S}} \mu_3 \frac{DX_2}{D - \mu_3}$$

又有

$$\mu_3 = \frac{\mu_m S_3}{K_S + S_3}$$

整理后得

$$S_3^2 - 261.26 S_3 + 2.46 = 0$$

解得

$$S_3 = 0.1 \text{ g/L}$$

$$\mu_3 = 0.238 \text{ h}^{-1}$$

$$X_3 = 49.9 \text{ g/L}$$

2）例二

青霉素连续发酵与分批发酵的对比数据如下：24 h（生长罐）、48 h（生产罐）、60 h（生产罐）三罐串联时，产物的产量分别为 $P_1 = 0.07$ g/L、$P_2 = 0.4$ g/L、$P_3 = 0.62$ g/L，$X_1 = 7$ g/L，各罐的产物得率依次为

$$\frac{dP_2}{dt} = 0.018 \text{ g/L} \cdot \text{h}, \quad \frac{dP_3}{dt} = 0.012 \text{ g/L} \cdot \text{h}, \quad \frac{dX}{dt} = 0.415 \text{ g/L} \cdot \text{h}$$

求操作参数 D，并比较连续发酵与分批发酵的生产率。

解答：采用连续发酵时，第一罐的稀释率为

$$D_1 = \mu_1 = \frac{1}{X_1} \frac{dX_1}{dt} = \frac{1}{7} \times 0.415 \approx 0.059\,3 \text{ h}^{-1}$$

第二罐中，由

$$FP_2 = FP_1 + \frac{dP_2}{dt} V_2$$

可以推导出

$$D_2 (P_2 - P_1) = \frac{dP_2}{dt}$$

计算得

$$D_2 = \frac{0.018}{0.4 - 0.07} = 0.054\,5 \text{ h}^{-1}$$

为了保证串联稳定，两罐稀释率差异用体积差异进行调节。

因为 F 相同,所以有

$$V_1 = \frac{F}{D_1}, \quad V_2 = \frac{F}{D_2}$$

产物在串联系统的停留时间为

$$t_n = \frac{1}{D_1} + \frac{1}{D_2} = 35.3 \text{ h}$$

产物形成速率为

$$DP_2 = \frac{P_2}{t_n} = \frac{0.4}{35.3} = 0.011 \text{ g/(L·h)}$$

而分批发酵时

$$t_2 = 48 \text{ h}, \quad P = 0.4 \text{ g/L}$$

故产物形成速率 $DP = 0.4/48 = 0.008\ 3 \text{ g/(L·h)}$,低于连续发酵的产物形成速率。

$$DP_2 = \frac{P_2}{t_n} = \frac{0.4}{35.3} = 0.011 \text{ g/(L·h)}$$

为充分利用基质,再加一罐(第三罐)(相当于 60 h),则有

$$D_3 = \frac{1}{P_3 - P_2}\left(\frac{\mathrm{d}P_3}{\mathrm{d}t}\right) = 0.0545 \text{ h}^{-1}$$

$$t_n = 1/D_1 + 1/D_2 + 1/D_3 = 53.7 \text{ h}$$

连续发酵中产物形成速率为

$$P_3/t_n = 0.011\ 5 \text{ g/(L·h)}$$

分批发酵中产物形成速率为

$$P_3/t_3 = 0.62/60 = 0.010\ 3 \text{ g/(L·h)}$$

四、细胞回流式单级恒化器连续发酵动力学

细胞回流式单级连续发酵是指,进行单级连续发酵时,将发酵罐流出的发酵液进行分离,经浓缩的细胞悬浮液送回发酵罐中(见图 6-11)。这种方法的优点是,提高了发酵罐中的细胞浓度,也有利于提高系统的操作稳定性。

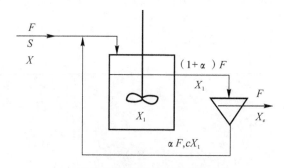

α—再循环比率(回流比);c—浓缩因子

图 6-11　有细胞回流的单级连续发酵示意图

1. 细胞生长动力学

细胞的物料衡算（μ 与 D 的关系）有以下关系：

积累的细胞＝进入培养液中的细胞＋再循环流入的细胞－流出的细胞＋生长的细胞－
　　　死亡的细胞

表示为数学方程式为

$$\frac{dX_1}{dt}=\frac{F}{V}X_0+\frac{\alpha F}{V}\cdot cX_1-\frac{(1+\alpha)F}{V}X_1+\mu X_1-\alpha X_1$$

假定：细胞死亡很少（$\alpha=0$），培养基无菌加入（$X_0=0$），$D=F/V$。

在稳态条件下，有

$$\frac{dx_1}{dt}=0$$

则可得　　　　　　　　　$\alpha DcX_1-(1+\alpha)DX_1+\mu X_1=0$

所以　　　　　　　　　　$\mu=D(1+\alpha-\alpha c)$

2. 基质消耗动力学

1）x_1 与 D 之间的关系

基质衡算有以下关系：

积累的基质 ＝ 进入基质＋循环流入基质－流出基质－消耗的基质

表示为数学方程式为

$$\frac{dS}{dt}=\frac{F}{V}S_0+\frac{\alpha F}{V}\cdot S-\frac{(1+\alpha)F}{V}S-\frac{\mu X_1}{Y_{X/S}}$$

由　　　　　　$-\frac{dS}{dt}=\frac{1}{Y_{X/S}}\cdot\frac{dX}{dt}=\frac{\mu X}{Y_{X/S}}$

推导出基质比消耗速率（q_S）算法如下：

$$q_S=\frac{1}{X}\cdot\frac{dS}{dt}=\frac{\mu}{Y_{X/S}}$$

根据 $D=F/V$，稳态时，有

$$\frac{dS}{dt}=0$$

推导出　　　　　　$S_0+\alpha DS-(1+\alpha)DS=\frac{\mu X_1}{Y_{X/S}}$

$$X_1=\frac{D}{\mu}Y_{X/S}(S_0-S)$$

$$\mu=D(1+\alpha-\alpha c)$$

代入 μ 有　　　　　$X_1=\frac{1}{1+\alpha-\alpha c}\cdot Y_{X/S}(S_0-S)$

因为　　　　　　　　$\frac{1}{1+\alpha-\alpha c}>1$

所以，X_1 比单级无再循环的 x 要大。

又因为

$$\mu = \frac{\mu_m S}{K_S + S} \Rightarrow S = \frac{K_S \mu}{\mu_m - \mu} = K_S \cdot \frac{D(1+\alpha-\alpha c)}{\mu_m - D(1+\alpha-\alpha c)}$$

代入 X_1 式，得 X_1 与 D 之间的关系式如下：

$$X_1 = \frac{Y_{X/S}}{1+\alpha-\alpha c}\left[S_0 - K_S \cdot \frac{D(1+\alpha-\alpha c)}{\mu_m - D(1+\alpha-\alpha c)}\right]$$

2）最终流出的细胞量 X_e 与 D 间的关系

假定分离器无细胞生长和基质消耗，则有细胞物料衡算式：

$$\text{流入分离器细胞} = \text{流出分离器细胞} + \text{再循环细胞}$$

即

$$(1+\alpha)FX_1 = FX_e + \alpha F \cdot cX_1$$

所以

$$X_e = (1+\alpha-\alpha c)X_1$$

$$\mu = \frac{\mu_m S}{k_S + S} \Rightarrow S = \frac{K_S \mu}{\mu_m - \mu} = K_S \cdot \frac{D(1+\alpha-\alpha c)}{\mu_m - D(1+\alpha-\alpha c)}$$

$$X_1 = \frac{1}{1+\alpha-\alpha c} \cdot Y_{X/S}(S_0 - S)$$

因此

$$X_e = Y_{X/S}\left[S_0 - \frac{K_S D(1+\alpha-\alpha c)}{\mu_m - D(1+\alpha-\alpha c)}\right]$$

3. 单级细胞再循环连续培养的应用

设系统中

$\mu_m = 1\ h^{-1}$，$Y_{X/S} = 0.5\ g/L$，$K_S = 0.2\ g/L$，$S_0 = 10\ g/L$，$c = 2$，$\alpha = 0.5$

（1）对于回流系统，有

$$X_1 = \frac{Y_{X/S}}{1+\alpha-\alpha c}\left[S_0 - \frac{K_S \cdot D(1+\alpha-\alpha c)}{\mu_m - D(1+\alpha-\alpha c)}\right] = 10 - \frac{D}{5\times(2-D)}$$

推出

$$DX_1 = 10D - \frac{D^2}{5\times(2-D)}$$

又因为

$$X_e = (1+\alpha-\alpha c)X_1$$

所以

$$X_e = Y_{X/S}\left[S_0 - \frac{K_S \cdot D(1+\alpha-\alpha c)}{\mu_m - D(1+\alpha-\alpha)}\right] = 5 - \frac{D}{10\times(2-D)}$$

$$S = K_S \frac{D(1+\alpha-\alpha c)}{\mu_m - D(1+\alpha-\alpha c)} = \frac{D}{5-(2-D)}$$

（2）对于无回流系统，有

$$X_1 = Y_{X/S}(S_0 - S) = 5 - \frac{D}{10\times(1-D)} < 5 - \frac{D}{10\times(2-D)} = X_e$$

$$DX_1 = 5D - \frac{D^2}{10\times(1-D)}$$

$$S = \frac{K_S D}{\mu_m - D} = \frac{D}{5(1-D)}$$

（3）细胞回流与不回流的单级连续发酵比较。有细胞回流和没有细胞回流的单级连续发酵过程中的细胞浓度和细胞生产率变化如图 6－12 所示。

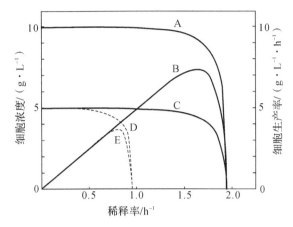

A—细胞回流时的稳态 X；B—细胞回流时的稳态 DX；C—细胞回流时的稳态 X_c；

D—细胞不回流时的稳态 X；E—细胞不回流时的稳态 DX

图 6－12　细胞回流与不回流的单级连续发酵比较

4. 塞流式连续发酵

塞流式连续发酵过程如图 6－13 所示，这是指细胞回流到原来的发酵罐中进行连续接种。这一过程与细胞回流式单级连续过程相似。

图 6－13　塞流式连续发酵

第四节　补料分批发酵动力学

一、补料连续发酵的定义

补料连续发酵：在发酵过程中，不连续地向发酵罐内加入培养基，但不取出发酵液的发酵方式。这一过程的特点是，由于培养基的加入，发酵液体积不断增加。

半连续发酵概念：在发酵过程中，每隔一定时间取出一定体积的发酵液，同时在同一时间间隔内加入相等体积的培养基，如此反复进行的发酵方式。它的特点是，稀释率、比生长速率以及其他与代谢有关的参数都将发生周期性的变化。

与分批发酵比，补料分批优点在于：①可以解除底物的抑制、产物反馈抑制和葡萄糖分解阻遏效应；②避免在分批发酵中因一次性投糖过多造成细胞大量生长，耗氧过多，以至通风搅拌设备不能匹配的状况；③菌体可被控制在一系列连续的过渡态阶段，用来作为控制细胞质量的手段。

与连续发酵相比，补料分批发酵的优点在于：①无菌要求低；②菌种变异、退化少；③适用范围更广。

根据补料方式不同,补料分批发酵分为连续流加、不连续流加、多周期流加三种;根据流加方式不同,补料分批发酵分为快速流加、恒速流加、变速流加三种;根据补加的培养基不同,补料分批发酵分为单一组分补料、多组分补料两种。

二、补料连续发酵动力学

整个发酵罐中细胞、限制性基质和产物总量的变化速率可用下式表示:

$$\frac{d(XV)}{dt} = \mu XV$$

$$\frac{d(SV)}{dt} = FS_0 - \frac{1}{Y_{x/s}} \cdot \frac{d(XV)}{dt}$$

$$\frac{d(PV)}{dt} = q_P XV$$

1.细胞生长发酵动力学

细胞总量的变化率为

$$\frac{d(XV)}{dt} = \mu XV$$

$$\frac{d(XV)}{dt} = V\frac{dX}{dt} + X\frac{dV}{dt}$$

若为恒速流加,培养基流量为 F,则有

$$\frac{dV}{dt} = F$$

$$\mu XV = V\frac{dX}{dt} + XF$$

$$\frac{dX}{dt} = (\mu - \frac{F}{V})X = (\mu - D)X$$

2.基质消耗动力学

同样可以推导出限制性基质的变化率如下:

$$\frac{d(XV)}{dt} = \mu XV$$

$$\frac{d(SV)}{dt} = V\frac{dS}{dt} + S\frac{dV}{dt} = V\frac{dS}{dt} + SF$$

$$\frac{d(SV)}{dt} = FS_0 - \frac{1}{Y_{x/s}} \cdot \frac{d(XV)}{dt}$$

由以上公式可以推出

$$FS_0 - \frac{1}{Y_{x/s}} \cdot \frac{d(XV)}{dt} = V\frac{dS}{dt} + SF$$

所以

$$\frac{dS}{dt} = D(S_0 - S) - \frac{\mu X}{Y_{x/s}}$$

3.产物合成动力学

同理,可以推导出产物合成动力学的相关公式如下:

$$\frac{d(PV)}{dt} = q_P XV$$

$$\frac{\mathrm{d}(PV)}{\mathrm{d}t} = P\frac{\mathrm{d}V}{\mathrm{d}t} + V\frac{\mathrm{d}P}{\mathrm{d}t} = FP + V\frac{\mathrm{d}P}{\mathrm{d}t} = q_P XV$$

$$\frac{\mathrm{d}P}{\mathrm{d}t} = q_P X - \frac{F}{V}P = q_P X - PD$$

拟稳态时有

$$\frac{\mathrm{d}X}{\mathrm{d}t} \approx 0, \frac{\mathrm{d}S}{\mathrm{d}t} \approx 0$$

这时有
$$\mu \approx D$$

4.恒速流加的补料分批发酵动力学

对于恒速流加,细胞的比生长速率对时间的变化率为

$$\frac{\mathrm{d}\mu}{\mathrm{d}t} = \frac{\mathrm{d}}{\mathrm{d}t}\left(\frac{F}{V}\right) = \frac{F^2}{V^2} = -\frac{F^2}{(V_0 + Ft)^2}$$

长时间流加培养之后,有

$$\frac{\mathrm{d}\mu}{\mathrm{d}t} = -\frac{1}{t^2}$$

本章知识图谱与视频

一、本章知识图谱

本章知识图谱如图 6-14 所示。

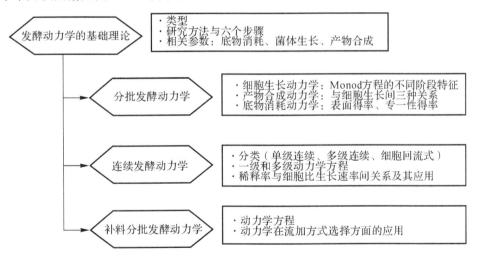

图 6-14 第六章知识图谱

二、本章视频

1.发酵动力学的定义与研究内容 1

2.发酵动力学的定义与研究内容 2

3.分批发酵动力学:细胞生长动力学 1

4.分批发酵动力学:细胞生长动力学 2

5.分批发酵动力学:细胞生长动力学 3

6. 分批发酵动力学:细胞生长动力学 4

7. 分批发酵动力学:基质消耗动力学

8. 分批发酵动力学:产物形成动力学 1

9. 分批发酵动力学:产物形成动力学 2

10. 连续发酵的定义与类型

11. 单级连续发酵动力学概论 1

12. 单级连续发酵动力学概论 2

13. 单级连续发酵动力学的应用案例 1

14. 单级连续发酵动力学的应用案例 2

15. 多级恒化器连续发酵动力学 1

16. 多级恒化器连续发酵动力学 2

17. 多级恒化器连续发酵动力学的应用 1

18. 多级恒化器连续发酵动力学的应用 2

19. 细胞回流单级恒化器连续发酵动力学 1

20. 细胞回流单级恒化器连续发酵动力学 2

21. 补料分批发酵动力学 1

22. 补料分批发酵动力学 2

1. 发酵动力学的定义与研究内容1
2. 发酵动力学的定义与研究内容2
3. 分批发酵动力学:细胞生长动力学1
4. 分批发酵动力学:细胞生长动力学2
5. 分批发酵动力学:细胞生长动力学3
6. 分批发酵动力学:细胞生长动力学4

7. 分批发酵动力学:基质消耗动力学
8. 分批发酵动力学:产物形成动力学1
9. 分批发酵动力学:产物形成动力学2
10. 连续发酵的定义与类型
11. 单级连续发酵动力学概论1
12. 单级连续发酵动力学概论2

13. 单级连续发酵动力学的应用案例1
14. 单级连续发酵动力学的应用案例2
15. 多级恒化器连续发酵动力学1
16. 多级恒化器连续发酵动力学2
17. 多级恒化器连续发酵动力学的应用1
18. 多级恒化器连续发酵动力学的应用2

19. 细胞回流单级恒化器连续发酵动力学1
20. 细胞回流单级恒化器连续发酵动力学2
21. 补料分批发酵动力学1
22. 补料分批发酵动力学2

三、本章知识总结

本章知识总结如图 6-15 所示。

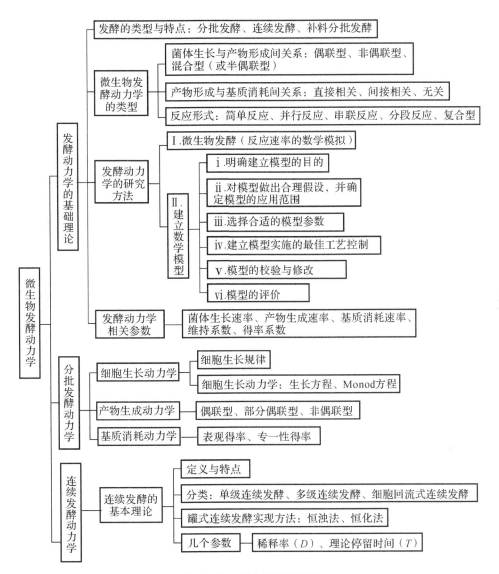

图 6-15　第六章知识总结

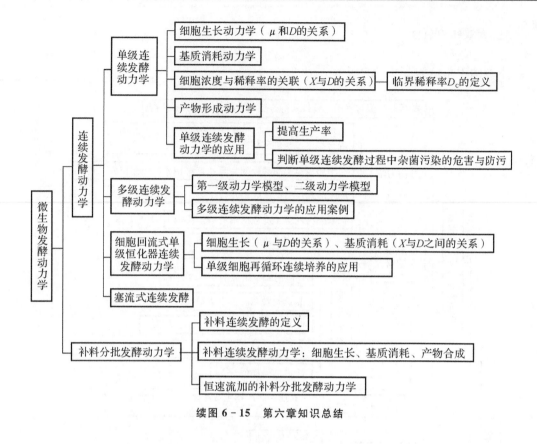

续图 6-15　第六章知识总结

本 章 习 题

1.简述典型的分批发酵过程中微生物生长、产物合成、底物消耗的规律和原因。

2.简述基因工程菌的培养特点和注意事项。

3.简述分批发酵、连续发酵、补料分批发酵的定义与优缺点。

4.论述 Monod 方程的含义及其在不同过程中的生物学意义。

5.如何判断某种杂菌能否在发酵系统中存留下来?

7.简述分批发酵动力学的主要参数与计算方法。

8.论述在什么情况下使用分批发酵,什么情况下使用连续发酵。

9.简述细胞回流式连续发酵的特点,并给出细胞生长量的平衡式。

10.论述连续发酵的级数是否越多越好。

第七章 发酵过程控制

发酵条件会直接影响微生物的生长和代谢过程,从而影响发酵过程的菌体生长和产物合成。为了保证发酵过程的顺利进行,以及尽可能地提高产物得率,有必要及时了解菌种在发酵过程中的生理、生化特性,以及这些特性的相关数据。为此,需要对发酵过程参数进行检测和生物化学分析。需要注意的是,要根据研究目的和检测对象选择发酵过程中需要检测及控制的基本参数,以及相应的检测和控制方法。

第一节 发酵过程控制研究

发酵过程控制的最终目的是为生物催化剂(微生物或酶)创造良好的条件,使微生物处于最适宜的生长状态或分泌某一产物的状态,或者使酶具有高效的催化活性,并能进行快速、高效、得率高的生物反应,从而在降低原料和能耗的同时,保证产品质量并提高目的产物的产率。

发酵过程控制的难点在于过程的不确定性和参数的非线性。这是因为,发酵过程的影响因素是复杂的:同样的菌种、同样的培养基在不同工厂、不同批次会得到不同的结果;设备的差别、水的差别、培养基灭菌的差别、菌种保藏时间的长短和发酵过程的细微差别都会导致微生物代谢的不同。

一、发酵过程控制的目的、研究方法与层次

1. 发酵过程控制的目的

发酵过程控制的目的是,得到最大的比生产速率和最大的生产率。

为了达到这一目标,需要考虑菌种本身的代谢特点,以及菌种代谢与环境的相关性。在菌种本身的代谢特点方面,需要考虑生长速率、呼吸强度、营养要求(酶系统)、代谢速率;在菌种代谢与环境的相关性方面,需要考虑温度、pH、渗透压、离子强度、溶氧浓度、剪切力等。

2. 发酵过程的研究方法

发酵过程的研究方法主要有单因子实验、数理统计学方法实验。

1)单因子实验

这种方法是,对实验中要考察的因子逐个进行实验,寻找每个因子的最佳条件。一般用摇瓶做实验。这种方法的优点是:一次可以进行多种条件的实验,可以在较快时间内得到结

果。其缺点是：如果考察的条件多，实验时间会比较长；各因子之间可能会产生交互作用，影响结果的准确性。

2）数理统计学方法

这种方法是，运用统计学方法（如正交设计、均匀设计、响应面设计）设计实验和分析实验结果，得到最佳的实验条件。这种方法的优点是：同时进行多因子实验；用少量的实验，经过数理分析可得到与单因子实验同样的结果，甚至更准确，大大提高了实验效率。其缺点是：对于生物学实验要求准确性高，因为实验的最佳条件是经过统计学方法算出来的，如果实验中存在较大的误差就会得出错误的结果。

3.发酵过程的研究层次

发酵过程的研究分为初级层次、代谢及工程参数层次、生产规模放大层次。

1）初级层次

初级层次研究主要在摇瓶规模上进行。主要研究内容是，考察菌株生长和代谢的一般条件，如培养基的组成、最适温度、最适 pH 等要求。这种方法的优点是，可以一次实验几十种甚至几百种条件，对于菌种培养条件的优化有较高的效率。但是，因为摇瓶的环境条件与发酵罐差异较大，所得结果跟发酵罐的结果会有一定区别，主要用于初步研究。

2）代谢及工程参数层次

这一层次的研究主要在小型反应器规模上进行。研究的主要内容是，考察溶氧、搅拌、各种营养成分的利用速率、生长速率、产物合成速率及其他一些发酵过程参数的变化，找出过程控制的最佳条件和方式。

这个层次研究的优点是，发酵中全程参数的变化是连续的，得到的代谢情况比较可信。但是，这一层次的研究需要很强的硬件支撑，需要对温度、溶氧、pH 电极、罐体称重、补料计量装置、尾气采集分析等实现在线检测，以获得及时、准确的发酵过程参数。

3）生产规模放大层次

这一层次的研究是在大型发酵罐进行的。主要研究目的是，将小型发酵罐的优化条件在大型反应器上实现，达到产业化水平。

发酵罐的深度不同造成氧的溶解度、空气停留时间和分布不同，剪切力不同，灭菌时营养成分破坏程度不同，微生物在不同体积的反应器中的生长速率也是不同的。因此，在小型发酵罐上得到的研究结果并不能直接用于大型发酵罐，还需要在大型发酵罐上进行进一步研究和调整。

二、发酵过程的参数检测

1.发酵过程参数检测的意义

微生物的生长是受内外条件相互作用调控的复杂过程，外部条件包括物理的、化学的及发酵液中的生物学条件，内部条件主要是细胞内部的生化反应。通常，发酵过程的操作只能对外部因素进行直接控制。所谓控制一般是将环境因素调节到最适条件，使其利于细胞生长或产物的生成。因此，对发酵过程的操作需要了解一些与环境条件和微生物生理状态有关的信息，即需要对过程参数进行检测。

发酵过程检测是为了获得给定发酵过程及菌体的重要参数(物理的、化学的和生物学参数)的数据,以便于实现发酵过程的优化、模型化和自动化控制。一般而言,由检测获取的信息越多,对发酵过程的理解就越深刻,工艺改进的潜力也就越大。发酵过程一般在无菌条件下进行,因而只能通过取样检测或在反应器内部进行直接检测的方法来获得相关信息。但是,用于检测仪表(传感器)和控制的花费较大,而且需要维护和校准,同时也有染菌的风险。随着计算机技术的迅速发展,新型检测技术的应用已使检测的仪表化表现出明显优势,例如,合理的仪表化和设备控制的重要性已在提高产品质量与产量、减少整个工艺过程的费用、产品研发等方面有所体现,它们正被越来越多地用于工业化生产。

2. 发酵过程检测的参数

发酵参数和条件的检测是非常重要的,检测所提供的信息有助于人们更好地理解发酵过程,从而对工艺过程进行改进。小型反应器中可检测的状态变量较多,可用于工艺研究和开发。大型生产规模反应器中,为了降低染菌的风险,通常只对少数状态变量进行检测,从而防止由于传感器失常而影响发酵过程的控制。发酵过程中需要检测的参数及其检测方法分别如表7-1~表7-4所示。

表7-1 发酵过程检测参数

物理参数	化学参数	生物学参数
气体流量	溶解二氧化碳	活生物量
生物反应器体积	溶解氧	胞外生物化学物质和代谢产物
电导率	荧光	胞内组分:DNA、RNA、NADH、ATP、蛋白质、氨基酸
泡沫	离子强度	微生物种群
液体流量	营养物浓度	微生物形态
功率输入(搅拌速度)	尾气组分	总生物量
温度	渗透率	
粘度	pH	
	氧化还原电位	

表7-2 发酵过程物理参数的测定

参数名称	单位	测定方法	测定意义
温度	℃,K	传感器	维持生长、合成
罐压	Pa	压力表	维持正压、增加溶氧
空气流量	vvm*,m^3/h	传感器	供氧、排出废气、提高K_La
搅拌转速	r/min	传感器	物料混合、提高K_La
搅拌功率	kW	传感器	反映搅拌情况、K_La
黏度	Pa·s	黏度计	反映菌体生长、K_La
密度	g/cm^3	传感器	反映发酵液性质

续表

参数名称	单位	测定方法	测定意义
装量	m^3,L	传感器	反映发酵液数量
浊度(透光度)	%	传感器	反映菌体生长情况
泡沫		传感器	反映发酵代谢情况
传质系数 $K_L a$	h^{-1}	间接计算,在线检测	反映供氧效率
加消泡剂速率	kg/h	传感器	反映泡沫情况
加中间体或前体速率	kg/h	传感器	反映前体和基质利用情况
加其他基质速率	kg/h	传感器	反映基质利用情况

* vvm 是通气比,是每分钟通气量与罐体实际料液体积的比值。

表 7-3 发酵过程化学参数的测定

参数名称	单位	测定方法	测定意义
pH		传感器	反映菌的代谢情况
溶氧	mg/L	传感器	反映氧的供给和消耗情况
尾气氧浓度	%	传感器,热磁氧分析	了解耗氧情况
氧化还原电位	mV	传感器	反映菌的代谢情况
溶解 CO_2 浓度(饱和度)	%	传感器	了解 CO_2 对发酵的影响
尾气 CO_2 浓度	%	传感器,红外吸收	了解菌的呼吸情况
总糖,葡萄糖,蔗糖,淀粉	kg/m^3	取样	了解基质在发酵过程中的变化
前体或中间体浓度	mg/mL	取样	产物生成情况
氨基酸浓度	mg/mL	取样	了解氨基酸含量的变化情况
矿物盐 (Fe^{2+},Mg^{2+},Ca^{2+},Na^+,NH_4^+,PO_4^{3-},SO_4^{2-})浓度	mol,%	取样,离子选择电极	了解离子含量对发酵的影响

表 7-4 发酵过程中生物学参数的测定

参数名称	单位	测定方法	测定意义
菌体浓度	g(DCW*)/L	取样	了解菌的生长情况
菌体中 RNA,DNA 含量	mg(DCW)/g	取样	了解菌的生长情况
菌体中 ATP、ADP、AMP 量	mg(DCW)/g	取样	了解菌的能量代谢情况
菌体中 NADH 量	mg(DCW)/g	在线荧光法	了解生长和产物情况
效价或产物浓度	g/mL	取样(传感器)	产物生成情况
细胞形态		取样,离线	了解菌的生长情况

* DCW 为细胞干重。

发酵过程的参数检测方法可以分为在线检测和离线检测两大类(见图 7-1)。

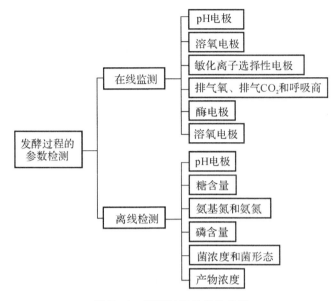

图 7-1　发酵过程的参数检测

3.发酵参数的在线检测

(1)在线检测用传感器

发酵过程中实现参数在线检测的设备为传感器(也叫电极或探头),它们被放入发酵系统,将发酵的一些信息传递出来,为发酵控制提供依据。用于发酵过程监测的传感器要具备以下特点:

(1)插入罐内的传感器必须能经受高压蒸汽灭菌(材料、数据);

(2)传感器结构不能存在灭菌不透的死角,以防染菌(密封性好);

(3)传感器对测量参数要敏感,且能转换成电信号(响应快、灵敏);

(4)传感器性能要稳定,受气泡影响小。

传感器的作用原理如图 7-2 所示。

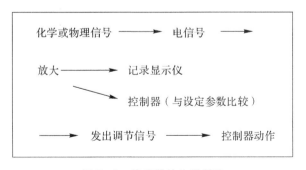

图 7-2　传感器的作用原理

发酵过程中常用的在线检测用传感器有 pH 电极和溶氧电极。它们是基础电极,以其为基础可以制作各种离子电极和酶电极。

2)pH 电极

pH 可以用试纸检测,也可以用 pH 电极检测。pH 试纸检测具有方便、易操作的优点,但是它也具有主观性强、存在质量差异、不适合要求高的场合等缺点。

pH 电极检测则可以克服这些缺点。常用 pH 电极有参比电极、离子选择性电极、复合电极三类。各类 pH 电极的示意图如图 7-3 所示。电极的基础部分是极薄的玻璃膜(0.2~0.5mm),它可与水发生反应,形成厚度为 500~5 000 Å(1 Å$=10^{-10}$ m)的水合成凝胶层。这一凝胶层存在于膜的两侧,是正确操作和保养电极的关键部位。凝胶层中的 H^+是流动的,膜两侧离子活度的差会形成 pH 相关的电位。

电极末端的球形元件采用能对 pH 产生响应的玻璃制成,可将响应限定在电极顶端小面积的玻璃膜内。通过在电极的球内填充缓冲液来维持玻璃膜内表面的电位恒定,该缓冲液经过精确测定,具有稳定的组分及恒定而精确的 H^+ 活度。液体中 pH 的变化会导致膜外表面的电位发生改变,因此,检测时需要一个参比电极来共同构成检测回路。在这种组合电极中,参比电极是构成电极的主要部分,由含有饱和 AgCl 的 KCl 电解液中的 Ag/AgCl电极组成。这种参比电极一定要与过程流体直接接触,因为它需要连续电流。这可以通过将 Cl^- 电解液与过程流体相连的横隔膜来实现,从而使微量但连续的电解液透过膜而向外流动,并能够保持连续,同时可防止过程流体污染电极。

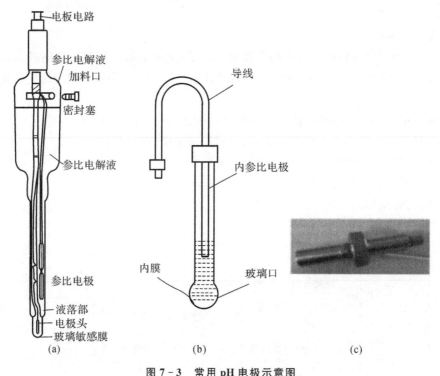

图 7-3 常用 pH 电极示意图

(a)参比电极;(b)离子选择性电极;(c)复合电极

3)敏化离子选择性电极

以离子选择性电极为基础电极,通过化学反应或生化反应使离子选择性电极的响应得到敏化,叫作敏化离子选择性电极。它包括气敏电极和酶电极等。能用气敏电极测定的气体有 CO_2、NH_3、SO_2、NO_2、H_2S、HCN、HF、Cl_2、Br_2、I_2 的蒸气等,其中氨电极比较成熟,应用较广(见图 7-4)。

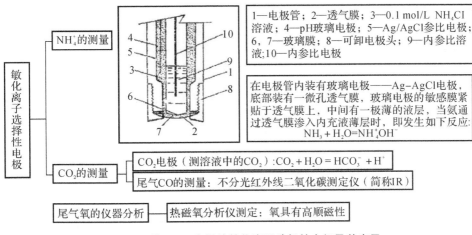

图 7-4 基于 pH 电极的敏化离子选择性电极及其应用

检测排气氧、排气 CO_2 和呼吸商的意义:

(1)排气氧的大小反映了菌体生长的活性,通过计算可以求得摄氧率(OUR);

(2)排气 CO_2 可以反映微生物代谢情况。

排气二氧化碳(CER)表示单位体积发酵液单位时间内释放的二氧化碳的量。

但是,需要注意的是:消耗的氧并不等于排出的二氧化碳。这是因为含氧的有机物降解后会产生二氧化碳,使排气 CO_2 大于消耗的氧。

(3)呼吸商反映了发酵液中氧的利用状况。

呼吸商(RQ)的定义为

$$RQ = CER/OUR$$

式中　RQ——呼吸商;

　　　OUR——摄氧率。

RQ 值随微生物菌种培养基成分的不同、生长阶段的不同而不同。测定 RQ 值一方面可以了解微生物代谢的状况,另一方面也可以指导补料。

通常情况下,发酵中后期,为保证产生次级代谢产物,可故意使菌体处于半饥饿状态,在营养限制的条件下,维持次级代谢产物的产生速率处于较高水平。在这种工艺中,后期的补料控制是关键。

有研究发现,在补糖开始时,不但 CER、OUR 大幅度提高,连 RQ(呼吸商)也得到了提高。这说明,通过补糖不但提供了更多的碳源,而且随着体系内葡萄糖浓度提高,糖代谢相关酶活力也提高,产能增加。

(4)通过 RQ 值的测定,可以分析微生物可能利用的基质是氧化型的或还原型的,分析微生物生长阶段,分析补料的速率是否合理。

研究发现,RQ 的变化与菌体生长、营养状况以及埃维菌素(*Avemectin*)的产生密切相关。结果发现:在发酵 20 h 时,菌丝开始发生膨大,而此时 RQ 达到峰值开始下降;40 h 左右,RQ 降至谷底开始回升,在这段时间产生抗生素启动。鉴于这种关联性,在实际生产过程中,就可以在埃维菌素发酵过程中利用 RQ 作为补料控制的参考之一。

4)酶电极

酶电极是指,在离子选择性电极的表面覆盖一个涂层,把酶固定在涂层内,通过酶反应产生的物质的测定,可以推算出反应物的量。

例如脲酶电极,把脲酶固定在 NH_3 气敏电极或 CO_2 气敏电极的表面,在脲酶的催化下,尿素可以发生如下分解反应:

$$CO(NH_2)_2 + H_2O \rightarrow 2NH_3 + CO_2$$

通过 NH_3 或 CO_2 气敏电极测定 NH_3 或 CO_2 的分压即可达到间接测定尿素的目的。

5)溶氧电极

溶氧电极主要有极谱型和原电池型两种。其中,极谱型溶氧电极需极化电压及放大器,耗氧少,受气流影响小。常用的是封闭式极谱型复膜氧电极。相对而言,原电池型溶氧电极相对简单便宜,适用于中小罐。但其具有耗氧量大、受气流和气泡影响大的缺点。生产上使用的几种溶氧电极如图 7-5 所示。

图 7-5　生产上使用的几种溶氧电极的外观

溶氧电极在使用前进行零点标定和饱和校正。所用方法如图 7-6 所示。

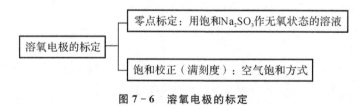

图 7-6　溶氧电极的标定

溶氧电极的应用:溶氧电极可以用于检测发酵过程中的溶氧水平,也可以用于摄氧率(r)和体积溶氧系数或体积传质系数(K_La)的测定(见图 7-7)。

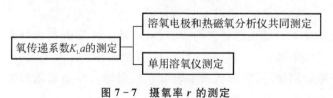

图 7-7　摄氧率 r 的测定

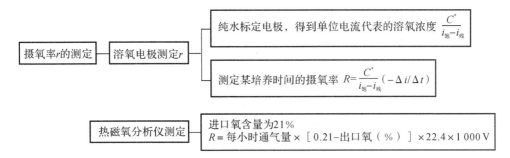

$i_饱$—在饱和氧浓度 C^* 时的电流强度；$i_残$—氧浓度为零时电极所具有的电流强度

续图7-7　摄氧率 r 的测定

r 的检测步骤：关闭通气阀，保持搅拌，在罐顶通氮气，赶走上面的空气。此时，由于耗氧，C_L 下降，仪表上电流值也不断下降。

例如：一个装料为 7 L 的发酵罐，通气量为 1 L/min，操作压力为 0.3 kg/cm²，在某发酵时间内发酵液的溶氧浓度为饱和氧浓度的 25%，空气进入时的氧含量为 21%，废气排出时的氧含量为 19.8%（1 atm[①] 时氧饱和浓度 $C^*=0.2$ mmol/L），则可以根据下式计算此时的摄氧率：

$$r=1×7×60/22.4×10^3×(0.21-0.198)/7$$
$$K_La-r/0.26(0.21-0.198)$$

K_La 的检测方法有两种：一是溶氧电极和热磁氧分析仪共同测定，另一种是单用溶氧仪测定。检测原理是：在发酵过程中，如果溶氧浓度恒定在一定值，表示此时供氧和需氧达到平衡，即 $r=K_La(C^*-C_L)$ 式中 C^*（发酵液与气相中氧分压 P 达平衡时氧的浓度，mol/m³）可以查得，C_L（发酵液中和气、液界面处氧的浓度，mol/m³）可以用溶氧电极测得，r 可以根据溶氧电极的检测结果计算而得。因此，可以用此式计算出 K_La。

检测时所得溶氧的变化曲线如图 7-8 所示。从图中可以看出，发酵开始时供氧和需氧达到平衡，溶氧是一条水平线。这时停止通气，保持搅拌，在罐顶通入氮气，赶走氧气。由于微生物对氧的利用，溶氧迅速下降，过一段时间溶氧下降缓慢，待溶氧到最低点后再恢复通气。根据检测结果，以及公式 $\Delta C_L/\Delta t=K_La×(C^*-C_L)-r$，推出 $C_L=-1/K_La×(\Delta C_L/\Delta t+r)+C^*$。根据公式和检测结果绘制曲线[见图 7-8(b)]，求解出 K_La。

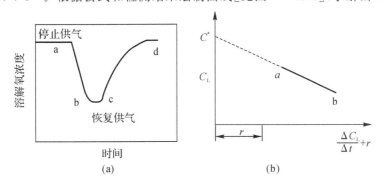

图7-8　溶氧浓度随通气变化情况和 K_La 的求解曲线

① 1atm=1.013 25×10⁵ Pa。

4.发酵参数的离线检测

发酵过程中需要离线检测的指标有糖含量（包括总糖和还原糖）、氨基氮和氨氮、磷含量、菌体浓度和菌体形态、产物浓度等。这些指标的检测意义、方法以及应用可以总结为图7-9。

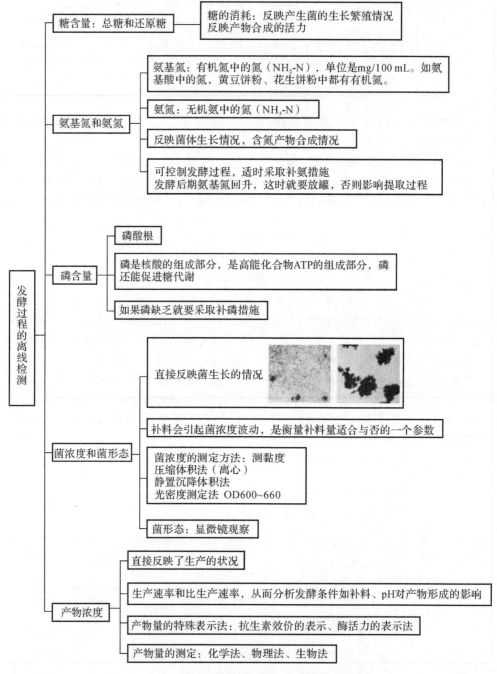

图7-9 发酵过程中参数的离线检测

其中,产物量的测定方法可以分为图7-10所示的化学法、物理法、生物法三种。

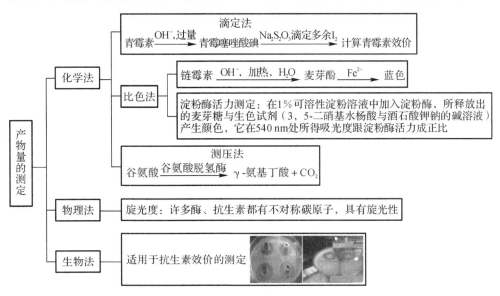

图7-10　离线检测的产物量测定

此外,在抗生素活性检测中,还可以用管碟法(见图7-11)法进行检测。检测过程中各参数之间有以下关系式:

$$\log M = (1/9.21DT)r^2 + \log(C \times 4\pi DTH)$$

式中　r——抑菌圈的半径,mm;

　　M——抗生素在管中的量,U;

　　C——最低抑菌浓度,U/mL;

　　H——培养基的厚度,mm;

　　L——管子的高度,mm;

　　D——抗生素的扩散系数,mm/h;

　　T——细菌生长到肉眼所用的时间,h。

检测时需要注意,有多种因素影响抑菌圈的检测结果。

在其他条件相同时,培养基厚度 H 越小,r 越大;细菌生长到肉眼所需的时间 T 越大,r 越大。

影响 T 的因素:菌体本身和影响菌体生长的条件。后者有接种量、培养温度、营养环境。

此外,上层的平整程度、菌液加入时的温度、钢圈的放置、液滴的量等因素也会影响抑菌圈 r 的检测结果。

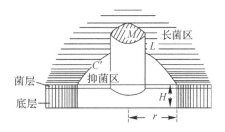

图7-11　管碟法测定抗生素放射状扩散示意图

三、发酵过程参数检测的应用实例

在鸟苷发酵中,发现发酵到40 h后鸟苷合成速率下降,但糖耗速率并未下降,而且由于耗糖,发酵过程 pH 下降,补入氨水增多。那么问题是,那些消耗的糖去了哪里?为了回答这一问题,可以分以下几步进行研究。

1. 第一步,什么因素导致 pH 下降?

根据发酵现象推测,有机酸积累过多,导致 pH 下降,氨水补加增加。

在正常代谢情况下,细胞通过糖酵解(EMP)途径和三羧酸(TCA)循环的过程是为细胞合成提供前体和能量的,按照细胞经济学的原则不会供过于求,即不会出现有机酸的积累。若发酵后期有机酸积累会引起加入的[NH_4^+]积累,相应出现产苷速率下降,则说明菌体的代谢不正常。

那么,是什么酸发生的积累?为了回答这一问题,检测发酵过程中的乙酸、柠檬酸、丙酮酸以及氨基酸的含量变化,可得图 7-12 所示结果。图中结果说明,在发酵后期发生了丙酮酸积累。乙酸和柠檬酸没有呈现这种规律性变化。

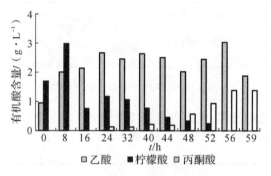

图 7-12　发酵过程中不同有机酸的积累情况

2. 第二步,积累的丙酮酸去了哪里?

丙酮酸除了进入 TCA 循环外,还会被转化为氨基酸。为此,检测了氨基酸积累,发现氨基酸的积累时间开始于 52 h 后,晚于有机酸和[NH_4^+]积累(见图 7-13)。这说明,很可能是丙酮酸发生了氨化反应,生成了氨基酸。

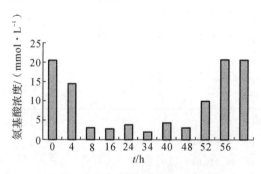

图 7-13　发酵过程中氨基酸的积累情况

进一步检测了不同氨基酸的变化,发现初始发酵液中谷氨酸浓度比较高,其他氨基酸浓度都较低,随着发酵过程的进行谷氨酸很快被用于菌体合成,在 8 h 之前已经降到很低水平,并始终维持在低水平,而在 48 h 左右丙氨酸开始出现明显的积累,发酵液中积累量达到初始量的 12.6 倍之多,其他十余种氨基酸浓度则变化不大,并且在整个发酵过程中都维持在较低水平。因此,丙氨酸浓度变化可能是代谢流迁移所致。

3. 第三步,为什么会发生代谢流迁移?

1)理论推测

以上分析表明,发酵过程中积累的氨基酸主要是丙氨酸。丙氨酸则是直接由丙酮酸转化而来。因此可以推断:可能是 EMP 途径代谢流的增加造成了丙酮酸积累,丙酮酸随后转化为丙氨酸;丙氨酸本身又会对谷氨酸合成酶(GS)造成反馈抑制和阻遏,使产苷速率降低(见图 7-14)。

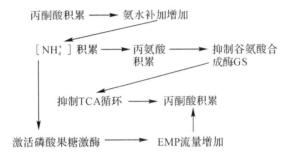

图 7-14　发酵后期鸟苷合成速率下降、糖耗增大的可能原因

2)实验验证

为了验证这种代谢流迁移过程,需对途径中关键酶活性(简称酶活)进行检测。根据微生物代谢可知,消耗葡萄糖的途径主要有糖酵解(EMP)途径、磷酸戊糖(HMP)途径、三羧酸(TCA)循环途径。

(1)EMP 途径。EMP 途径中有两个不可逆的步骤的酶:磷酸果糖激酶、丙酮酸激酶。为此,检测了菌体中这两种酶活的变化情况,结果分别如图 7-15 和图 7-16 所示。从图中可以看出:12 h 时菌体生长处于对数生长初期,代谢活力较低,所以磷酸果糖激酶的活力相对较低;24 h 后随着发酵过程进入平稳产物形成期和细胞生长期,磷酸果糖激酶的活力也基本保持平稳;40 h 以后,鸟苷形成速率减慢甚至停止,同时观察到氨基酸和有机酸积

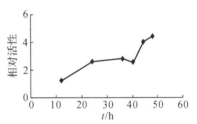

图 7-15　发酵过程中磷酸果糖激酶的活性变化

累,磷酸果糖激酶相对酶活增加,说明此时经 EMP 途径的糖代谢通量有了明显增加。但是,丙酮酸激酶在整个过程中都没有表现出明显的酶活增加,而是在 24 h 就基本上达到最大值,随后维持在恒定的水平。由此说明,丙酮酸激酶所起的作用在糖代谢时 EMP 途径代谢流增加中的作用不大,不是造成代谢流迁移的主要因素。

(2)HMP 途径。检测 HMP 途径中主要限速酶——6-磷酸葡萄糖脱氢酶(催化 6-磷酸葡萄糖脱氢生成 6-磷酸葡萄糖酸内酯)的酶活,结果如图 7-17 所示。从图中可以看出:

发酵早期的 6-磷酸葡萄糖脱氢酶活力很高,这可能是由于前期菌体合成代谢比较活跃,通过 HMP 途径合成用于细胞成分的核酸等组成物质;随后基本不变,从而保持 EMP 和 HMP 途径通量的平衡,此时稳定持续形成产物;但是到 40 h 后,6-磷酸葡萄糖脱氢酶的活力已经表现出明显的下降趋势,并且随着后期发酵过程的进行而持续下降。根据物料平衡原则,发酵后期葡萄糖消耗增大,可能是糖代谢在 HMP 途径通量下降而在 EMP 途径通量增加而造成的。

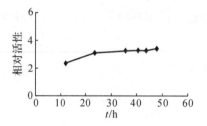
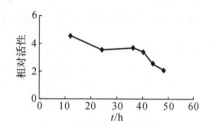

图 7-16　发酵过程中丙酮酸激酶　　　　图 7-17　发酵过程中 6-磷酸葡萄糖脱氢酶
　　　　　的活性变化　　　　　　　　　　　　　　的活性变化

(3)TCA 途径。正常情况下,TCA 循环是消耗丙酮酸的途径,三羧酸流量大时丙酮酸不会积累。TCA 循环中的关键酶为柠檬酸合成酶,其催化乙酰辅酶 A 与草酰乙酸缩合形成柠檬酸,是三羧酸循环的启动步骤,也是三羧酸循环中的主要控制点,由柠檬酸合成酶所催化的反应是三羧酸循环中的第一个限速步骤。为此,检测了该酶在发酵过程中的时序变化,所得结果如图 7-18 所示。可以发现,柠檬酸合成酶在整个发酵过程中,尤其是在后期产苷速率下降的过程中都维持比较平稳的水平,这表明在发酵过程后期所发生的代谢流迁移时,TCA 循环的通量并没有发生明显的增加。

由此说明,代谢流迁移发生在 EMP 和 HMP 之间,主要是由 EMP 和 HMP 途径之间的分配平衡被打破所造成的。其中,主要是 EMP 途径代谢流的增加造成了代谢流的溢流现象。

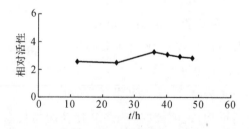

图 7-18　发酵过程中柠檬酸合成酶的活性变化

(4)丙氨酸的生成

丙氨酸脱氢酶催化由丙酮酸生成丙氨酸。检测结果显示,该酶活性增加与丙酮酸和丙氨酸的时序增加相吻合(见图 7-19)。在发酵中后期,丙氨酸脱氢酶活力出现了明显的增加。

这些数据表明代谢流的溢流现象发生在柠檬酸合成酶之前的丙酮酸节点,通过丙氨酸脱氢酶生成丙氨酸,缓解了EMP途径代谢流增加造成的代谢不平衡。

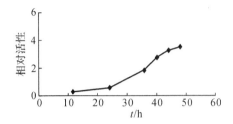

图7-19　发酵过程中丙氨酸脱氢酶的活性变化

4.问题的解决

由发酵过程检测结果可知,发酵后期的鸟苷合成速率下降、糖耗增大的原因主要是EMP途径加强。为此,提出解决方案:在发酵体系中加入EMP途径的抑制剂。所得结果如图7-20所示。通过这种干预,的确克服了代谢流迁移的问题,提高了鸟苷的产量。

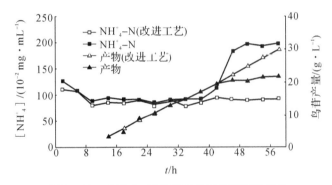

图7-20　改进前、后的产苷曲线及铵离子积累

第二节　发酵过程控制用仪表及参数检测

发酵过程控制是根据对过程参数的有效检测及对过程变化规律的认识,借助由自动化仪表和计算机组成的控制系统,对一些关键参数进行控制,从而使发酵过程正常、高效地进行。发酵过程控制一般包括三个方面:

一是对发酵过程的未来状态和目的产生影响的参数进行控制,如氧气、温度、pH、生物量、产物合成量等。

二是选择性的控制操作,如阀门的开、关,泵的开、关等。

三是控制模型的建立,通过模型可以预测控制操作对发酵状态产生的影响。例如,在通过调节基质的加入浓度和速率来对细胞生长率进行控制之前,需要建立一个能够反映其相互关系的数学模型。

一、发酵过程的控制元件

在标准的搅拌式发酵罐中,通常需要检测温度、压力、pH 和溶解氧等过程参数。标准的实验室发酵设备可以检测的过程参数有反应器中内容物的质量或体积,搅拌器的速度、功率和转矩,氧化还原电位,CO_2 浓度,气体流率,进料量,以及尾气中的 O_2 和 CO_2 浓度等。这种设备上一般配置的控制元件有温度、pH、溶氧控制元件和消泡元件。

配有计算机的发酵过程控制系统可对多个发酵罐进行同时控制。通过计算机控制取样装置,分别对多个发酵罐的发酵液和尾气的组分进行自动分析,分析结果由分析仪器直接传送到监控计算机,监控计算机按照预先设置的程序对这些数据进行分析和处理,并以图形或表格的形式显示出来,以便于操作者对发酵过程进行优化控制。在这一过程中,监控计算机所起的作用有以下几点:

(1)采集和存储发酵过程中的数据;

(2)将存储的数据用图形或表格的形式显示出来;

(3)对存储的数据进行各种分析和处理;

(4)与检测仪表和其他计算机系统进行通信;

(5)对模型及其参数进行识别和判断;

(6)实现复杂的控制算法。

监控计算机应具有尽可能完善的功能和较高的可靠性、一定的升级能力、简单的运算能力、与其他系统进行通信的能力等。

二、发酵罐用传感器

发酵罐传感器可将生理和化学效应转换为电信号,这种电信号可以被放大、显示和记录,并可用作某一控制单元的输入信号,从而提供发酵过程的状态信息,可实现发酵参数的在线检测,克服离线检测中取样分析导致的检测结果延迟和容易染菌的问题。为适应自动控制的要求,应尽可能通过安装在发酵罐内的传感器来检测发酵过程变量。

1.传感器的要求

除了常规要求以外,发酵过程检测用传感器还应具有良好的可靠性、准确性、精确性、分辨率、灵敏度、测量范围、特异性、可维修性,以及较短的响应时间,应该能够起到高温灭菌、处于与外界大气隔绝的无菌状态、防止培养基和细胞在其表面黏附的作用。此外,还应考虑传感器的输出信号。达到这些要求的方法如表 7-5 所示。

表 7-6　发酵罐用传感器的要求

要求内容	方法
防止染菌	采用 O 形环密封,并用蒸汽对环间隙进行灭菌
可靠性和稳定性	(1)采用双检测探头,主要用于发酵过程及灭菌过程的原位检测
	(2)选择能够在温度和压力上满足蒸汽灭菌要求的传感器
	(3)对某一待测参数具有高度的专一性,而且不受其他参数变化的影响

要求内容	方法
可靠性和稳定性	(4)使用中考虑几个因素的影响:①灭菌蒸汽产生的冷凝作用会影响传感器的放大器、变送器和电缆,发酵液的复杂性会带来一系列其他问题;②检测结果会受发酵液、悬浮固体和分散的气泡这三相性质的影响,如细胞、气泡或培养物的碎屑在探头上形成污垢,气泡形成传感器信号的噪声
准确度和精度	"准确度"是指测量值和真实值之间的差异:溶氧检测取决于校准过程的仔细程度、反应器探头的设计形式、在反应器中所处位置;发酵条件变化时,初始校准的有效性也改变,造成检测误差。 "精度"是指在相同的检测条件下,重复使用同一传感器时获得相同结果的统计概率,可用测量值的标准偏差表示
分辨率	"分辨率"是指检测设备能够区分几个相近值的能力。分辨率越高,灵敏度越高,信噪比、仪表的零点漂移程度等会影响分辨率,可以通过调整反应器中传感器的位置或采用适当的电连接屏蔽高频信号噪声干扰;通过定期再校准克服仪表信号输出随时间变化产生连续漂移

2.传感器的分类

传感器的检测对象非常多,主要有数量、长度、面积、体积、位置、含量、线性变化、旋转变化、畸变、压力、转矩、流量、流速、加速度、振动、成分配比、水分、离子强度、混浊度、粒状体、比重/密度、伤痕、湿度、热量、温度、火灾、烟、有害气体和气味等29种。检测手段主要有射线(γ射线、X射线等)、紫外线、可见光、激光、红外线、微波、电、磁和声波等9种。传感器千差万别,种类繁多,有不同的分类方式。

发酵过程中用到的主要在线传感器有以下几种。

(1)pH传感器:一般采用能够进行原位蒸汽灭菌的复合pH传感器。

(2)溶解氧传感器:一般采用复膜式溶解氧探头,实际上是测定氧分压。

(3)氧化还原电位传感器:一般用由Pt电极和Ag/AgCl参比电极组成的复合电极。

(4)溶解二氧化碳传感器:由一支pH探头浸入用CO_2可透过膜包裹的碳酸氢盐缓冲液中构成,缓冲液的pH与待测发酵液中的CO_2存在平衡关系,从而缓冲液的pH变化情况可以间接反映出发酵液中的CO_2分压。

3.传感器的检测原理

传感器按检测原理通常分为以下五种。

(1)力敏传感器:如各种压敏传感器、压差传感器等。

(2)热敏传感器:如温度传感器、热量传感器等。

(3)光敏传感器:如光导纤维、光电管等。

(4)磁敏传感器:如各种利用磁效应进行检测的分析仪器。

(5)电化学传感器:以电化学反应为基础,将非电信号转换成电信号的传感器,如pH传感器等。

4.传感器的构成

传感器的构成主要有基本型、组合型、应用型三类。

基本型传感器是一种最基本的单个变换装置,如热电偶。组合型传感器是由不同单个变换装置组合而成的,如由热电偶和把红外线辐射转换为热量的热吸收体组合,就成为红外线辐射传感器。应用型传感器是基本型传感器或组合型传感器与其他机构组合而成的传感器,如将上述组合传感器应用于红外线扫描机构中,就成为一种应用传感器。

5.传感器的机理

传感器根据机理不同,分为以下几种:结构型传感器、物性型传感器、混合型传感器和生物型传感器。

结构型传感器是基于某种结构的变换装置的传感器,如电容压力传感器就属于这种传感器。当外加压力改变时,电容极板发生位移,电容量发生变化,如果谐振装置中采用这种电容,其谐振频率就会随电容量发生变化,检测谐振频率的变化就能测量压力的大小。

物性型传感器是利用物质具有的物理或化学特性来工作的,它对应力、温度、电场、磁场等有一定的依赖关系,并能进行变换。这种传感器一般没有可动结构部分,易小型化,构成一种所谓的固态传感器。

混合型传感器是结构型传感器与物性型传感器组合而成的一种传感器。

生物型传感器则是利用微生物或生物组织中生命体的活动现象作为变换结构的一部分。这可为生物、医学范围内的研究提供一种有用的传感器。

6.传感器的作用形式

传感器的作用形式主要有主动型和被动型两大类。

主动型传感器有作用型和反作用型两种,它们能为被测对象提供一定的探测信号,能检测探测信号在被测对象中所发生的变化(作用型,如雷达、无线电频率范围探测器),或由探测信号在被测对象中产生的某种效应而形成信号(反作用型,如光声效应分析装置、激光分析器)。

被动型传感器只接收被测对象本身产生的信号,如红外辐射温度计、红外摄像装置等。

7.传感器的变换工作能量供给形式

传感器的变换工作能量供给形式主要有能量变换型和能量控制型两大类。

能量变换型传感器在进行信号转换时,无需另外提供能量,就能把输入信号能量变换为另一种形式能量输出,如太阳能电池和压电加速率传感器。能量控制型传感器在进行信号转换时,需要先供给能量,由输入信号控制供给能量,并检测能量的变化将其作为输出信号,如电阻应变传感器和光电管。

8.传感器的输出信号形式

传感器的输出信号的形式主要有模拟信号传感器与数字信号传感器两种。

模拟信号传感器的输出信号是连续的模拟输出信号。输出信号为周期性信号的传感器实质上也是模拟信号传感器。但周期性信号容易变为脉冲信号,可作为准数字信号使用,因此,周期性信号的传感器可以称为准数字信号传感器,如利用振动的传感器。

数字信号传感器的输出信号是1和0两种信号,其应用极广。两种信号可由电路的通断、信号的有无、绝对值的大小、极性的正负等来实现,如双金属温度开关等。

数字传感器是一种获得代码信号输出的传感器,敏感元件本身为数字的极少,一般与编码器组合而成。

9.传感器的材料

传感器的材料主要有陶瓷、有机高分子材料、半导体、气体等。

三、传感器的选用

传感器千差万别,同种参数的检测往往可采用不同工作原理的传感器,因此要根据需要选用最适宜的传感器。在选用传感器时要从以下几个方面进行考虑。

1.传感器的性能

传感器的性能指标很多,主要包括基本物性指标,稳定性、可靠性指标,环境参数指标。基本物性指标包括量程、满量程输出、灵敏度、线性度、分辨率、重复性、精度、准确度、迟滞、输入阻抗和输出阻抗、过载能力、上升时间、响应时间、谐振频率,频率响应。稳定性,可靠性指标包括可靠性、漂移(时间漂移)、零点漂移、灵敏度漂移、绝缘电阻、绝缘强度、工作寿命、贮存寿命、循环寿命(疲劳寿命)。环境参数指标包括工作温度范围、温度误差、热零点漂移、热灵敏度漂移、振动误差、冲击误差、加速率误差、环境压力误差。

在选用传感器时,须对传感器的性能进行考察,包括精度、稳定性、响应时间、模拟信号或数字信号、输出量及其电平、被测对象特性的影响、校准周期、过输入保护。

2.测量条件

如果误选传感器,就会降低系统的可靠性。为此,要从系统总体考虑,明确使用目的,以及使用传感器的必要性。绝对不要选用不适宜的传感器与不必要的传感器。测量条件包括测量目的、测量参数的选定、测量的范围、输入信号的带宽、要求的精度、测量所需要的时间、过输入发生的频率。

3.传感器的使用条件

传感器的使用条件即设备的场所、环境(温度、湿度、振动等)、测量的时间、与显示器之间的信号传输距离、与外设的连接方式、供电电源容量等。

四、发酵过程检测用传感器

1.pH传感器

发酵液的pH可以指示发酵过程中微生物细胞生长及产物或副产物生成的情况,是最重要的发酵过程参数之一。这是因为每种微生物细胞的生长繁殖均有其最适pH,细胞及酶的生物催化反应也有相应的最佳pH范围。在培养基制备及产物提取、纯化过程中,也需控制适当的 pH。

在选择 pH 传感器时,需要考虑是原位灭菌还是高压灭菌锅灭菌。如果是原位灭菌,电极需安装在专用外壳内,使其灭菌时能耐受高于 1 atm 的压力,防止罐压使物料流入多孔塞中。对于高压灭菌锅灭菌,则需采用特殊的电连接方式,防止电极暴露于高压蒸汽。pH 传感器在使用中的常见问题和解决措施如表 7-6 所示。

表 7-6 pH 传感器使用过程中的常见问题与解决措施

问题	处理措施
发酵液中硫会在横隔膜上形成硫化银沉积	采用无银中间物电解液的双层横隔膜系统;定期更换桥电解质
电极内容物随使用时间或高温灭菌而不断变化	pH 探头时常填充或填满电解液(浓缩或饱和的 KCl 溶液),实际上是参比电极的电解液
灵敏度/斜率下降、响应迟缓、有噪声信号、发生化学破坏等	①响应延迟或灵敏度下降:清洗(10 mmol/L HCl 或胃蛋白酶),浸入 1% 的 H_2O_2 中 1~2 h,可用锋利的刀片刮去外表面的沉积物。②过量噪声:将 pH 探头导线从其他电线处移开。③pH 探头易碎:在发酵罐准备的后期再插入 pH 探头(需要在这里进行校准),在使用后(下罐)拆卸时先取出 pH 探头,运行间歇期间贮存时将传感器置于一个装有专用溶液的塑料量筒内

2.溶氧电极

1)溶氧电极的分类

溶氧浓度的检测方法主要有三种,其共性是使用膜将测定点与发酵液分离,使用前均需进行校准。这三种方法为导管法、质谱探头法、电化学检测法,它们的原理、特点如表 7-7 所示。

表 7-7 溶氧电极的类型

方法	原理	特点	检测对象
导管法	将一种惰性气体通过渗透性的硅胶蛇管充入反应器中。氧从发酵液跨过管壁扩散进入管内的惰性气流,扩散的驱动力是发酵液与惰性气体之间的氧浓度差。惰性混合气中的 O_2 浓度在蛇管出口处用氧气分析仪测定	优点:简便且易于进行原位灭菌。缺点:响应速率较慢;校准时,惰性气体的流动对校准产生很大影响	氧气和任何一种可跨膜扩散的组分
质谱探头法	探头的膜可将发酵罐内容物与质谱仪高真空区隔开	氧气和任何一种可跨膜扩散的组分	

方法	原理	特点	检测对象
电化学检测法	两种市售的探头是电流探头和极谱探头,二者均用膜将电化学电池与发酵液隔开。膜仅对 O_2 有渗透性,而其他可能干扰检测的化学成分则不能通过。O_2 通过渗透性膜从发酵液扩散到检测器的电化学电池,O_2 在阴极被还原时会产生可检测的电流或电压,这与 O_2 到达阴极的速率成比例。假定膜内表面的氧浓度可以有效地降为零,则扩散速率仅与液体中的溶氧浓度成正比,从而使探头测得的电信号与液体中的溶氧浓度成正比	探头实际上检测的是氧平衡分压,而不是溶氧浓度。 　　灭菌前,需要对溶氧电极进行原位校准。零点是通过在发酵培养基进行预先 N_2 脱气来校定的,最大值通过充入空气使培养基中氧饱和来校定	最常用的溶氧检测方法

2)膜覆盖溶氧探头的操作理论

极谱电极或电流电极的阴极、阳极、电解质用一种可透过氧但不能透过大多数离子的膜与测定介质分离开。假如氧从液体介质向阴极表面扩散的控制速率的步骤是透过膜扩散,探头的电流输出与液体介质中的氧的活动或氧的分压成比例,并假设:

(1)膜和阴极间的电解质层厚度忽略不计;

(2)膜表面的氧分压与整个液体的氧分压相同(即探头周围的液体混合良好);

(3)扩散是单向的,即垂直于电极表面;

(4)电极的电流输出与阴极表面的氧流量成比例。

如果在膜周围的液膜中有显著的质量传递阻抗,稳态电流输出就下降,而探头的响应时间则要增加。探头的响应时间取决于随氧浓度的改变而达到稳态电流时所需的时间。

3)溶氧探头的选择

通常希望溶氧探头能够具有如下特性:

(1)电流输出大而且与溶氧张力呈线性关系;

(2)校准后长期稳定;

(3)响应迅速;

(4)液体的流体力学条件对探头性能的影响不大;

(5)探头响应与液温无关;

(6)探头能耐受高压蒸汽灭菌;

(7)残留电流(即在零级氧水平的电流输出)小;

(8)极化电压稳定;

(9)氧不能从内部的电解质反向扩散;

(10)膜机械强度大,呈化学惰性,对二氧化碳有低渗性。

应选用专门设计的用于发酵的溶氧探头,并要求其可耐受湿热灭菌。探头需要有一个适于支撑的足够厚实的膜,用以耐受发酵过程中形成的内外压差。大多数传感器能用于高压灭菌锅灭菌或原位蒸汽灭菌,而且灭菌前不需要进行特殊处理(例如加压)。在有些情况下,对高压灭菌锅灭菌可提供一种特定的防潮电缆连接,而原位灭菌则不需要。有些溶氧电极质量较差,易于出现漂移或响应完全失灵,有的溶氧电极的使用寿命仅有几个月。一种由Ingold公司生产的极谱型溶氧电极性能较好,价格相对昂贵,但一般仅可使用几年。

4)溶氧电极的制备和安装

(1)膜。透气性膜易于损坏或结垢,因而需要经常更换。例如,膜出现问题可表现为探头的漂移、噪声响应或响应滞后。大多数探头使用 $10 \sim 40 \mu m$ 厚的聚四氟乙烯膜,但 Ingold 探头具有一个较厚的硅酮膜,膜一般安装在组件内部并作为整体更换。

使用较厚的膜可在一定程度上防止灭菌或使用时的损坏,但其响应时间较长。向探头中安装膜组件时,须确保膜与探头主体或电极之间没有气泡。仅用简单的橡胶 O 形环密封,在承受压力时未必能保证完全的密封。密封的损坏会导致发酵液进入测量元件而使其给出错误读数,或者使电解液进入发酵液而影响微生物的生长(尤其电流电极中的含铅电解液)。膜易于受到机械破坏——即使一个极微小的孔也会影响探头正常工作。使用传感器时须十分小心,防止它碰到其他物体,在罐的顶盘插入或取出探头时尤其要注意。

(2)电解液。内部的电解液通常应和膜一起经常更换。制造商一般提供溶氧电极专用的电解液,有的实验室也自行制备,即将 202.5 g 醋酸钠、113.7 g 醋酸铅溶于 1.5 L 水中,加入 855 mL 醋酸,加水定容到 3 L。通常电流探头的铅电极应始终完全浸泡在电解液中。可通过定期更换电解液来延长探头的使用寿命。

(3)安装和灭菌。应仔细考虑溶氧探头尖端在发酵液中的位置。有些发酵过程中存在微生物在膜表面生长的问题,从而产生错误读数。如果探头位于一个流动的死角,则丝状真菌等许多微生物会在其表面生长,问题就变得比较严重。探头需在灭菌前插入且密封到发酵罐中。根据所用接线柱的类型,最好在高压灭菌过程中对电导线进行保护。电流探头的导线在灭菌过程中需要进行短接,有助于从传感器内部除氧(有时也称作"去极化"),否则需要几小时才能得到正确读数的稳定期。

5)溶氧探头的使用

使用溶氧探头时,对读数产生影响的有三个物理参数,即搅拌、温度和压力。具体影响情况如表 7-8 所示。

表 7-8　影响溶氧探头读数的因素

影响因素	原理	影响规律	解决措施
搅拌	探头信号与氧向电极表面传递的速率成比例,氧的传递速率受氧跨膜扩散速率控制	氧跨膜扩散速率与发酵液浓度成比例,其比值(以及探头的校准)取决于总传质过程	对探头进行最初校准的过程中,必须对发酵罐进行搅拌

续表

影响因素	原理	影响规律	解决措施
温度	影响氧的扩散速率	探头的信号随温度升高而显著增强。即使 0.5 ℃ 左右的温度变化，也会使探头信号发生显著变化（超过 1%）	在以发酵罐的操作温度进行控制以前，须对溶氧探头进行校准，使用自动温度补偿的溶氧探头
压力	探头的响应主要由溶液的平衡氧分压确定；发酵液中气泡压力改变会影响溶氧张力，进而影响探头读数	实验室规模发酵罐中，流体静压不会显著地影响气泡压力，但压头改变则对其产生显著影响	对溶氧探头进行校准：①在大气压下对探头进行校准；②在预期操作压力下对探头进行校准；③根据氧分压或溶氧活度给出所有结果，基于校准条件下的计算值进行校准；④在向发酵罐接种前需要对氧探头进行校准；⑤响应时间延长是探头老化的标志之一，有报道称清洗电极可以延缓探头老化；⑥对于玻璃发酵罐的极谱型溶氧探头，当太阳光直射在 Ag/AgCl 参比电极上时，会引起电流的微小变化，从而引起检测结果的波动

3.氧化还原电位电极

发酵罐中通常配有可加热灭菌的氧化还原电位电极，其主要用于测定发酵液的氧化还原电位（ORP）和低溶氧浓度。

1）发酵液中氧化还原电位的检测意义

发酵液中的情况较为复杂，除了在发酵过程的末期（可能是指细胞生长死亡期），培养基并不处于氧化还原平衡状态。通过将内部的氧化还原反应与其他代谢过程（如 ATP 的合成）相耦合，细胞可获得能量用于维持和生长。所测电位反映了在铂表面反应进行最快的氧化还原电对，尽管它很可能不会与其中任何一个电对精确地处于平衡状态。根据这种电极信号反应，可以检测不确定的以及可能正在变化的化学物质的相对浓度。

ORP 电极可用于检测痕量的溶氧，可以得到一些处于溶氧电极检测范围之外的测量值。即使培养基中仅含有痕量氧，也可能会产生某种信号。氧气在铂电极上发生反应，O_2/H_2O 氧化还原电对的氧化性要远大于培养基中存在的其他物质。但是，其他一些物质可能会对读数产生干扰。ORP 电极对于严格厌氧条件的确定相当有用，其电位可以小于 −200 mV。ORP 电极主要检测 10 μmol/L 以下的低溶氧浓度，这一性质也可用于评价厌氧过程的质量。已有使用装有 ORP 电极的闭环回路控制来优化柠檬酸生产过程的报道。常用的 ORP 电极的检测范围为 −700 ～ +700 mV，灵敏度为 ±10 mV，响应时间为数十秒至数分钟，精度为 ±0.1% FS（满刻度）。

溶液的 ORP 值不仅取决于溶氧值,还受温度 T 和 pH 的影响。与 pH 电极相比,ORP 电极在校准时非常稳定,但在检测前需要较长的时间与发酵液达到平衡,因而需要使用电极进行连续的原位在线检测。ORP 电极测得的 ORP 与电子总数有关,而不是与特定的化合物有关。特别是在 pO_2 传感器信号变得不精确时的微好氧条件下,胞外的氧化还原电极检测很有益。因为无须跨膜扩散,这种电极的信号产生速度比 pO_2 传感器快。pH 是 ORP 的一个决定因素,因而 pH 的改变会引起 ORP 信号的变化。

ORP 电极可用于检测氢浓度。很多情况下,$H_2/2H^+$ 是占优势的电对。氢气在铂电极上能很好地发生反应。在许多厌氧培养基中,氢气浓度通常很高。溶解氢水平可以有效地判断这类发酵的状态,但是检测结果易受干扰。如果氢含量较大,可采用膜入口质谱法进行检测。

2)氧化还原电位电极的工作原理

ORP 定义为电化学电池应用的电压,以使阳极发生氧化反应,而阴极发生还原反应,这一电压可通过检测置于溶液中的电极得到的电位来确定,这一电位足以阻止电子在氧化还原反应中的氧化组分和还原组分之间的传递。

发酵过程中 ORP 可用连接参比电极的铂电极来检测,这取决于发酵培养基中发生的氧化还原反应,其中包括一种物质氧化放出电子,另一种物质得到电子而被还原的可逆反应。可用标准吉布斯自由能热力学数据来计算任何给定反应的 ORP。理论上讲,ORP 的计算可以为限定的生物学系统的平衡反应物和产物浓度提供有用的信息。发酵条件下实际测得的 ORP 值是相当不确定的。测得的 ORP 值通常是发酵液中存在的多种氧化还原反应的复合结果。

在最佳条件下,ORP 可以给出反应物浓度和产物浓度的准确比例,但这需要对所有的化学反应都进行明确的限定。事实上很难做到这一点,因为培养基的成分常常不能充分限定,它们会在发酵过程中随时间而发生变化。ORP 还受其他基质的影响,而这些基质也常常是不明确、不可控制的。此外,ORP 电极只能检测发酵液中的 ORP,而不能检测微生物细胞内的 ORP,而后者往往具有更大的生物学价值。

在某些应用中,尤其是在低溶氧条件下,ORP 与发酵产物的生成相关,但这一方法的应用还完全是经验性的。在废水生物处理的应用中,ORP 和 BOD(生物需氧量)、COD(化学需氧量)和 TOC(总有机碳)的含量相关。控制 ORP 的方法是调整进入生物反应器的空气或氮气流,或者添加化学还原剂。

3)ORP 电极的常规操作、灭菌和使用

常用的 ORP 电极是一种包含一个参比电极的组合电极。指示电极是直接暴露于培养基中的铂丝或铂环,参比电极与 pH 探头使用的参比电极相同:置于电解液中的 Ag/AgCl 或甘汞电极,通过多孔塞与培养基相连。发酵过程中需使用特定的可蒸汽灭菌的电极。

在发酵的间歇期间,电极需用蒸馏水清洗并置于其中保存。如果铂电极表面发生有机物的堵塞,则需将电极浸入浓硝酸溶液中进行清洗。

测试:pH 电极不同,ORP 电极的零点和斜率一般不会随时间发生变化。因此一旦对仪表进行了校准,只需时常检查即可。如果使用不同的参比电极或电解液,给定溶液的电位读数会因使用不同的电极而有所不同。因此,必须对实际的电极电压进行校准,以达到这一绝对刻度下使用的参比电极的电位。校准可以通过电校正(有时采用仪表的零位调整)或简单的电位增加来进行。如果不进行校准,电压读数则不准确或无意义。

校准:传感器制造商通常会提供必要的校准措施。或者,如果参比电极的性质已知,即可从 ORP 表中查到(例如,Ag/AgCl 电极在 3mol/L KCl 溶液中是 244 mV,这是相对于标准氢电极来讲的,因此需将这个值加到原始电极电位读数中去)。可采用下述操作步骤来实现初始的校准:在控制温度(通常为 25℃)下,通过搅拌将过量的氢醌溶于缓冲液中,使一种或几种标准 pH 缓冲液饱和。将电极浸入每种溶液中,记录读数,绝对电位(即校准为标准氢电极)在 pH 为 7、温度 25℃ 时为 +285 mV,此时,pH 每降低一个单位,电位升高 59.1 mV。如果读数偏离正常值 5 mV 以上,很可能是使用了一个不恰当的参比电极。

4.菌体浓度和生物量的检测

1)菌体浓度的检测

菌体浓度的测定可分为全细胞浓度和活细胞浓度的测定,前者的测定方法主要有湿重法、干重法、浊度法和湿细胞体积法等;后者则使用生物发光法或化学发光法进行测定,例如,可通过对发酵液中的 ATP 或 NADH 进行荧光检测而实现对活细胞浓度的测定。

生物量和细胞生长速率的直接在线检测,目前尚难以在所有重要的工业化发酵过程中应用。最普通的离线检测方法是细胞干重法、显微镜计数法和光密度法。光密度法有时也可实现生物量的在线检测,其他的生物量浓度在线检测包括浊度、荧光性、黏度、阻抗和产热等的检测。此外,通过气体平衡得到的氧气消耗速率和氧/生物量的产量系数(kg/kg)也可以估算生物量的产率,也可以利用测得的消耗的基质、氮源或生成的 CO_2 的质量来确定生物量。

许多市售的生物量传感器是基于光学测量原理制成的,也有一些利用过滤特性,细胞引起的悬浮液密度的改变,或悬浮的完整细胞的导电(或绝缘)性质改变。大多数传感器测量光密度(OD),一种是测量发酵液的自动荧光(荧光传感器),另一种是电容传感器。常见的菌体浓度的检测方法如表 7-9 所示。

表 7-9 菌体浓度检测方法

方法	原理	注意事项	适用范围
光密度(OD 传感器)	基于对光的透射、反射或散射而实现测定	适用于 E. coli 等球形细胞;气泡或细胞以外的颗粒物会对检测结果产生干扰	基于光密度测定原理的流通式浊度计:全细胞浓度测定(高达 100 g/L 的细胞浓度);以激光束作光源:细胞浓度 0~200 g/L(湿细胞),精度为 ±1% FS,响应时间为 1 s
电性质	低无线电频率下悬浮液的电容与由极性膜(即完整细胞)封闭的液体组分中悬浮相的浓度	在高密度培养时用在浓缩培养基中很容易达到极限电导率;气泡在检测过程中也会产生噪声	电容为 0.1~200 pF,无线电频率为 200 kHz~10 MHz

方法			原理	注意事项	适用范围
热力学			微生物生长过程中的净放热量取决于生物量浓度及细胞的代谢状态;量热法估计总生物量(或活生物量)	适用于杂交瘤细胞等生长缓慢的细胞,或者生长量少的厌氧细菌;在计算生物反应的热通量时,需要知道搅拌器的耗热或水蒸发的热损等各种热通量	用微量热法、流体量热法、热通量量热法检测,其中以热通量量热法最好;动态热量计测定反应器和夹套的温度;发酵规模越大,热通量量热法就越简单
菌体量	重量法	干重法	100 mL 发酵液中可得干燥菌体 10～90 mg;菌体分离可采用滤纸过滤法或离心分离法收集菌体	①有时过滤前需对发酵液进行处理:培养时如果用碳酸钙作中和剂,应先用盐酸或醋酸溶解;②液体黏度高时,可以加热、添加絮凝剂[每升 1～3 克 $CaCl_2$ 或 $Al_2(SO_4)_3$]及加酶水解等,可加助滤剂;③干燥时,高温下部分细胞成分发生分解,并失去水分以外的挥发性成分;氧化会引起挥发性成分的增加,结果就与低温(40℃)减压恒量干燥相近;冷冻干燥时细胞浓缩至 610 nm 下 OD 值为 10 较好,取 3 mL 浓缩液放入称量瓶(内径约 40 mm)	深层滤纸法:用定性、定量的纤维素滤纸和玻璃纤维滤纸能使颗粒保留于滤纸的纤维基质内;表面滤纸法:用醋酸纤维素和硝基纤维素制成的薄膜滤纸,使菌体颗粒保留于孔径均一的薄膜表面。常用滤纸的保留性能:薄膜滤纸,0.1～0.5 μm;玻璃纤维滤纸,0.7～2.7 μm;定性、定量纤维素滤纸,2.5～25 μm。离心分离法:酵母,1 200～3 000 g;细菌,5 000～8 000 g,5～10 min。干燥条件:通常 105℃常压干燥、80℃或 40℃下的减压干燥以及冷冻干燥。105℃下,达到恒量的时间通常在 3h 以内。温度每下降 10℃,干燥时间则延长一倍
		湿重法		需先计算出湿重和干重之间的关系;在含有液体烃类的发酵液中加入乙醇、丁醇、三氯甲烷混合液(10:10:1),放入带有活栓的离心管充分振荡,在 4 500 g 下离心分离 10 min,用水清洗一遍,在 105℃下干燥至恒量	湿重法:滤集 20～50 mL 发酵液中菌丝,夹入 2～3 枚重叠的新滤纸中间吸水,反复 2 次,湿重相当于干重的 2.5～5.0 倍

续表

方法		原理	注意事项	适用范围
菌体量	比浊法	光密度（OD）的值与光束和样品中细胞间的角度、光的波长、细胞的形状、细胞的平均大小与分布，以及培养基的折射率等因素	过了培养中期，测定值会超出满足上述线性关系的范围。菌株、培养条件、测定条件（光电比色计、试样细胞、波长）与作标准曲线时相同，仍用同样的稀释液稀释至吸光度至 0.3 以下再进行测定；培养条件、测定条件改变时，应改用新标准曲线	多使用 $500\sim660$ nm 范围波长的光；使用较多的波长是 610 nm 或 660 nm；培养中如发生凝集，可加入阴离子性或非离子性表面活性剂（Tween，Triton 系列）
	填充容量法	细胞量：用带刻度离心分离管进行检测；细胞间容量：在细胞膜中加入膜不透过性溶质，如菊粉、糊精或聚乙烯吡咯烷酮，再进行离心分离，弃去上层清液，用稀释法测定细胞间的这些溶质	离心填充过的细胞与细胞间的容量会因容器的形状和悬浊液的组成而变化；NaCl 溶液中细胞间容量变大	最小刻度单位为 0.01 mL。5 mL 容量可读至 0.1 mL 的离心管适用于细菌、酵母及孢子；10 mL，最小刻度为 0.1 mL 的离心管适用于菌丝。酵母的离心条件为 1 200 g，10 min。为换算成干重，用部分发酵液先求出填充容量与细胞干重的关系。此法需细胞浓度大到一定程度：酵母 >10 mg/mL
	间接测定法	全氮测定法：微量扩散法能够测定 1 mg 细胞，通常 10 mL 的试样即够用	单位细胞的氮含量会随培养时间及营养条件而改变	推定菌体量时需注意氮含量的范围，细菌为 $6.5\%\sim13\%$，霉菌为 $4.5\%\sim8.5\%$
		根据其他细胞成分进行测定：可根据核酸、二氨基庚二酸、过氧化氢酶等细胞成分的定量测定来实现间接测定	测干重时常将细胞外成分同时分离称量进去，因此有人提出了分析细胞成分的方法	测定曲霉细胞壁中葡萄糖胺：在米曲中加入 4 倍量的水，加入消化酶（淀粉酶）将玉米淀粉消化过滤，再用盐酸分解，使用 Dowex 50 型树脂将游离玉米的葡萄糖胺定量分离，进行比色定量。每单位菌体的葡萄糖胺含量为 110 μg/mg。有时也将试样中核酸在 0.5N 高氯酸中加热抽提出，由抽提液在 260nm 下的吸光度算出菌体的量
		由细胞外的物质变化来推定	在培养范围内，胞外物质变化与菌体生物量的变化成比例；这种方法适用于固体培养，与培养物的产热量成比例，因此可使用热量计	根据培养基质的减少和产物的增加推定培养细胞的浓度，其中应用较多的是氧吸收速度[mL/(g·h)]。在大型发酵罐中，可由进气、出气氧浓度的差来连续测定。少量培养时可用瓦勃氏测压法

续表

方法		原理	注意事项	适用范围
菌体量	细胞数的测定	Thoma 的血球计数板、库特氏计数器（Coulter counter）的总悬浮颗粒测定法，根据生物学方法测定活菌数的平板计数法、最大可能数（MPN）法、延缓增殖时间法等	延缓增殖时间法：适合于测定形成链状的细菌，或附着于不溶性载体上培养的生物量	Thoma 血球计数板：换试样重复 2～3 次，再求平均值
		Coulter 计数器法：脉冲的大小与颗粒直径的关系由市售的标准颗粒决定	Coulter 计数器法：悬浊的液体或培养基，应事先用 0.25 μm 细孔的薄膜滤纸除去杂质；溶液中只需含有相当于生理盐水的电解质，待测试样需进行适当稀释。试管不用干燥，带水保存	Coulter 计数器：细胞直径为开口直径的 2%～10%，细菌和酵母开口为 50 μm 的细管较好
		流式细胞仪：利用荧光使 DNA 分子染色，然后测定染色后细胞发出的荧光强度分布，最后推定上述细胞特性	流式细胞仪：利用荧光使 DNA 分子染色，然后测定染色后细胞发出的荧光强度分布，最后推定上述细胞特性。流式细胞仪结构复杂，价格高，在普通的发酵实验室或生产部门尚未普遍使用	流式细胞仪：利用荧光使 DNA 分子染色，然后测定染色后细胞发出的荧光强度分布，最后推定上述细胞特性

5.发酵过程中其他参数的检测

发酵过程中温度、压力、黏度、溶解 CO_2、泡沫、离子、荧光团、流速、发酵液液量、尾气和软件传感器等的检测方法如表 7-10 所示。

表 7-10　发酵过程中其他参数的检测

参数	检测用传感器	发酵罐的检测方法	安装方法	使用范围
温度	0～130 ℃：热电偶或基于电阻变化的温度计，铂电阻（Pt100 或 Pt1000 传感器：0℃ 时电阻分为 100 Ω 和 1 000 Ω 两种）	玻璃温度计、热电偶、热敏电阻、热电阻温度计	将温度计安装在位于反应器内的不锈钢夹套内，采用 O 形环密封系统实现无菌操作	温度的测量范围较小时，热电阻检测器（RTD）比热电偶更灵敏：其原理是所用的材料如铂或镍的电阻随温度变化而变化

续表

参数	检测用传感器	发酵罐的检测方法	安装方法	使用范围
压力	可灭菌的压力传感器有多种,包括压阻式、电容式、电阻应变计压力传感器等	原理:压电现象,即施加于不对称晶体上的压力会产生弹性形变,形变可产生电流;可变电阻:半导体触片上的弯曲影响其电阻系数;使用振弦:弦张力的变化可改变共振频率,频率通过脉冲率变化测定	压力可根据将横隔膜表面暴露于发酵罐内的反应特性进行检测,横隔膜通过法兰或螺纹旋塞穿过罐壁安装。	发酵罐
黏度	检测发酵液流变化特性;可采用毛细管黏度计和旋转黏度计	取样管路流过旋转黏度计或毛细管黏度计	略呈球形的酵母菌的稀薄悬浊液为牛顿流体;而真菌和放线菌的发酵液为非牛顿流体;发酵液中有多糖类时,发酵液为非牛顿流体	毛细管黏度计有 Ostward 型黏度计和 Ubbelohde 型,适合测定非牛顿流体。低黏度的试样,难于进行高精度的测定。靠近内筒部分测定过程中试样的温度会发生改变,应十分注意
溶解 CO_2	使用高透气性膜可以快速达到平衡,溶解 CO_2/重碳酸盐溶液的平衡分压与某一特定 pH 相一致	可用于蒸汽灭菌的溶解 CO_2 传感器	与 pH 计类似	存在与 P_{CO_2} 响应的形态学变化、生长速率及代谢速率的变化;测定范围是 $1.5 \sim 1\ 500$ g/m^3,精度为 $\pm(2\% \sim 5\%)$ FS,响应时间为数十秒至数分钟
泡沫	泡沫检测探头	传感器有电导、电容、热导、超声波、转盘等类型		防止由随机的喷溅作用引起的消泡剂的过早添加或不必要的添加,同时避免化学制剂的浪费
特定的无机离子	离子选择性电极	选择性气敏电极用于检测溶解的氨、CO_2 及氧化氮的浓度	离线检测发酵液中,如 NH_4^+、Na^+、K^+、Mg^{2+}、Ca^{2+}、SO_4^{2-} 和 NO_3^- 等离子	离子及气体
胞内或胞外的荧光团	NAD(P)H 相关的发酵液荧光	定量分析细胞活性或细胞浓度		用于代谢研究:NADH 在 360 nm 处可激发出能在 460 nm 处检出的特征性荧光,而 NADH 又与细胞的异化、同化及呼吸功能紧密相关

参数	检测用传感器	发酵罐的检测方法	安装方法	使用范围
流速（流量）	①培养基和液体流量：流量计，有液体质量流量计、电磁流量计、压差流量计、漩涡流量计和转子流量计；②气体流量计：体积流量型气体流量计、质量流量型气体流量计，利用液体的质量、导电性、电磁感应及导热等特性而设计	压差流量计是使用孔板测定流体通过的压差，利用压差与流速的物理关系，即流速与压差的二次方根成正比而实现测量的	安装在流体的流程上；液体质量流量计（储罐重量的减少量或收获罐重量的增加量对时间求导即得质量流量，适用于清洁液体）、电磁流量计（适用于含颗粒液体，需要一最小流量，液体中需含有离子）	长期使用易于结垢或造成孔的磨损，从而导致精确度下降。实验室小试和中试规模发酵系统：多用转子流量计，其标准刻度是在20℃和标准大气压下标定的；工业生产规模：体积式流量计、同心板压差式流量计
发酵液液量和液位检测	重量法：称重感应器；液位法：液位和泡沫高度检测方法有压差法、电容法、电导法、浮力法、声波法	液量可用重量法；泡沫高度用电极探头测定法和声波法	发酵罐的上下两点或三点间的压力、电位变化，声波从气液界面反射回到设备所用时间	小型发酵罐：安装于天平或称重传感器（load cell）上的发酵罐；较大的反应器：较多的称重传感器
尾气分析	色谱仪：乙醇、丁醇-丙酮、乙醛、杂醇、CO_2、高浓废水的组分、头孢菌素、青霉素、前体物质、萘磺酸、氨基酸、烷、链烷酸和糖等多种物质；质谱仪（MS）：MS主要应用于 O_2、CO_2、N_2、H_2、CH_4 或 H_2S 等气体及挥发分（如乙醇，3-羟基丁酮，丁二醇，羧酸）的在线检测及定量分析	磁偏转质谱仪和四极子质谱仪	尾气出口处	尾气氧分压的检测：磁氧分析、极谱电位法和质谱法；尾气 CO_2 分压的检测：红外线 CO_2 测定仪
软件传感器	呼吸商（RQ）：根据相关的物理测量来计算目标变量的虚拟传感器，它利用一个可靠的模型来关联测量变量和目标变量，用于描述发酵过程中培养物的生理学状态	当氧化还原电位上升（线性上升）而氮源保持恒定时，氧吸收速率下降（下凹）。结合各种状态变量或导出量的轨迹趋势，即可定义某种生理学状态	如果当前的测量值与任一最好的参考设置值相匹配的匹配程度超出某一预定值（如60%），软件传感器即可自动识别一个截然不同的生理状态	用于碳回收的计算；用于发酵过程的定量代谢研究和工艺开发

第三节　发酵过程的控制方式

优化控制或自适应控制是根据过程中有关参数变化的综合结果，自动改变关键参数的调整点，使发酵过程在最佳工况下运行，通常可以得到最高产率和最佳经济效益。

为了对发酵过程实现优化控制，必须有一个可靠的、能够反映过程中各参数变化规律及其相互关系的数学模型。优化控制一般采用非结构模型，优化控制的范围和控制精度与模型的完善程度和使用范围有关。

发酵过程的复杂性，各参数之间的严重关联，以及过程的非线性、时变性和传感器的缺乏，给发酵过程的优化控制带来了特殊困难。但是，智能控制理论（如专家系统、模糊控制和人工神经网络）的迅速发展，及其在发酵过程状态估计、发酵过程建模及实时控制中的应用，已经为发酵过程的优化控制和辅助操作开辟了新的途径。例如，根据可检测的 pH、尾气中 CO_2 浓度、DO 及其变化率等构成模糊模型，可用于预测发酵过程的染菌状态，从而及时预报染菌，以便及时采取相应措施。

一、发酵过程控制系统组成

1. 自动化常规控制系统

自动化常规控制系统是利用简单的反馈原理，对控制参数（如料液在节流控制阀类执行机构中的流速）进行调节，以使其检测值趋近于调整点。随着机械、气动、电子、数字的系统的不断发展，控制理论与实践已经发展到很成熟的阶段。其中最常用的为单级控制系统。

单级控制的基本构件是 PID（比例-积分-微分）控制器。在控制过程中，控制器中的比例项的作用是对操作参数加以调整，从而校正检测值与目标值或设定值间的偏差；积分项将比例项的作用延续，直至检测值达到设定值；微分项则对由操作参数响应检测作用延迟而引起的误差进行补偿。这种控制器在线性单参数控制系统中的应用是相当有效的，这种系统在操作参数的作用与响应检测之间没有延迟现象（死时间）。大多数单回路控制系统都有这种性能。

在对 pH 值或动力学随时间变化的高度非线性的过程进行控制时，需要对调节参数进行调整，从而对变动的过程动力学进行控制。利用自调节控制器可以解决这一问题，这种控制器能够按照专家规则（expert rule）对 PID 设置进行动态重调节。许多用户也根据这种原理来确定线性系统的最佳设置。目前已有一种可以根据接收检测信号的类型对控制器的调节参数进行自动调节的控制系统问世。

当受控过程存在显著的死时间时，控制过程会变得更为复杂。一种方法是，在操作参数与控制参数之间插入一种以模式预测器（如 Smith 预测器）为基础的简单校正算法，将其与常规的控制器并行使用，从而可根据操作参数随时间变化的情况来对控制器的检测信号进行调节。如果调节适当，预测器即可正常工作，但这种预测器对过程动力学的变化很敏感。另一种方法是使用标准的 PID 控制器。它在回路的外部复位反馈部分加上了死时间控制功能，从而使其对过程条件的变化不再像第一种方法那样敏感。

2.动力学模型控制系统

可以使用某种动力学模型来对发酵过程及过程参数进行控制。例如,生长速率控制器就是一种使用了实验模型的控制器,它可以根据 CO_2 的产量来计算微生物的生长速率。通过调节营养物流量来对生长速率的检测值与设定值之间的偏差进行校正。自适应 pH 控制中所用的是一种描述 pH 响应与酸、碱添加量间关系的过程控制模型。可见,在发酵过程检测及过程参数控制的自动化系统中,需要一种容易实现这些模型的软件结构。

将单级控制器与信号表征器、动态补偿器、加法器和乘法器等计算单元结合使用,可以构建出一种能够对一个或多个控制参数的调节量进行预测的控制系统。例如,级联控制等较为简单的控制系统,可将控制参数的测量值与设定值间偏差的影响最小化。与此同时,动力学模型可预测出过程条件的未来变化情况,从而使系统能够根据主要指标的变化情况对调节过程中的误差进行补偿。发酵过程建模的具体内容见第九章。

3.多参数控制系统

多参数控制系统中应用一组非线性时间关系方程描述过程,并根据输入量的变化情况,提出多组输出量的操纵方式。最早用于自动化确定控制参数和操作参数的非线性方程系数的方法是动态矩阵控制法(DMC)。这一方法打乱了每个操作参数,并确定了相应的控制参数响应。一旦建立起这种模型,就可以将信息以相对收益矩阵来表示,并对校正、改变过程条件时要进行的控制操作进行预测。将含有动力学补偿的 DMC 进行适当调整后,可用预测器校正算法对过程动力学的经时变化进行补偿。多参数控制技术已成功用于石油工业的催化裂化等反应过程的控制。

批量控制(batch control)就是一种多参数控制,通常是多组时间相关的控制系统的总称,它的主要功能包括:

(1)状态参数的控制,如螺线管的开启和闭合,电动机的启动和停止,包括定时电路(这一电路可在当规定时间内控制作用未获得特定的结果时报警)的使用。

(2)装置系统的连接、程序化及协调作用,以确保其正常、协调地运行。例如,将排水泵与排出阀的孔口相连接,并对两者的状态变化进行协调,使其可将适量的物料从一个容器输送到另一容器。这一过程可能涉及加法器的复位和启动等作用。

(3)根据指定的时间变化曲线对选择的过程参数进行修正。例如,调节反应器的温度,使其与指定的曲线相符,或者定时、周期性地向生物反应器中添加营养物。

(4)驱动操作的进行。例如,当系统检测到泡沫过量时,立即添加消泡剂,或者当放热反应超出控制范围时,启动紧急中断程序。

(5)使一系列操作能够协调进行,从而使发酵罐内容物产生所需要的变化。通常可将上述各种作用结合起来。

美国仪表协会在一份控制技术规范的说明书中,把批量控制分解成几个分级的作用,每一级(level)的作用均有各自的范围和问题。其目的是将控制问题的性质限定在每一级,并对每级中所需要的控制操作和信息管理工具加以定义。这种分级一旦得到限定之后,就可以采用构件块的方法进行控制,其中,高级控制以低级控制为基础。如回流冷凝器控制策略的制定,即取决于节流控制策略的制定,从而获得适当的温度控制;同时,它只对与所需作用相关的装置(如 PID 控制器)进行控制。

目前,有关批量控制的分级情况如下:

(1)回路/装置,元件级,指与过程直接接口的实时装置;

(2)设备模块级,它将回路与设备结合使用以执行某一设备的功能,如反应器中的回流冷凝器;

(3)单元级,它对设备模块进行协调,从而实现对过程单元的控制;

(4)系列/线路(train/line)级,它对一组单元进行协调,从而生产出一批特定产品;

(5)区域级,它对系列/线路级产品的生产过程进行协调,以确保原料的充足供给及基本设备的最佳利用;

(6)工厂级,将会计报表、质量控质、库存管理、采购等功能与生产过程相结合;

(7)合作级,对多个工厂进行协调,以确保产品生产与市场需求和金融目标的适当平衡。

4.人工智能控制系统

近年来,人工智能在生物反应器系统控制中的应用备受关注。例如,专家系统和神经网络系统已得到研究和开发。

专家系统通过推理机(正向链接和反向链接算法)将知识库(储存的知识和规则)与过程规律结合起来,当不能推导出正确答案或信息看起来自相矛盾时,专家系统可从大量的选择中选出最好的或最合理的方法。

神经网络在某些优化过程中的应用得到了深入研究。它是一种通过模仿人脑作用方式的方法来解决问题的技术。用统计程序和反向传播算法(BP)对交联回路(方程)进行闭包,根据权重函数解析每个交集。使用神经网络的主要优点是,不需要模型(通过调整权重函数,可以使算法学习变得比较容易)。用户只需将因果数据提供给系统,程序就能利用数据学习关系并对过程建模。给定的目标函数选择原因(操作参数)的改变,可用于获得最佳的结果或效果(控制参数)。

神经网络模型可用于预报生化反应状态是否正常,预测微生物的生长阶段、代谢状态、生物量、基质和产物浓度,以及反应过程中各种抑制状态的产生等。例如青霉素发酵过程的补糖控制,用神经网络模型来判别发酵阶段,根据不同的发酵阶段采用不同的敏感参数,如 pH、CER(CO_2 释放速率)和 DO 等组成不同的补糖修正算式,控制补糖速率,从而保证获得高的发酵效价。

麻省理工学院的杰出工程研究中心(BPEC)对生物反应过程的高级计算机控制进行了研究,并试图使其商业化。为此,他们开发了相关的专家系统和人工神经网络。例如,已成功开发出生物过程专家系统。

5.分布式控制系统(DCS)

随着对生化反应过程的生理学和反应动力学方面的研究不断深入,以及反应过程的检测系统的不断改进,对能够执行分批协调控制策略的先进控制系统的需求日益增大。体现当今控制系统技术水平的 DCS 可以实现上述控制策略。计算机、通信和软件技术中的技术突破促进了 DCS 的发展。

DCS 主要由五个子系统组成:

（1）过程接口，其作用是从检测仪表中收集过程数据，并将信号传送给泵、电动机和阀门等执行机构。

（2）过程控制，其作用是对来自过程接口子系统的信息进行变换，并按照内存中的预编程算法和规则对将被传送到过程接口子系统的信号进行判定。

（3）过程操作，其作用是与各级操作人员进行通信，通信内容包括数据显示、报警、过程参数及活动的趋势、报表汇总、操作指令及规则。同时也对过程操作及批次产量进行跟踪监视。

（4）应用引擎，它是控制系统中所有程序和程序包的储存库，是程序语言编辑器的显示和报告配置，是数据管理器和电子数据表等专用软件包的程序库，是归档的过程信息储存库的优化或专家系统程序包。

（5）通信子系统，它能使信息在各种 DCS 子系统之间，以及在 DCS 与其他计算机系统之间流动，如实验室信息管理系统（LIMS）、工厂库存管理及调度系统（如 MPRⅡ）、工厂维护系统和商业系统等之间的信息流。

DCS 的 5 个子系统整合成一个有机的整体，大大地提高了自动化水平，从而可提高生产过程的产品质量、产率及经济性。

二、发酵过程的控制方式

发酵过程中存在着细胞生长、基质消耗和产物生成等多种过程，因而发酵液的性质随时间不断发生变化，可见，发酵过程具有连续的瞬变性质。但这并不意味着发酵过程只能应用自适应控制，事实上许多发酵系统中仅应用反馈控制。发酵过程的控制主要包括温度、pH、溶氧浓度（具体是通气量与搅拌速度）、基质和细胞浓度等的控制。无论是间歇式或连续式生物反应器都包括从培养基的配制、灭菌、接种到产物分离纯化等一系列过程。为实现高产低耗和安全操作，便于实施工程管理，通常可使用定序器进行程序控制，或使用计算机系统进行自动或半自动化的监督控制。表 7-11 中列出各种发酵过程参数的常用控制方式。

表 7-11　发酵过程的控制方式

参数	控制方式
气流	调节反馈控制（P,PI 或 PID）
搅拌速度	调节反馈控制（P,PI 或 PID）
压力	调节反馈控制（P,PI 或 PID）
温度	反馈控制（P,PI,PID 或开/关），前馈控制与反馈控制的结合，自适应控制
pH	反馈控制（P,PI,PID 或开/关），自适应控制
泡沫水平	开关反馈控制，营养物流量（流量控制），反馈控制（P,PI,PID 或开/关），前馈控制与反馈控制相结合
营养物流量（重量测量）	包括调节反馈控制在内的非标准控制

续表

参数	控制方式*
溶氧浓度	(多参数)2级控制
尾气中 O_2/CO_2 浓度	(多参数)2级控制
估计参数/导出量/模型	(多参数)2级控制和3级控制
离线检测参数	(多参数)3级控制

*控制方式分别为比例控制(P)、比例-积分控制(PI)、比例-积分-微分控制(PID)。

1. 程序控制

程序控制是对运行过程按时间先后设定其操作顺序,并依次进行控制的,主要包括顺序控制、时间控制和条件控制等三种。在生化反应器间歇操作的程序控制中,部分程序可以进行自动控制,有时需要操作人员根据实际情况进行人工操作。"清洗"操作可由定时器操纵控制台接口程序(CIP),从而进行自动清洗。但从"发酵"操作到"排料"步骤,则需操作人员根据发酵液的目的产物浓度、残糖浓度及生物细胞活性等数据,确认发酵结束,才启动执行"排料"操作。

2. 常规控制与优化控制

通常,工业生产规模的间歇式发酵过程的计量仪器、仪表装置要比连续过程复杂得多。为了防止错误操作和减轻劳动强度,往往把程序控制和反馈控制结合使用。一般通过便于检测的参数来推测微生物细胞的浓度或产物的积累,或计算出与微生物活性或代谢相关联的参数(如耗氧速率、呼吸商等),进而对发酵过程进行调节和控制。应用计算机技术可以比较容易地实现这一控制。如果能对发酵过程建立一个良好的模型,就有可能进行高级控制,从而实现对发酵过程的优化控制。

目前具有控制功能的单回路控制器或程序控制器或兼具这两种功能的控制装置已大量应用。应用微处理器进行温度、pH等的二位式调节和PID调节控制,可获得较好的效果。但由于发酵系统涉及的生化反应极其复杂,而且检测生化物质的传感器仍有待改进和开发,因而目前要对发酵过程实现全面、准确的参数检测仍有困难,这对高质量的最优控制的实现是一个重大障碍。近年来,对酵母培养、抗生素发酵和谷氨酸发酵等过程的计算机优化控制的研究有许多报道。由于生物催化剂含有许多未知的不确定因素,因而对于不同的目标,相应的操作条件及控制方式也不尽相同。一般来说,发酵过程的优化控制包括以下方面:

(1)明确控制目标,确定最优化准则;

(2)建立数学模型,搞清楚各参数间的关系;

(3)状态估计及参数辨识,若目标状态参数(如产物浓度)不能在线检测,可利用与目标参数具有已知的确定的定量关系,并且可以在线检测的参数(如 O_2 和 CO_2 分压及溶解浓度),推算出目标参数的数值;

(4)根据推定的目标函数计算目标参数(如产量、生产成本),进行发酵过程的最优控制。

3. 发酵过程的控制方法

中试规模发酵罐上的检测仪表(传感器)可多达12个。对发酵罐进行控制的目的是使过程参数的实测值尽可能地接近期望值(即设定值)。控制参数的设定值与测量值之差表示了控制参数的实测值与调节值的偏离程度。将这种差值的计算方程(控制方程)输入控制装置中,控制装置即可根据输入的控制方程计算出执行机构所需要的调节量。执行机构(如阀门)可以使过程的控制参数恢复到设定值,例如,打开冷却水的阀门可以降低发酵罐的温度。控制为过程反馈了正确信息,从而使控制参数达到调整点。因此,这种控制称为反馈控制或闭环控制。严格地说,"控制器"这个术语应该是指控制方程,设备上的"控制器"则是指发酵设备上的控制装置。

1)模拟控制和数字控制

控制方程即所谓的控制算法,能将控制参数的测量值与设定值的差值转变为信号传给控制阀。这种算法可通过模拟控制器中的硬件电路来设置,即模拟控制,或者由计算机或微处理器对算法进行编程,即所谓数字控制。与模拟控制器相比,数字控制器的控制效果更为可靠和精确,现在价格也不高,而且容易实现记录计算机和管理计算机的接口。

2)控制算法——PID 控制

根据控制阀的改变值与检测值和设定值间差值的比例,可以用比例控制器将过程参数恢复到调整点。比例控制虽然简单,但有效性较差,原因是通常并不能将受控参数准确地恢复到调整点。因而使用这种控制器进行控制时需要采取一些补偿措施。

过程的突然性变化对控制变量的影响包括无控制、比例-控制(P)、比例-积分控制(PI)、比例-积分-微分控制(PID)。

PID(比例-积分-微分)控制算法常用于控制发酵罐的物理条件。由于发酵是个缓慢的过程,并不总是需要微分作用,通常 PI(比例-积分)控制器就够用了。对温度和 pH 而言,采用不同控制元件的双向控制是必要的,这取决于差值是正还是负。因此,对于温度控制,控制器需要冷却水或电加热;而对于 pH 控制,控制器则需要酸或碱。

3)时间比例控制

PID 控制需要连续可调的控制阀和泵等执行机构。对于小型发酵设备而言,这些配件的价格较高。一种便宜而可靠的替代方法是使用开/关阀,但通常简单的开/关阀的控制效果较差。如果采用时间比例开/关控制,就能实现良好的控制。PID 温控器的连续输出信号可以被转换成一系列的开/关脉冲,这些脉冲可以开/关冷却阀或泵。例如,当温度接近调整点时,时间比例控制可对 30~50 L 工作容积的发酵罐的温度和 pH 进行良好的控制,并且可用于 3 000 L 发酵罐的 pH 控制。但时间比例控制不适用于搅拌器速度、气流或压力控制,这些参数需用连续变速的电动机驱动和气流阀进行控制。

三、发酵过程参数控制

1.物理(化学)参数的控制

1)温度控制

生物反应的适宜温度范围通常较小,发酵过程中常需将生物反应器的温度控制在某一定值或一定的范围内,所用控制系统和检测用传感器如图 7-21 所示。

2)pH 控制

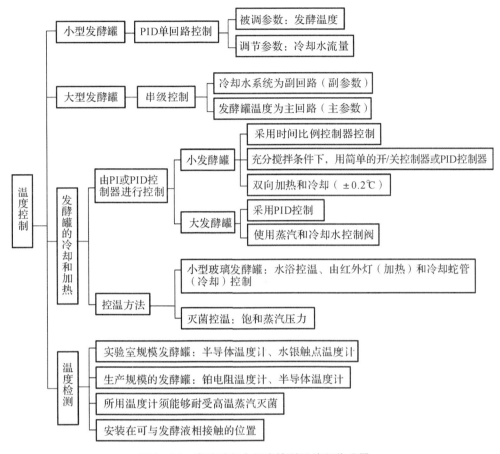

图 7-21 发酵过程中温度控制系统和传感器

发酵过程中 pH 控制方法和系统如图 7-22 所示。

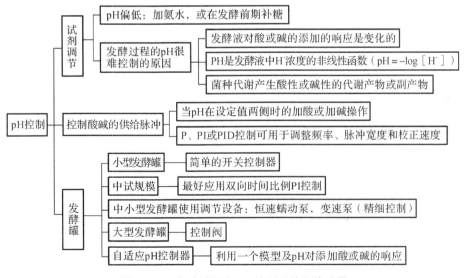

图 7-22 发酵过程中 pH 控制系统和传感器

3）溶氧控制

溶氧浓度控制在某一适宜的范围内也能起到节能和经济的作用。影响溶氧的主要因素有供给的空气量、搅拌桨转速和发酵罐压力。多通过调节供给空气量来控制溶解氧浓度。

发酵过程中罐内的溶氧浓度满足以下公式：

反应器液体中 O_2 积累速率＝从空气到液体的 O_2 传递速率－细胞耗氧速率

由于 O_2 的溶解度一般很小，与耗氧项和传递项相比，氧的积累项通常很小，因此，合理的溶氧控制取决于上述两项的精确平衡。由于发酵过程中细胞生长速率和耗氧速率变动很大，氧的传递速率需作相应调整，才能保证适宜的溶氧浓度。发酵过程中溶氧控制系统和方法如图 7 - 23 所示。

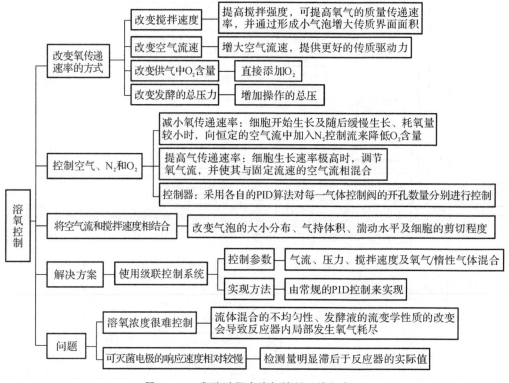

图 7 - 23 发酵过程中溶氧控制系统和方法

4）气流控制

如果发酵罐需进行尾气分析，就需要对气流进行精确的检测及控制。在计算微生物特定的氧气摄入量和二氧化碳排放量时，要用到该气流值。气流通常用连接在玻璃管式流量计（转子流量计）上的针形阀来进行手动调节。这种情况下，可以通过改变阀两侧的差压和温度来改变气流，也可购买一种流速调节器以获得较为恒定的气流。

气流控制最好应用自动控制（反馈回路），但对于小型发酵罐，自动控制较为昂贵。但如果需要实现精确控制，则须应用自动控制。该装置的电子输出信号需要进行数据记录。然而，为小型发酵罐提供气流的电子输出信号的控制装置，均需进行经常性的仔细校准。热质量流控制器常用于小型发酵罐的气流控制。

　　5)压力控制

　　发酵罐操作压力的变化会引起发酵液中氧分压的改变,即影响溶氧浓度的变化。通常通过调节尾气量来控制发酵罐压力。一般采用简单的单回路 PID 控制方法。出于安全考虑,可加压的发酵罐必须安装机械压力表。如果需要压力的电子输出,通常需要膜片式应变计和变送器,它们对于小型发酵罐是可靠的,但比较昂贵。手动针阀可用于发酵罐出口,以保持发酵罐的反压力。为了保持压力恒定,需要经常对针形阀进行调节。压力调节器可以提供更为恒定的反压力,但发酵罐上的调节器容易堵塞,不利于卫生设计。最好采用一个由压力变送器、PID 控制器、罐出口管上的气动式气流控制阀组成的控制回路。

　　6)搅拌控制

　　要对搅拌器的搅拌速度进行可靠且精确的控制并不容易。通常,市售的发酵罐的电动机通常安装模拟转速计,但它只能对转速进行近似控制。精确的方法是采用控制回路进行控制,控制回路具有一个读取发酵罐轴转速的频率传感器和电动机驱动的反馈控制装置。小型直流电机便宜且易于实现控制,但在连续使用中不够可靠。可以采用交流速度控制器和电动机,经济而有效。如前所述,调节搅拌器速度是控制发酵罐中溶氧张力最简单的方法。为此,电动机速度控制器上具有调整点输入接口是很重要的,这有时被称作外部或远程调整点控制,这一输入可由溶氧控制器的输出进行设定。

　　7)发酵液容积控制

　　测量发酵罐中发酵液的体积只是对其实际量的粗略测量,因为发酵液中滞留有变化或恒定量的空气。更为准确的方法是测量发酵液的重量,可以由测得的发酵液的静压头推算,或直接将罐置于称重传感器上(这种方法最为精确)。

　　在补料分批或连续操作过程中,控制发酵罐中发酵液含量是必要的。尽管存在问题,仍常用控制体积的方法,例如在发酵液表面设置导流堰或虹吸管可实现这一控制。如果罐置于称重传感器上,那么重量就是能开关发酵液排出泵或排水阀的控制器的输入信号。如果进料流速很慢,可以手动控制发酵液的排出,这常用于一些次级代谢产物的发酵过程。

　　8)进料控制

　　发酵罐进料的检测和控制是重要的,但一般较难实现。由于很少进行固体的无菌添加,此处仅考虑液体进料。如果进料泵用于添加液体,则需要对泵进行校准,以便准确测定进料流速。对于小型无菌进料泵,其校准和流速的设置均不够精确,发酵过程中常发生校准飘移的现象。为了精确测量进料速度,应从可称重的储罐中泵取进料来进行测定,对重量需要进行非常精确的测量。储罐进料的重量可用于反馈控制回路,以调节泵的进料速率,从而准确地提供所需量的进料,计算机程序控制可完成这一工作。

　　一般使用蠕动泵将液体泵送到实验室规模生物反应器中。可使用开环控制器来控制液流,将泵的速度手动调节到所需液流的设定值。通过事先的校准步骤,液体流速与泵速度成函数关系。为了达到质量平衡,可在实验前后对给料罐进行称重。然而,即使是在一些简单的应用中,进料率也经常会出现反常。对于程序进料(如时间关系曲线),在充足的时间间隔内测定液体的流速并调节其调整点是非常重要的。有人发明了一种流量控制器,它用分析天平作为流量检测器。料液从一个大贮罐不断地向给料罐中填装。流量可由 PI 控制器等进行控制,但是需要减去两个离散的值才能对流量加以确定。取样频率的不同及流量的变化可能会超出可以接受的程度。这一问题可由自适应控制算法解决。

发酵生产中最常用的基质是糖,例如在氨基酸发酵过程中,若初期的糖浓度过高,则菌体生长缓慢,所以必须检测控制基质糖的浓度。为了使发酵过程中维持一定的糖浓度,常用反馈控制糖添加的方法,从而达到控制发酵过程基质浓度的目的。虽然检测糖浓度的传感器一般不能进行蒸汽加热灭菌,但可使用无菌取样系统与高效液相色谱仪(HPLC)连接,从而在线测定糖等基质的浓度。对于挥发性基质(如乙醇等),可用微孔硅胶管连接气相色谱仪进行在线检测。测定基质浓度有利于实现发酵过程的反馈控制和优化控制。

发酵工艺技术人员与自动控制人员一起共同研究,试图找出好的补料方法和策略。如基于尾气 CO_2 的释放率、化学元素平衡法来调整补料量,或用控制呼吸商的方法来控制补料,但如何控制好中间补料仍有待进一步研究。

9)泡沫控制

为控制发酵过程(尤其是通气发酵)中的泡沫,常使用化学消泡剂和机械消泡器。常用的消泡剂有天然油脂、聚醚类("泡敌"的主要成分)、高级醇和硅酮等。对于泡沫不多且不难消除的场合,如酒精发酵等,可使用消泡剂除泡而无须机械泡沫破碎装置。但对于泡沫多且较难消除的发酵过程,则应将消泡剂与机械消泡器结合使用。同时应根据发酵液的性质,通过实验确定化学消泡剂的种类和用量。当然,机械除泡也需根据发酵罐的类型和发酵液泡沫特点来确定其选型及相应的设计。发酵工业生产中常采用双位式控制方法,当发酵液液面达到一定高度时,自动打开控制消泡剂的阀门;而当液面降回到正常时,自动关闭阀门。

2. 生物学参数的控制

如前所述,温度、pH 和溶氧等物理(化学)参数可由常规的反馈回路实现控制。溶氧控制相对复杂一些,它是通过对搅拌、气流和氧浓度的监督控制来实现的。基于进料储罐的重量对进料泵速度的控制管理,可实现精确的进料。然而必须注意,物理(化学)参数的控制对发酵过程中生长速率等生物学参数的控制作用是很有限的。即使物理(化学)参数得到最好的控制,每一批发酵还是有所区别,事实上大多数发酵过程是按"非最优"的生长曲线进行的,发酵的产率总是低于产率的理论值。批次发酵间存在着区别,原因是批与批之间在种子活性、培养基成分、灭菌周期等方面的变化。

因而,发酵罐中微生物生长的控制除物理(化学)控制外,还需进行两步控制:首先,必须了解生物量;其次,寻求通过改变物理(化学)条件来调节发酵过程中微生物生长的方法。发酵过程中需要优化的不仅是微生物生长,还有如酵母质量、次级代谢产物量,或者基因工程菌的蛋白质产量等其他因素。相关生物参数的控制参数和方法如图 7-24 所示。

四、发酵单元

所需实验信息的获取是建立实验室发酵单元的关键技术。通常认为,这些信息是指在限定的环境条件下,能够对发酵过程进行控制的限制性因素。因此,典型的发酵单元可以被定义为基本实验室发酵单元。简明起见,这里所称的发酵设备是指用于补料分批培养的通气搅拌式发酵罐。

1. 基本实验室发酵单元

基本实验室发酵单元反映了对若干基本参数的最低水平的控制。

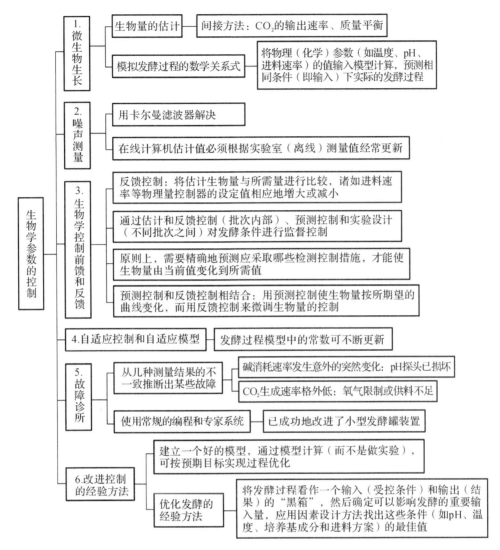

图 7 - 24 发酵过程中生物学参数的控制

基本实验室发酵单元如下：

(1)离线监控参数：生物反应器的工作容积、酸或碱含量、消泡剂流量、(累积量)、光密度、黏度、营养物(如 C、N、P)浓度,活生物量或总生物量、胞外关键的生化物质及关键的代谢产物。

(2)在线(on-line)监控参数：溶氧张力、尾气中 CO_2 的浓度、尾气中氧的浓度。

(3)原位(in-line)监控参数：空气流量、泡沫水平、营养物流量、搅拌速度、温度、pH。

发酵系统的附加性能有：基本控制回路对调整点的反馈,模拟记录装置及记录离线检测数据,离线微机系统的数据处理,对非基本实验室发酵单元进行简单的设备扩充。

发酵系统的过程接口技术包括以下方面：

(1)7 个模数转换器(ADC),用于溶氧张力、尾气中 CO_2 浓度、尾气中 O_2 浓度、空气流量、搅拌速度、温度和 pH 等输入信号。

(2)1 个数字输入(DI),用于泡沫水平的输入信号。当用分析仪器进行尾气分析时,需要增加 2 个 DI,用于发酵单元的显示。

(3)1 个数据接口 RS232,用于进料罐上的分析天平,通过进料罐重量减少量的检测值可以控制液体流量。

(4)9 个数模转换器(DAC),用于控制阀的空气流量、搅拌速度及用于营养物流量的泵的输出信号,以及用于模拟记录装置的 6 个输出信号。

(5)5 个数字输出(DO),用于酸碱滴定及消泡剂的泵、冷却和加热的输出信号。假定对 pH 和温度进行暂停/脉冲控制的输出信号。

上述发酵单元一般可以从供应厂商处购买,但闭环控制很难对液体(营养物)流量进行可靠和精确的控制。

2.非基本实验室发酵单元

基本实验室发酵单元几乎没用使用发酵系统的计算机技术,技术水平一流的多用途实验室发酵单元则需要更多功能部件。人们可以定义一个标准的实验室发酵单元,它反映了多用途实验的控制水平,这种发酵单元的特点是不具有参数的在线(on-line)监控。只有离线监控参数需要人工干预。

1)离线监控参数

离线监控参数包括消泡剂流量(累积量)、酸碱滴定液流量(累积量)、黏度、营养物浓度、活性生物量(总生物量)、胞外生化物质与代谢产物。

2)原位监控参数

生物反应器发酵液体积、光密度、主要营养物(如 C、N)浓度、溶氧张力、尾气中 O_2 浓度、尾气中 CO_2 浓度、空气流量、发泡水平、营养物流量、搅拌速度、温度、pH。需要指定 9 个主控制回路:生物反应器发酵液体积、空气流量、搅拌速度、pH、温度、发泡水平、溶氧张力、营养物流量、主要营养物浓度(如前体物质)。这些主控制回路的实际应用取决于实验的操作方式(分批、补料分批、连续)。

对发酵系统性能的要求还有:时间相关的调整点曲线的生成,主控制回路的调整点反馈控制,面向用户的基于软件的监督控制,氧吸收速率的在线计算,数据记录和数据存储,面向用户的软件的数据处理。其中一些功能(特别是数据存储和数据处理)可能会与其他发酵单元共享,并安装到一个在线的、独立的计算机系统中。这种情况下,发酵系统需要含有一个用于数据传送的通信接口(包括通信协议)。

发酵系统的过程接口的容量取决于传感器、执行机构及控制策略的选择。下面是一个典型的例子:

(1)8 个模数转换器(ADC),用于光密度、溶氧张力、尾气中 CO_2 浓度、尾气中 O_2 浓度、空气流量、搅拌速度、温度和 pH 等的输入信号。

(2)3 个数字输入(DI),用于来自发泡水平、尾气中 O_2 浓度、尾气中 CO_2 浓度的输入信号。

(3)3 个 RS232 数据接口,用于生物反应器及进料罐重量的分析天平;另外还需一个数据接口,用于离线监控参数的人工输入(键盘)。

(4)4 个数模转换器(DAC),用于来自控制阀空气流量、搅拌速度和输送营养流的泵(2个)的输出信号。连续实验可能还需要 1 个数模转换器(用于收集发酵液的泵)。

(5)5 个数字输出(DO),用于来自酸碱滴定液及消泡剂的泵、冷却及加热的输出信号。

基于标准的实验室规模发酵单元,可以为特定的实验设计专用的发酵单元。专用的发酵单元往往用于特殊目的,例如,在瞬变的环境条件下进行按比例缩小(scale-down)实验。但其控制水平可能不会超过标准发酵单元的控制水平。

实验室规模发酵单元可能具有两个发展方向:更具专一性的原位传感器及对实验、过程及过程变量进行更深层次的控制。前者提高了发酵研究的有效性,后者提高了发酵研究的效率。上述发酵单元的开发速度取决于发酵过程的内在经济性。目前,国内外有许多厂家开发并销售各种发酵系统及发酵单元。

第四节 发酵过程中的氧气控制

氧是一种难溶于水的气体。在 $25℃$、1×10^5 Pa 条件下,纯氧在水中的溶解度为 1.26 mmol/L,空气中的氧在纯水中的溶解度更低(0.25 mmol/L);在 $28℃$,氧气在发酵液中的溶解度只有 0.22 mmol/L。然而,发酵液中的大量微生物耗氧迅速「耗氧速率大于 $25\sim100$ mmol/(L·h)」,在对数生长期,即使发酵液被空气饱和,若此时停止供氧,发酵液中溶氧可在几分钟之内便耗尽。在好氧深层培养中,氧气的供应往往是发酵能否成功的重要限制因素之一。

氧气在微生物发酵中的作用(好氧微生物):一是参与菌体的呼吸作用,产生能量;二是直接参与一些生物合成反应,合成产物。

一、描述微生物需氧的物理量

比耗氧速度或呼吸强度(Q_{O_2}):指单位时间内单位重量的细胞所消耗的氧气,mmol·g^{-1}·h^{-1}。

摄氧率(r):指单位时间内单位体积的发酵液所需要的氧量,mmol(O_2)·L^{-1}·h^{-1}。两者之间的关系式为

$$r=Q_{O_2}\cdot X$$

式中 X——细胞浓度,g/L。

二、溶解氧浓度对菌体生长和产物形成的影响

微生物的比耗氧速率(Q_{O_2})受发酵液中氧浓度的影响,两者间的关系如图 7-25 所示。图中 C_{C_r} 是临界溶氧浓度,是指不影响呼吸所允许的最低溶氧浓度。图中显示:$C_L>C_{C_r}$,Q_{O_2} 保持恒定;$C_L<C_{C_r}$,Q_{O_2} 大大下降。

Q_{O_2} 与溶氧浓度 C_L 之间的关系可以分为以下几种:

(1)当 $C_L>C_{C_r}$ 时,$Q_{O_2}=(Q_{O_2})_m$;

(2)当$C_L < C_{C_r}$时，$Q_{O_2} = \dfrac{(Q_{O_2})_m C_L}{K_0 + C_L}$。[$K_0$为亲和常数(半饱和常数)，单位为 mol/m³]。

K_0的特征为：K_0越大，微生物对氧气的亲和能力越小，Q_{O_2}越小。不同微生物的K_0特征值不一样，可以此作为通气操作的依据。

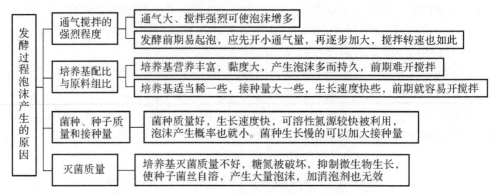

图 7 - 25　微生物的比耗氧速率与发酵液中氧浓度间的关系

一般对于微生物：C_{C_r}为 1%～15%氧饱和度。

氧饱和度＝发酵液中氧的浓度/临界溶氧溶度

因此，对于微生物生长，只需要控制发酵过程中氧饱和度大于 1。

培养过程中细胞耗氧的一般规律如下：

(1)培养初期：Q_{O_2}逐渐增高，X较小；

(2)在对数生长初期：达到$(Q_{O_2})_m$，但此时X较低，摄氧率r并不高。

(3)在对数生长后期：达到最大摄氧率(r_m)，此时$Q_{O_2} < (Q_{O_2})_{mm}$，$X < X_m$；X_m为最大细胞量。

(4)对数生长期末：底物浓度下降($S \downarrow$)，氧传递速率下降(OTR$\downarrow$，OTR 为单位体积培养液中氧的传递速率)，比耗氧速率下降($Q_{O_2} \downarrow$)；而$\gamma \propto (Q_{O_2}, X, OTR)$，虽然此时$X = X_m$，但$Q_{O_2}$、OTR 占主导地位，所以$r \downarrow$。

(5)培养后期：底物趋向于零($S \to 0$)，比r耗氧速率下降进一步下降($Q_{O_2} \downarrow \downarrow$)，摄氧率也进一步下降($r \downarrow \downarrow$)。

问题：一般微生物的临界溶氧浓度很小，是不是发酵过程中氧很容易满足？

答案：不是。因为在 28 ℃时，氧在发酵液中的 100%的空气饱和浓度只有 0.25 mmol/L 左右。以微生物的摄氧率 0.052 mmol · L⁻¹ · s⁻¹计，0.25/0.052＝4.8 s。即在细胞的对数生长期，即使发酵液中的溶氧能够达到 100%空气饱和度，如果此时中止供氧，发酵液中溶氧也将在 4.8 s 之内耗尽，从而使溶氧成为限制因素。

发酵过程中控制溶解氧的意义有三：①了解菌体生长阶段和代谢产物形成阶段的最适需氧量；②氧传递速率是好氧性发酵产量的限制因素；③提高传氧效率，可以降低空气消耗量，降低设备费、动力消耗，减少泡沫形成和染菌的机会，提高设备利用率。

三、反应器中氧的传递

反应器中供氧的实现方式如图 7 - 26 所示。

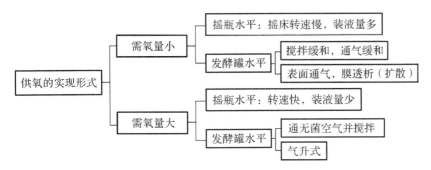

图 7 - 26 反应器中供氧的实现方式

1. 发酵液中氧的传递方程

氧从气泡向细胞的传递过程如图 7 - 27 所示。从图中可以看出,供氧方面的主要阻力是气膜阻力和液膜阻力;耗氧方面的主要阻力是细胞团内阻力与细胞膜阻力。具体内容如图 7 - 28 所示。

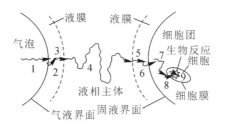

图 7 - 27 氧从气泡向细胞的传递过程

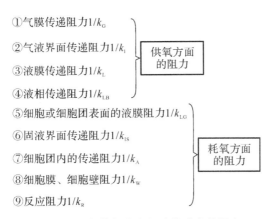

图 7 - 28 氧从气泡向细胞传递中的阻力

发酵液中氧的传递理论是双膜理论,如图 7 - 29 所示。双膜理论的前提条件如下:
(1)气泡和包围着气泡的液体之间存在着界面,在界面的气泡一侧存在着一层气膜,在

界面液体一侧存在着一层液膜;

(2)气膜内气体分子和液膜内液体分子都处于层流状态,氧以浓度差方式透过双膜;

(3)气泡内气膜以外的气体分子处于对流状态,称为气体主流,任一点氧浓度、氧分压相等;

(4)液膜以外的液体分子处于对流状态,称为液体主流,任一点氧浓度、氧分压相等。

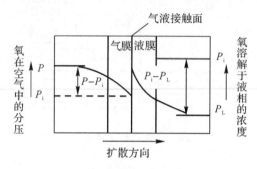

图 7 - 29 双膜理论的气液接触

传质达到稳态时,总的传质速率与串联的各步传质速率相等,则单位接触界面氧的传递速率为

$$N_{O_2} = K_G(P - P_i) = K_L(C_i - C_L)$$

式中 N_{O_2}——单位接触界面的氧传递速率,$\mathrm{mol/(m^2 \cdot h)}$;

P、P_i——气相中和气、液界面处氧的分压,MPa;

C_i、C_L——液相中和气、液界面处氧的浓度,$\mathrm{mol/m^3}$;

K_G——气膜传质系数,$\mathrm{mol/(m^2 \cdot h \cdot MPa)}$;

K_L——液膜传质系数,m/h。

若改用总传质系数和总推动力,则在稳定状态时,有

$$N_{O_2} = K_G(P - P^*) = K_L(C^* - C_L)$$

式中 K_G——以氧分压差为总推动力的总传质系数 $\mathrm{mol/(m^2 \cdot s \cdot Pa)}$;

K_L——以氧浓度差为总推动力的总传质系数,m/s;

P^*——与液相中氧浓度 C 相平衡时氧的分压,Pa;

C^*——与气相中氧分压 P 达平衡时氧的浓度,$\mathrm{mol/m^3}$。

在双膜之间界面上,氧分压与溶于液体中氧浓度处于平衡关系:

$$P_i \propto C_i, P_i = HC_i$$

氧传递过程处于稳定状态时,传质途径上各点的氧浓度不随时间而变化,有以下关系式:

$$P = HC^* P^* = HC_L P_i = HC_i$$

由以上各式可以推导出下式:

$$\frac{1}{K_G} = \frac{1}{K_G} + \frac{H}{K_L}$$

以及

$$\frac{1}{K_L} = \frac{1}{HK_G} + \frac{1}{K_L}$$

由于氧气难溶于水,H 值很大,则有

$$\frac{1}{HK_{\mathrm{G}}} \ll \frac{1}{K_{\mathrm{L}}}$$

所以,$K_{\mathrm{G}} \approx K_{\mathrm{L}}$。

这说明这一过程液膜阻力是主要因素。

传质达到稳态时,总的传质速率与串联的各步传质速率相等,则单位接触界面氧的传递速率为

$$N_{\mathrm{O_2}} = \frac{推动力}{阻力} = \frac{P - P_{\mathrm{i}}}{1/K_{\mathrm{G}}} = \frac{C - C_{\mathrm{i}}}{1/K_{\mathrm{L}}}$$

在单位体积培养液中氧的传质速率 OTR(Oxygen Transfer Rate)的气液传质基本方程式为

$$\mathrm{OTR} = K_{\mathrm{L}}a(C^* - C_{\mathrm{L}}) = K_{\mathrm{G}}(C^* - C_{\mathrm{L}}) = K_{\mathrm{G}}a \cdot \frac{1}{H}(P - P^*)$$

式中　OTR——单位体积培养液中氧的传递速率,$\mathrm{kmol}/(\mathrm{m}^3 \cdot \mathrm{h})$;

　　　　a——气液接触面的比表面积;

　　　　$K_{\mathrm{L}}a$——以浓度差为推动力的体积溶氧系数,$\mathrm{h}^{-1} \cdot \mathrm{s}^{-1}$;

　　　　$K_{\mathrm{G}}a$——以分压差为推动力的体积溶氧系数,$\mathrm{kmol}/(\mathrm{m}^3 \cdot \mathrm{h} \cdot \mathrm{MPa})$

在气液传质过程中,通常将 $K_{\mathrm{L}}a$ 作为一项处理,称为体积溶氧系数或体积传质系数。

2. 发酵液中氧的平衡

传递:

$$N_{\mathrm{v}} = K_{\mathrm{L}}a(C^* - C_{\mathrm{L}})$$

消耗:

$$r = Q_{\mathrm{O_2}} \cdot X$$

氧的平衡最终反映在发酵液中氧的浓度上面。

氧传递特征(发酵罐传递性能):

(1)若细胞的耗氧量大于最大供氧量,则存在供氧限制,整个过程受氧传递速率控制,生产能力受设备限制,需进一步提高传递能力;

(2)若细胞的耗氧量小于最大供氧量,则存在耗氧限制,整个过程受呼吸速率控制,生产能力受微生物限制,需筛选高产菌,这类菌的呼吸强,生长快,代谢旺盛。

供氧与耗氧至少必须平衡,此时可用下式表示:

$$\mathrm{OTR} = K_{\mathrm{L}}a(C^* - C_{\mathrm{L}}) = Q_{\mathrm{O_2}} \cdot X = (Q_{\mathrm{O_2}})_{\mathrm{m}}\frac{C_{\mathrm{L}} \cdot X}{K_0 + C_{\mathrm{L}}}$$

对于一个给定的发酵设备和微生物,C^*、K_0、$(Q_{\mathrm{O_2}})_{\mathrm{m}}$ 已知,假定呼吸只与氧的限制有关,在发酵过程中,培养液内某瞬间溶氧浓度变化可用下式表示:

$$\frac{\mathrm{d}C_{\mathrm{L}}}{\mathrm{d}t} = K_{\mathrm{L}}a(C^* - C_{\mathrm{L}}) - Q_{\mathrm{O_2}} \cdot X$$

在稳定态时,$\dfrac{\mathrm{d}C_{\mathrm{L}}}{\mathrm{d}t} = 0$,则

$$C_L = C^* - \frac{Q_{O_2} \cdot X}{K_L a}$$

对于一个培养物来说，最低的通气条件可由下式求得：

$$K_L a = C^* - \frac{Q_{O_2} \cdot X}{C^* - C_L}$$

$K_L a$ 亦可称为"通气效率"，可用来衡量发酵罐的通气状况，高值表示通气条件富裕，低值表示通气条件贫乏。

3. 供氧的调节

根据氧的传递公式：

$$N_v = K_L a (C^* - C_L)$$

可知，C_L 有一定的工艺要求，所以可以通过 $K_L a$ 和 C^* 来调节。

由 $C^* = \dfrac{P}{H}$ 可知，调节体积溶氧系数（$K_L a$）是最常用的方法。

$K_L a$ 反映了设备的供氧能力，一般来讲大罐比小罐要好（见表 7 - 12）。

表 7 - 12　不同容量的发酵罐中供氧能力

容量	45 L	1 t	10 t
搅拌速度/(r·min⁻¹)	250	120	120
供氧速率	7.6	10.7	20.1

四、反应器中氧的平衡与影响因素

影响反应器中氧平衡的因素如图 7 - 30 所示。

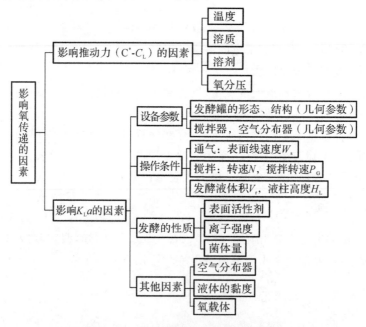

图 7 - 30　影响反应器中氧平衡的因素

1.影响 $C^* - C_L$ 的因素

因素一：温度。氧在水中的溶解度随温度的升高而降低，在气压 1.01×10^5 Pa 和温度 $4 \sim 33$℃ 的范围内，与空气平衡的纯水中，氧的浓度可由以下经验公式计算：

$$C_w^* = \frac{14.6}{T + 31.6}$$

式中　T——温度，℃。

从上式可以看出，当温度 T 升高时，水中氧的浓度 C_w^* 下降，发酵罐中推动氧气传递的推动力下降。

因素二：溶质。无论是电解质，还是非电解质溶质，随着溶质浓度的增大，C^* 均下降，氧的传递效率下降。

因素三：溶剂。溶剂通常为水；氧在一些有机化合物中的溶解度比在水中高。

因素四：氧分压。提高空气总压（增加罐压），就提高了氧分压，对应的溶解度也提高，但增加罐压是有一定限度的。保持空气总压不变，提高氧分压，即改变空气中氧的组分浓度，如进行富氧通气等。

2.影响 $K_L a$ 的因素

根据 $K_L a$ 的影响因素，可以列出以下关系式：

$$K_L a = \int (d, N, W_s, D_L, \eta, \rho, \sigma, g)$$

式中　d——搅拌器直径，m；

　　　N——搅拌器转速，s^{-1}；

　　　ρ——液体密度，$\mathrm{kg/m^3}$；

　　　η——液体粘度，$\mathrm{Pa \cdot s}$；

　　　D_L——扩散系统，$\mathrm{m^2/s}$；

　　　σ——界面张力，$\mathrm{N/m}$；

　　　W_s——表面线速度，$\mathrm{m/s}$；

　　　g——重力加速度，$9.81 \ \mathrm{m/s^2}$。

影响 $K_L a$ 的因素主要有以下三类：

一是设备参数：发酵罐的形状、结构（几何参数）；搅拌器、空气分布器（几何参数）。

二是操作条件：通气（会影响表观线速度）；搅拌，转速 N，搅拌功率 P_G；发酵液体积 V，液柱高度 H_L。

三是发酵液的性质：如影响发酵液性质的表面活性剂、离子强度、菌体量。

实际生产中，需要以 $K_L a = k \left(\dfrac{P_G}{V} \right)^\alpha W_s^\beta$ 来分析影响因素。

1）设备参数的影响

（1）设备规模的影响。单位体积液体的搅拌功率指数 α 随培养装置的规模变化而变化，如：小试阶段，9 L 的发酵罐里，$\alpha = 0.95$；中试阶段，500 L 发酵罐里，$\alpha = 0.67$；生产规模为

27 t 的发酵罐里,$\alpha=0.50$。可见,在放大的过程中,$K_{\mathrm{L}}a$ 在相同条件下会减小。

(2)设备形状结构的影响。如图 7-31 所示,20 t 的伍式发酵罐中,$K_{\mathrm{L}}a$ 计算公式中的搅拌功率指数 $\alpha=0.72,\beta=0.11$。两种发酵罐的结构不同,以左边结构的搅拌功率高,氧传递效率好。

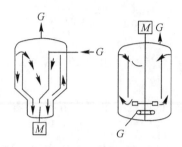

图 7-31 20 t 伍式发酵罐的不同结构

(3)搅拌器形式的影响。图 7-32 所示不同的搅拌器形式,有平叶、箭叶、弯叶之分。对于图 7-31 中不同的发酵罐结构来讲,$K_{\mathrm{L}}a$ 计算公式中的搅拌功率指数 α 值和 β 值有以下关系:对于 α 值,弯叶＞平叶＞箭叶;对于 β 值,弯叶＞箭叶＞平叶;但是破碎细胞能力:平叶＞箭叶＞弯叶;翻动流体能力:箭叶＞弯叶＞平叶。

平叶 箭叶 弯叶

图 7-32 搅拌器的形式

此外,搅拌器的直径大小、组数、搅拌器间距以及在罐内的相对位置等对 $K_{\mathrm{L}}a$ 都有影响。

2)操作条件的影响

(1)搅拌对 $K_{\mathrm{L}}a$ 的影响。搅拌对 $K_{\mathrm{L}}a$ 的影响规律为:转速 N 增大→P_{G} 增大→$K_{\mathrm{L}}a$ 增大。

搅拌影响 $K_{\mathrm{L}}a$ 的原理:一是搅拌会将通入培养液的空气分散成细小的气泡,防止小气泡的凝并,从而增大气液相的接触面积,即 a 增大→$K_{\mathrm{L}}a$ 增大→溶氧增大;二是搅拌产生涡流,延长气泡在液体中的停留时间,溶氧增大;三是搅拌造成湍流,减小气泡外滞流液膜的厚度,从而减小传递过程的阻力,即 $1/K_{\mathrm{L}}$ 减小→K_{L} 增大→$K_{\mathrm{L}}a$ 增大→溶氧增大。

搅拌使菌体分散,避免结团,有利于固液传递中接触面积的增加,使推动力均一;同时,也减少了菌体表面液膜的厚度,有利于氧的传递。

但是,需要注意的是,搅拌器的转速 N 并不是越大越好。这是因为,N 增大,剪切力增大,对细胞损伤增大,对细胞形态破坏增大,P_{G} 增大,发酵期间搅拌热增大,增加传热负荷。

(2)通过气对 $K_{\mathrm{L}}a$ 的影响。在通气量 Q 较低时,Q 增大→W_{s} 增大→$K_{\mathrm{L}}a$ 增大。

(3)通气、搅拌的关联对 $K_{\mathrm{L}}a$ 的影响。从公式上看,P_{G} 增大,W_{s} 增大,$K_{\mathrm{L}}a$ 增大,但

W_s 的增加是有上限的,当 $W_s > (W_s)_m$ 时,W_s 会通过 $N_a = \dfrac{W_s}{Nd}$、$\mathrm{Rem} = \dfrac{\rho Nd^2}{\mu}$ 来影响 P_G,从而导致 P_G 严重下降。因此,$W_s > (W_s)_m$ 时,P_G 减小,$K_L a$ 减小。

当通气量超过一定上限时,搅拌器就不能有效地将空气泡分散到液体中去,而在大量气泡中空转,发生"过载"现象,此时搅拌功率 P_G 会大大下降,$K_L a$ 也会大大下降。只有 Q、N 同时提高,P_G 才不会大大下降,$K_L a$ 升高。

3)发酵液性质的影响

(1)表面活性剂的影响。表面活性剂的浓度增加,一方面气液界面厚度增加,$1/K_L$ 变大,K_L 变小,气泡变小,α 增大。

$K_L a$ 面临两种趋势的影响:低浓度表面活性剂时,以 α 为主,$K_L a$ 变大;添加至一定量时,K_L 降至最低,$K_L a$ 下降显著;表面活性剂再继续增加时,K_L 维持最低水平不再下降,而 α 大大提高,此时 $K_L a$ 从最低点回升。

(2)离子强度对 $K_L a$ 的影响。电解质的离子强度会影响 $K_L a$ 计算公式中的 α、β、k 值。电解质溶液浓度提高,则气泡变小,α 增大,$K_L a$ 增大;有机溶质浓度增加,则气泡变小,α 变大,$K_L a$ 变大。因此,电解质溶液浓度增加,传氧特性好($K_L a$ 增大),溶氧特性 C^* 下降。

4)影响 $K_L a$ 的其他因素

除了上述因素外,空气分布器、液体的黏度、氧载体等因素都会影响 $K_L a$ 值。

通过在发酵液中引入一种新的液相,以减少气液传氧阻力,从而提高传氧效率。这种液相一般具有比水更高的溶氧能力,且与发酵液互不相溶,称为氧载体。通常使用的氧载体主要有液态烷烃、油酸、甲苯、全氟化碳、豆油等。

五、发酵过程中氧气调节策略

发酵过程的不同阶段,针对氧的调节策略可以不同。

例如,当细胞浓度较低时(如发酵初期),其需氧量较低,故溶氧速率相应较小,较低的搅拌速度和通气强度即可满足需要。

对于好氧性微生物发酵,在消耗糖等碳源的同时也要消耗溶解氧(DO)。因此,在分批发酵中,随着微生物细胞的生长繁殖与代谢产物生成,碳源浓度逐渐下降;当碳源被耗尽时,系统的耗氧速率降低,溶氧浓度就会急速上升。此时,若及时补充碳源,可使 DO 恢复正常水平。

因此,可通过 DO 的检测控制来调节碳源的流加,碳源可以是葡萄糖,也可以是其他糖类。但应用此法有一定缺点,就是必须在发酵过程中让碳源浓度耗尽时 DO 才能急速上升,这使细胞无法在最佳的环境下生长与代谢。

为此,有人提出了将指数流加法与定期让碳源耗尽措施相结合的工艺,以使碳源浓度降低至零的频率大为下降,从而有利于发酵过程的进行。另外,应用此结合法,还可克服指数流加法有时会造成碳源过量流加的缺点。

第五节 发酵过程中的 pH 控制

pH 对于微生物的生长和产物合成都有着十分重要的影响。控制发酵过程中 pH 处理最佳水平,可以有效提高微生物的生长和产物合成速率与质量。

一、pH 对发酵过程的影响

发酵液 pH 对发酵过程的影响主要体现在两个方面,一是对微生物生长的影响,二是对代谢方向的影响。这种影响不仅与微生物本身的特性有关,还与发酵工程的阶段有关。具体如图 7-33 所示。

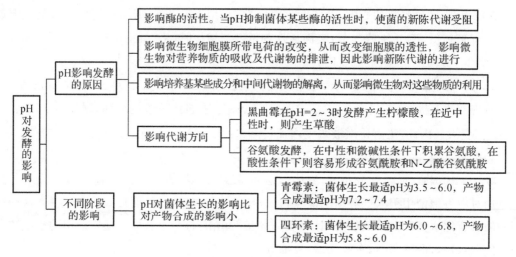

图 7-33 pH 对发酵过程的影响

二、发酵过程中 pH 变化的原因

发酵液的 pH 在发酵过程中并不是一成不变的,而是随着发酵过程的进行发生一些波动。其中的原因主要与微生物对基质的代谢作用、产物形成,以及菌体自溶等因素有关(见图 7-34)。

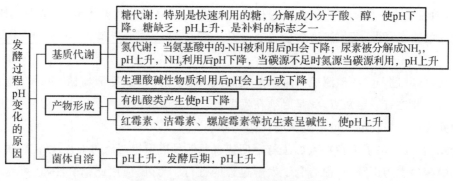

图 7-34 发酵过程中 pH 变化的原因

三、pH 对发酵过程的影响

由于 pH 会显著影响微生物的细胞生长和产物合成,清楚生产菌株的最佳生长 pH 和产物合成 pH 是十分必要的。但是,不同微生物和不同的生长过程所需最佳 pH 会有较大差异,需要通过实验摸索才能确定。研究时,通常先配制不同初始 pH 的培养基,在摇瓶水平下考察不同 pH 条件下产物得率或者酶活情况。

图 7-35 所示为 pH 对微生物发酵法生产海藻酸裂解酶的影响实验结果。从图中可以看出,只有当 pH 为 7.5 时,发酵体系中的酶活力才能达到最高。偏离这一 pH 水平,则产物的产量会产生大幅度下降。由此推测,控制发酵过程中的 pH 是有必要的。相反,如果不同 pH 条件下的产物得率并无显著变化,则发酵过程中可以不考虑 pH 的控制问题。

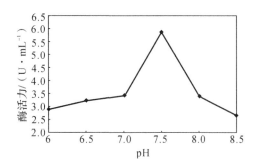

图 7-35　初始 pH 对微生物发酵法生产海藻酸裂解酶的影响

又如表 7-13 所示,培养基的初始 pH 不同,用同一种微生物发酵法生产漆酶的产物得率也不相同。从表中数据可以看出,培养基的初始 pH 为 4～7 范围内的酶活力相对较高,并以 pH=6 时所得酶活力最高。为此,可以确定用该菌种发酵法生产漆酶的最佳初始 pH 为 6。

表 7-13　培养基初始 pH 对微生物发酵生产漆酶的影响

pH	酶活力/$(U \cdot mL^{-1})$	pH	酶活力/$(U \cdot mL^{-1})$	pH	酶活力/$(U \cdot mL^{-1})$
1	13.1	5	122.2	9	89.4
2	54.8	6	131.6	10	67.1
3	92.3	7	119.5	11	28.3
4	106.0	8	94.7	12	10.6

对于具有一定酸碱性的产物来讲,培养基的初始 pH 不仅会影响产物的得率,还会影响菌体的生长和发酵结束时的体系 pH。如表 7-14 所示,在谷氨酰胺转氨酶的发酵生产中,培养结束时的最终 pH 与初始 pH 的变化趋势基本一致,但是发酵体系的酶活和菌体重量则呈现出随着 pH 增大而先增大后降小的趋势,并在初始 pH 为 6.5 时达到最大值。因此,可以确定控制培养基的初始 pH 为 6.5,可以同时满足菌体生长和产物合成均达到最大值

的要求。

表 7 - 14　培养基的初始 pH 对菌体生长和谷氨酰胺转氨酶产量的影响

初始 pH	最高酶活/(U·mL^{-1})	最终 pH	DCW/(g·L^{-1})
5.0	0.24	6.08	13.6
5.5	0.38	6.24	18.0
6.0	0.63	6.86	21.8
6.5	0.71	6.87	23.2
7.0	0.66	6.69	22.6
7.5	0.60	6.92	22.4
8.0	0.42	7.04	22.0
8.5	0.35	7.14	19.6

但是,在很多情况下,菌体生长和产物合成的最适 pH 并不一致。如表 7 - 15 所示,在海藻糖水解酶的发酵生产过程中,菌体生长量在 pH=8.5～9.5 时达到最大值,而酶活在 pH=7.5～8.5 时达到最大值。考虑到菌体量在 pH=7.5～8.5 时虽然没有达到最大值,但是也能处于一个比较高的水平,可以选择这一 pH 水平作为发酵过程的最佳条件。

表 7 - 15　培养基的初始 pH 对菌体生长和海藻糖水解酶产量的影响

pH 值	菌体重/(g·L^{-1})	酶活/(U·g^{-1})
<7.0(6.75)	0.000	0.00
7.0～7.5(7.13)	6.083	107.79
7.5～8.5(8.08)	6.387	131.76
8.5～9.5(9.01)	6.480	85.41

四、发酵过程的 pH 调节

1.发酵过程 pH 的调节方法

发酵过程中的 pH 调控方法可总结为图 7 - 36,可以概括为调节基础料的 pH,补料调节,加入酸碱溶液、缓冲液分阶段调节等几种方法。采用不同方法时,需要注意以下几点:

(1)添加酸或碱性中和剂也能起到补充营养的作用,例如谷氨酸发酵,常需流加氨水或通入氨气,其可同时起到维持一定的 pH 和补充氮源的双重作用。

(2)发酵液 pH 的变化是反映生物细胞生理状态的重要信息,有时可根据 pH 的改变进行基质的自动流加控制。对于许多发酵过程,引起发酵液 pH 变化的原因是作为氮源的 NH_4^+ 浓度的改变。因此,可由 pH 的改变推测微生物细胞的活性状态和基质浓度范围,从而决定氮源及碳源等的添加策略。

(3)在实际生产中,发酵液的 pH 会产生波动性变化。例如,发酵生产常用成分复杂的糖蜜及豆粕等廉价原料复合的碳源、氮源等。发酵过程中,氮源被不断地消耗,同时生成醋酸等有机酸,使发酵液的 pH 下降,若用氨水作碱性中和剂,则 NH_4^+ 的消耗成分自动补充。当发酵液碳源耗尽时,微生物细胞依靠有机酸或分解胞内贮存的物质而维持生命,从而使细胞内的氮成分过剩而向培养液中排泄 NH_4^+。此时若添加碳源,则使 pH 再次下降。这种流加方法对次级代谢产物的生产是有效的。如用放线菌发酵生产硫链丝菌肽时,使用糖蜜和脱脂大豆粉作为原料进行发酵,就利用上述的 pH 调控方法来提高产量。

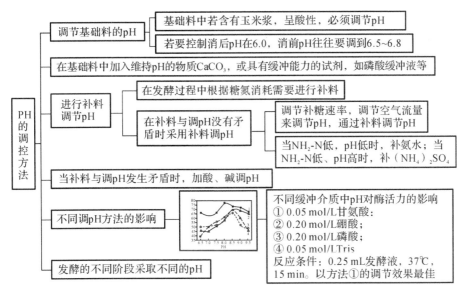

图 7 - 36　发酵过程中的 pH 调控方法

2.发酵过程 pH 调控的实例

1)适时进行 pH 调节

如图 7 - 37 所示,在林可霉素的生产过程中,发酵液的 pH 会发生变化:发酵开始时,葡萄糖转化为有机酸类中间产物,发酵液 pH 下降,待有机酸被生产菌利用,pH 上升。此时,如果不及时补糖、$(NH_4)_2SO_4$ 或酸,发酵液 pH 可迅速升到 8.0 以上,阻碍或抑制某些酶系,使林可霉素增长缓慢,甚至停止。例如,对照罐发酵 66 h 时 pH 达 7.93,以后维持在 8.0 以上至 115 h,发酵体系中的菌丝浓度降低,NH_2 - N 升高,发酵不再继续。如果在发酵 15 h 左右时,发酵液的 pH 可以从开始时的 6.5 左右下降到 5.3,此时如果调节这一段的 pH 至 7.0 左右,以后使 pH 一直控制在这一水平,可以有效提高发酵体系中的产物效价。

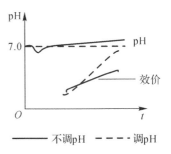

图 7 - 37　调节 pH 对林可霉素
发酵过程的影响

例:培养基初始 pH 对漆酶分泌的影响。

2)分阶段进行 pH 调节

(1)问题的提出:在克拉维酸的发酵过程中,发现在 pH 低时菌体生长受抑制,在高 pH 时克拉维酸要分解。

发酵过程中发现：用 2.5 L 罐进行的不控制 pH 的发酵,前期微生物产生的酸性副产物和有机酸使 pH 降至 6.5;在达到最高细胞浓度后,pH 开始从 6.5 升至 8.3;克拉维酸产量达最高水平时,pH 不再升高;在发酵终止时,pH 再次升至 8.5,但是随着 pH 升高,克拉维酸迅速分解。

(2)研究方案的制定。研究了不同 pH 对发酵的影响,整个实验过程可总结为图 7 - 38。首先,分别控制 pH 为 6.0、7.0、8.0 的培养基测定菌的生长和产物合成,结果发现:控制 pH 为 7.0 和 8.0 时,最高细胞浓度接近相同(约 16% PMV),但控制 pH 为 6.0 时细胞生长受抑制;在 2.5 L 生物反应器内,不控制 pH 时的克拉维酸产量为 $2.47\mu g/(mL \cdot h)$;控制 pH 为 7.0 时的克拉维酸产量最高[$3.37\mu g/(mL \cdot h)$];控制 pH 为 8.0 时,产量为 2.02 $\mu g/(mL \cdot h)$;在控制 pH 为 6.0 时,克拉维酸合成被抑制,但降解少。因此,对于细胞生长和克拉维酸的产生,最好将 pH 控制于 7.0,但在控制 pH 为 7.0 时,仍出现克拉维酸的迅速分解。

考虑到克拉维酸生产的最适 pH 和减少克拉维酸分解的 pH 各不相同,在分批发酵中应用了 pH 变换策略,使发酵 pH 由中性(pH＝7.0)变换为酸性(pH＝6.0)。即:在发酵前期,在细胞生长和产生克拉维酸期间控制 pH＝7.0;4d 后,当克拉维酸产量达最高值时,变换 pH 为 6.0,以减少克拉维酸分解。通过这种方法,可使克拉维酸的最高浓度保持 24 h 不被降解。

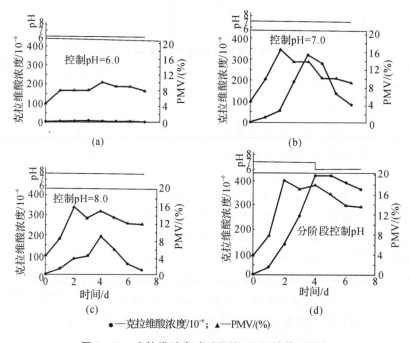

●—克拉维酸浓度/10⁻⁶; ▲—PMV/(%)

图 7 - 38 克拉维酸发酵过程的 pH 调控策略研究

因此,在确定发酵过程中 pH 调节策略时,不仅要考虑菌体生长和产物合成的最佳 pH,而且要考虑分阶段考察菌体生长和产物合成对 pH 的要求。同时,还需要采用合适的调节方法。

第六节　发酵过程中的补料控制

如前所述,可以通过在发酵过程中补充碳源、氮源、酸碱溶液的方式起到调节溶氧、pH等作用。此外,补料也是解除分批发酵过程中底物和产物抑制作用的重要手段。但是,考虑到这些参数变化的不确定性和非线性关系,确定补料的内容和时间并不是一件容易的事情。

一、中间补料的原因与意义

在发酵过程中实施补料操作的原因有以下几点:

(1)发酵进行到中后期时,发酵液中营养不足,菌体容易过早衰老。

(2)为了提高终产物的浓度,通常会尽量提高初始培养基中的营养物质含量。但是,初始培养基营养过于丰富时,会造成菌体浓度过大,使发酵过程缺氧。

(3)初始培养基中葡萄糖过多时会引起菌体生长和产物合成抑制。

(4)发酵后期,碳氮源不平衡,微量元素缺乏。

(5)合成产物或中间产物产生积累,对于菌体生长产生一定的毒性。

为了防止上述问题的发生,通常会在初始培养基中加入少量的营养物质,而在发酵中后期再补加一定量的营养物质,来补充营养物的不足。

中间补料操作的意义在于:控制菌的生长速率以及培养中期的代谢活动,延长合成期,推迟菌体自溶;如果补料时加入前体,可以增加合成产物的中间体,从而使产物的产量得到大幅度提高。

补料的原则是:控制和引导产生菌在培养过程中,特别是中后期的生化代谢,使之向着产物合成方向进行。

二、中间补料的策略

确定中间补料的策略关键在于,明确"补什么"和"怎么补"的问题。

首先,中间补料的内容主要包括:补充能源和碳源,补充氮源,补充前体,补充水、无机盐和微量元素等。

1.补充能源和碳源

补碳源最早的例子是用于谷氨酸的发酵生产。即:在原工艺(初糖浓度较高)的基础上,减少初糖(葡萄糖)浓度,增加生物素(作用是用于细胞合成)用量达 $5\mu g/L$,加大接种量到10%左右,以利于菌体迅速繁殖,获得生产所需要的足够量的菌体。

当进入产酸期,残糖达 2% 左右,连续补糖,维持糖浓度在 2% 左右,提高温度到 36～37 ℃,流加氨水或尿素,维持 pH 为 7.0～7.5,利用菌体所形成的酶系继续进行发酵,产酸可达 10%。

后来补糖方法在抗生素发酵中得到普遍应用。补糖控制时需要考虑补糖时间、补糖量、补糖方式等问题。确定补糖策略时,需要考虑发酵体系中的糖耗速率、残糖浓度、pH 变化、菌体浓度、菌丝形态、发酵液黏度、溶氧浓度等。但是,这些因素众多,而且大多数情况下的影响规律并不一致。因此,一般选择考虑其中 2~3 个参数。通常考虑的两个参数是发酵液中的还原糖水平和总糖水平。

1)补糖时间的确定

补糖过早,会刺激菌体生长,加速糖的消耗,不利于合成产物;补糖过迟,所需能量供应不上,菌体已老化,合成产物的能力很低。例如,在四环素的发酵生产过程中,分别在 20 h、45 h、62 h 时补充相同量的糖,然后在 96 h 时检测发酵体系中四环素的效价。结果发现:只有 45 h 时补糖组的效价最高,达到 10 000 U/ mL,而其他两个补糖时间点所得产物效价只有 6 000 U/ mL。由此可知,补糖时间对于产物的最终得率有重要影响。

但是,需要说明的是:开始补糖的时间必需根据代谢的变化情况来决定,即根据基础培养基的碳源种类及用量、菌丝生长情况、糖的消耗速率及残留水平来综合考虑,不能单纯以时间为依据。

例如,在根据残糖浓度补料发酵提高纳他霉素产量的研究中,采用间歇补料分批发酵,补加时间以发酵液中还原糖水平为控制指标。当葡萄糖浓度分别降至 3%、2.5%、2%、1.5%时,开始每隔 6 h 补糖一次,维持葡萄糖浓度分别在 3%、2.5%、2%、1.5%,研究对纳他霉素产量的影响,发酵周期都为 96 h,结果如表 7-16 所示。从表中可以看出,当发酵时间为 50 h,残糖浓度降低 2.0%时开始补糖,并且维持在这一浓度,控制补糖总量为 23 g/L 时,纳他霉素的增长率最高,可以达到 32.1%,但此时的菌体量并不是最高。这说明,当还原糖浓度降至 2%时,发酵开始由菌体生长阶段向代谢产物合成阶段转变,此时补糖并维持糖浓度在 2%可延长抗生素分泌期,并使纳他霉素以最大的生产速率不断合成。

表 7-16　补糖策略对纳他霉素产量的影响

残糖浓度/(%)	补糖时间/h	补糖总量 /(g·L⁻¹)	菌体量 /(g·L⁻¹)	纳他霉素增长率/(%)
3.0	38	27	9.37	16.7
2.5	44	22	8.48	14.3
2.0	50	23	7.23	32.1
1.5	60	13	6.96	20.2

2)补糖方式的确定

补糖量的控制,以控制菌体浓度不增或略增为原则,使产生菌的代谢活动有利于产物合成。一般在补糖开始阶段控制还原糖在较高水平,以利于产物合成。但是,高浓度的还原糖不宜维持过久,否则会导致菌体大量繁殖影响产物的合成。一般维持还原糖水平在 0.8%~1.5%之间较为合适。

例如,在关于不同补糖速率对 L-缬氨酸发酵的影响实验中,控制初糖浓度为 80 g/L,发酵 30 h 后,分别以 10 g/(L·h)、25 g/(L·h)、40 g/(L·h)的补糖速度进行,结果如表 7-17 所示。从表中可以看出,补糖速度为 25 g/(L·h)时,产物的产量、菌体浓度以及葡萄糖的转化率均能达到相对较高的水平。

表 7 - 17　补糖速率对 L - 缬氨酸发酵过程的影响

补糖速度/ ($g \cdot L^{-1} \cdot h^{-1}$)	L - 缬氨酸浓度/ ($g \cdot L^{-1}$)	菌体浓度/ ($g \cdot L^{-1}$)	对葡萄糖的 转化率/(%)
10	50.42	16.3	33.61
25	52.23	17.1	34.82
40	49.33	16.8	32.89

进一步研究补料方式对发酵过程的影响。所用策略分别如下：

(1)一次定量加入：在发酵 30 h、残糖浓度为 1%～2% 时，一次性补加 467 mL 补料液 (60% 的葡萄糖水溶液)，使总糖浓度达到 15%。

(2)间歇定量加入：在初糖浓度降为 1%～2% 时，补加 117 mL 补料液，然后每当残糖浓度降为 1%～2% 时补加，分 4 次补完，总量为 468 mL。

(3)间歇恒速流加：每当残糖浓度降为 1%～ 2% 时，就以 25 g/(L·h)的速度流加补料液，直至 467 mL 补料液全部补完。

所得结果如表 7-18 所示。从表中可以看出，不同补料方式，菌体浓度相差不大，但葡萄糖转化率相差较大。以间歇恒速流加方式所得 L - 缬氨酸的产量最大，葡萄糖转化率最高，残糖浓度最低，是相对理想的补糖策略。

表 7 - 18　补糖方式对 L - 缬氨酸发酵过程的影响

补糖方式	L - 缬氨酸浓度/ ($g \cdot L^{-1}$)	菌体浓度/ ($g \cdot L^{-1}$)	对葡萄糖的 转化率/(%)	残糖浓度/ ($g \cdot L^{-1}$)
次定量	45.98	16.2	30.65	9.2
间歇定量	48.94	16.7	32.63	4.9
间歇恒速流加	51.98	17.3	34.65	1.8

补料方式影响发酵效率的另一个案例是，补料方式对酵母菌生产谷胱甘肽的影响。研究发现，在装液量为 3 L/5 L 的发酵罐中，采用接种量为 5%、空气流量为 1 L/L·min 的工艺，用适量的酸、碱调节培养液的 pH 至 6.5，温度 30℃，转速 150 r/min，培养 12 h 后，流加 40 g/L 的葡萄糖溶液，至 60 h 流加结束，72 h 培养结束。流式方式分别采用恒速流加培养 [见图 7-39(a)]、指数流加[见图 7-39(b)]、恒 pH 补料[见图 7-39(c)]。结果发现：不同的流加方式也会有不同的结果。其中，恒速流加增加了菌体浓度和 GSH(谷胱甘肽)产量；指数流加使菌体浓度呈指数增加，但是产物的产量较低；恒 pH 补料既可以获得较高的菌体浓度，菌体中 GSH 含量也较高，达到了菌体合成和 GSH 生产的相对统一。恒 pH 补料的操作过程是：发酵开始时，由于葡萄糖分解变成小分子酸，使 pH 下降，在 pH 降低到一定程度后，加入碱液调节 pH 达到设定的数值；然后随着糖被消耗得越来越少，pH 又会升高。再

根据糖的消耗加入适量的葡萄糖,在 pH 下降到一定程度后,又加入适量的碱液调节 pH。如此反复,发酵液始终保持在较低的葡萄糖浓度。至 60 h 流加结束,72 h 发酵结束。相比于不进行补料的分批发酵过程[见图 7-39(d)和表 7-19]而言,经过补料分批培养的操作过程有效地提高了谷胱甘肽发酵过程中的菌体生长和产物合成。可以看出,到发酵后期,由于碳源不够,酵母菌的细胞干重和 GSH 总量都比较低。这是因为,恒速流加改善了发酵后期的营养条件,使得细胞干重和 GSH 总量均有所增加,但由于在整个培养过程中采用恒定的补料速度,导致前期葡萄糖过量,而后期葡萄糖量又不足,因此,限制了细胞干重和 GSH 总量的增加;指数流加是基于微生物指数生长理论而发展起来的一种方法,在发酵的前期,微生物的数量较少,因而补料的数量也比较少,随着微生物数量的指数增加,补料也按指数方式增加,但发酵后期为酵母生成 GSH 的重要阶段,大量的补糖适合酵母菌的生长,而并不适合 GSH 的合成;恒 pH 补料分批培养则是根据发酵液 pH 的下降与升高来控制葡萄糖的补料的,当调整至合适的 pH 时,可确保发酵液中的葡萄糖含量始终保持在较低的水平,因而可获得较高的 GSH 总产量。这种调控策略不仅考虑到了葡萄糖含量,还考虑了 pH,是一种综合性调控策略。

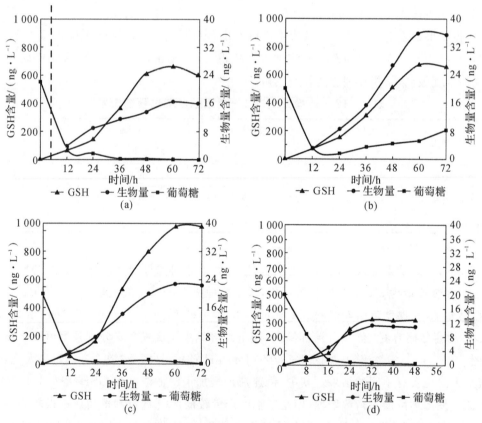

图 7-39 恒速流加、指数流加、恒 pH 流加、不进行补料对酵母菌生产谷胱甘肽的影响

(a)恒速流加;(b)指数流加;(c)恒 pH 流加;(d)不进行补料

表 7 - 19　补料方式对谷胱甘肽发酵过程的影响

培养模式	最大细胞干重/ $(g \cdot L^{-1})$	达到最大细胞 干重时间/h	GSH 含量/ $(mg \cdot g^{-1})$
分批培养	10.97	32	29.48
恒速流加	15.88	60	40.19
指数流加	35.96	60	19.88
恒 pH 补料分批培养	22.35	60	43.75

2.补充氮源

发酵过程中补充氮源的主要目的是调节 pH 和补充产生菌所需的氮源,从而控制代谢活动。生产上的补氮通常有两种情况:一是补有机氮源;二是补无机氮源,如通氨、补硫酸铵。

1)补有机氮源

添加某些具有调节生长代谢的有机氮源,如尿素、酵母粉、蛋白胨、玉米浆,保持菌的活性,补充产物合成所需的氮源。在操作时,有时会与碳源一起配合补料,工厂称作补混合料。

例:在土霉素发酵前期补 2~3 次酵母粉,放罐单位比对照高 1 500U/ mL;青霉素发酵 47 h 开始加尿素,每 6 h 补加一次,结合补加乳糖,发酵单位可达 40 000U/ mL 以上;赤霉素生产补加的氮源是花生粉,配 16% 的花生粉液体,当菌生长到黏度大于 15 s 时,说明氮源被消耗很多,就开始补加花生粉。对于含氮产物的生产特别需要补氮。

补充有机氮源的参考指标有氨基氮的消耗、菌的浓度、pH 变化。

例如,在谷氨酸生产中,尿素作为氮源时首先被菌体的脲酶分解变成氨,使 pH 上升。前 12 h 为菌体生长阶段,由于菌体生长快,氨被利用,使 pH 下降,这时要及时流加尿素,供给菌体生长所需的氮源并调节 pH。生产阶段菌生长停止,尿素先被脲酶分解为氨,使 pH 上升,氨被利用来合成谷氨酸,使 pH 下降,再次流加尿素。

2)补无机氮源

(1)方法一:通氨。某些抗生素提高产量的有效措施,作用是补充无机氮源和调节 pH。通氨一般使用压缩氨气或氨水(20%)。采用少量间歇添加或自动流加,由空气管道流入与发酵液均匀混合。氨浓度控制通过测定氨的比消耗速率、菌的比生长速率、产物比合成速率和 pH 来控制补加速率。

(2)方法二:补硫酸铵。例如,林可霉素原来基础培养基中 $(NH_4)_2SO_4$ 浓度为 0.6%,18 h 后减少到 7 mg/100 mL,发酵后期缺少氮源。改进工艺后,将基础培养基中 $(NH_4)_2SO_4$ 减少为 0.5%,14.6 h 开始补加 30% $(NH_4)_2SO_4$ 溶液,根据培养液的 pH 和 NH_2 - N 浓度控制加量。正常情况下 NH_2 - N 保持在 10 mg/100 mL 以下,平均补加硫酸铵 1.5%,提高了发酵单位。

3.补氮的控制对象

通常情况下,需要控制补氮时间、补氮量、补氮方式。主要是根据氮消耗速率、菌浓度、发酵液黏度、pH决定补料的时间和补料的量。一般而言,补充黄豆饼粉、酵母粉采取分批补料。但是,无机氮源和尿素一般采取流加方式。因为这些氮源对pH的影响大,而且过多的氨离子会对菌的生长产生抑制作用。

此外,补入碳源还是氮源以及它们的量多少要根据产物的分子结构及细胞组成来决定。有的发酵氮源很低时也不需补氮源,这是因为产物分子中几乎不含氮。当同时需要补充碳源和氮源时,可以混合起来一起加入。补料浓度的确定可以以摇瓶的基质残留浓度为依据进行实验。

4.补前体

在发酵过程中添加前体,可以显著增加产物的产量、控制发酵方向。例如,在青霉素生产过程中,补充苯乙酸会对青霉素产量和类型产生显著影响。

苯乙酸浓度过高时对青霉素有毒性,而且pH低时比pH高时对青霉素毒性大,因此发酵早期pH低时加入苯乙酸会影响青霉素产量。含高浓度苯乙酸(0.5%)的培养液呈酸性时毒性很大,但低浓度(0.3%)培养液呈酸性时并不显毒性作用。由于苯乙酸高浓度有毒性,应多次少量加入或采取流加方式。

另外,前体添加时间也需要考虑,要通过实验来确定。如表7-20所示,当控制苯乙酸的添加速度为0.05%,总量为0.4%时,所得青霉素产量最大,而且主要为G型青霉素分子。

表7-20　补充苯乙酸对青霉素产量和类型的影响

苯乙酸添加速度/(%)	苯乙酸总量/(%)	青霉素产量 U·mL^{-1}	青霉素类型			
			X	G	F	FH
0	0	550	13.6	31.8	22.8	17.6
0.025	0.18	1 321	2.1	82.8	7.3	5.1
0.050	0.40	1 823	0.2	96.2	1.9	1.2

总体而言,补料操作可以推迟菌体自溶期,延长产物分泌期,维持较高的生产速率,提高产量。但是,其工艺复杂,而且会增加染菌机会。

第七节　发酵过程中的温度控制

发酵过程中的温度不仅会影响微生物的菌体生长,而且会影响微生物体体内的反应速率和反应方向。采用合理的温度控制可以有效提高产物的产量。

一、温度对菌体生长的影响

菌体生长都会有其最低温度、最适温度、最高温度。最适温度条件是指微生物生长最迅速的温度;在最低温度条件下,微生物尚能生长,但生长速度非常缓慢,世代时间无限延长;在最高温度条件下,微生物能够生长的极限温度高于这一温度,微生物生长就会受到抑制,甚至死亡;在最低温度和最适温度之间,微生物的生长速率随温度升高而增加;在最适温度和最高温度之间,随温度升高,生长速率下降,最后停止生长,直至死亡。根据微生物能够生存的温度范围,可以将微生物分为嗜冷菌(0～26℃)、嗜热菌(37～65℃)、嗜温菌(15～43℃)、嗜高温菌(高于65℃)。

温度影响菌体生长的原理在于:

(1)温度会影响细胞膜结构的物理化学性质。要保持正常的细胞活性,细胞膜中的脂质成分应保持液晶状态。但是,微生物的细胞膜只能在一定的温度范围内维持液晶状态,超过这个范围就会降低细胞膜的液晶状态,从而影响其功能活性。

(2)温度会影响细胞内的蛋白质结构。嗜冷菌能够在极低温度条件下正常生长的原理在于:这类微生物含有嗜冷酶,在低温条件下这种酶的分子间作用力减弱,与溶剂的作用加强,使得酶结构的柔韧性增加,酶在低温下容易被底物诱导产生催化作用。

(3)温度会影响蛋白质合成。嗜冷菌具有在0℃合成蛋白质的能力。这是因为菌体的核糖体、酶类以及细胞中的可溶性因子等对低温的适应,使蛋白质翻译的错误率最低。细胞膜在低温下的完整性好。

(4)温度处理会刺激微生物合成冷休克蛋白。研究发现,大肠杆菌从37℃突然转移到10℃时细胞中会诱导合成一组冷休克蛋白;嗜冷酵母经冷刺激后,冷休克蛋白在很短时间内大量产生。这种嗜冷蛋白的产生与微生物在极冷温度条件下的生存能力有关。

二、温度对发酵过程的影响

温度对发酵过程的影响,实质是温度影响酶促反应速率和酶促反应方向,从而表现为影响产物合成的速度和产量。

1.温度影响菌体生长

由阿累尼乌斯方程可知,反应速率常数与反应温度和反应活化能有关。对于一个反应的活化能(E)而言,其值越大,温度变化对反应速率的影响就越大。图7-40为在葡萄糖过量的培养基上,温度对大肠杆菌比生长速率的影响。

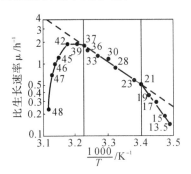

图7-40 温度对大肠杆菌比生长速率的影响

温度对菌的生长、产物合成的影响可能是不同的。

2.温度影响发酵方向

在一些情况下,温度会影响代谢方向,影响发酵过程中产物的合成种类与产量。例如,四环素产生菌金色链霉菌,同时产生金霉素和四环素,当温度低于 30 ℃时,这种菌合成金霉素能力较强;温度提高,合成四环素的比例也提高,温度达到 35 ℃时,金霉素的合成几乎停止,只产生四环素。

3.温度影响基质溶解度

温度还影响基质溶解度。氧在发酵液中的溶解度也会影响菌对某些基质的分解吸收。从而进一步影响菌体的生长和代谢。

三、发酵过程中最适温度的选择

针对不同微生物及其发酵过程,可以通过一系列的实验分析结果,获得菌体生长和产物合成的最适温度。在选择发酵过程的最适温度时,需要考虑如图 7-41 所示的相关因素,其中主要包括菌种特性、生长阶段、培养条件、菌体生长情况等几个方面。

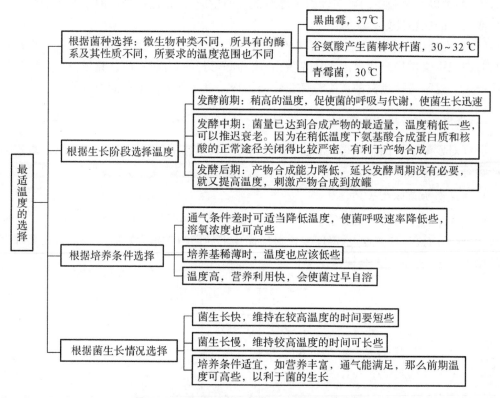

图 7-41　温度对大肠杆菌比生长速率的影响

在发酵过程中,微生物生长和产物合成所需最适温度往往有所不同。一种情况是,产物合成温度均低于菌体生长温度。例如,在四环素生产过程中,四环素生产菌的生长温度为 28 ℃,四环素合成温度为 26 ℃,后期再升温;在糖化酶发酵过程中,黑曲霉生长温度为 37 ℃,糖化酶产生温度为 32～34 ℃。但是,也有一些菌种的产物形成时所需温度比菌种生长时所需温度高。例如,谷氨酸产生菌的生长温度为 30～32 ℃,产酸温度为 34～37 ℃。

根据菌体生长和产物合成时所需最适温度的不同,可以采用变温控制的方法实现菌生长和产物合成的同步增长。例如,在林可霉素的发酵过程中,发现接种后 10 h 左右,菌体已进入对数生长期,随后是 10 h 左右的加速生长期,在 40 h 左右对数生长期基本完成,在 50 h 左右转入生产期。从理论分析可知,适当降低培养温度可以延缓菌体的衰老和维持相当数量的有强生产能力的菌丝体存在。可以通过实验对比,在菌体对数生长期后降低温度,使之保持在产物合成的最适温度,既可以推后菌体的衰老,又可以提高产物的产量。

四、发酵过程引起温度变化的因素

发酵热($Q_{发酵}$)是指发酵过程中释放出来的净热量。它是引起发酵过程温度变化的主要原因,通常是引起发酵液的温度上升。发酵热大,温度上升快,发酵热小,温度上升慢。

1.影响发酵热的因素

净热量是指,在发酵过程中产生菌分解基质产生热量,机械搅拌产生热量,而罐壁散热、水分蒸发、空气排气带走热量。这些热量的代数和就叫作净热量。在发酵过程中,有以下等式:

$$Q_{发酵}=Q_{生物}+Q_{搅拌}-Q_{蒸发}-Q_{辐射}$$

式中各指标的内容与定义如图 7-42 所示。

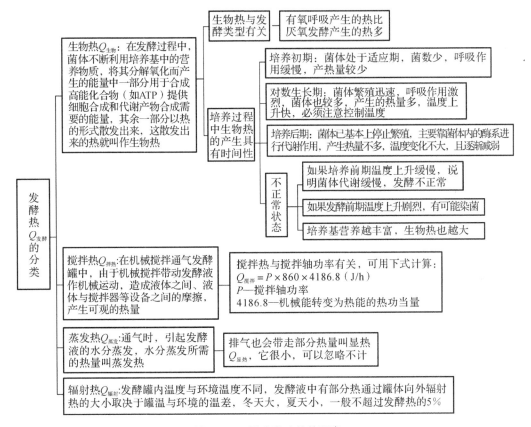

图 7-42　影响发酵热的因素

2. 发酵热的测定

发酵热的测定主要有四种方法（见图 7-43）：根据冷却水进、出口温度差计算；根据发酵罐温度上升速率计算；根据化合物的燃烧值估算；根据实测发酵过程中的物质平衡计算。

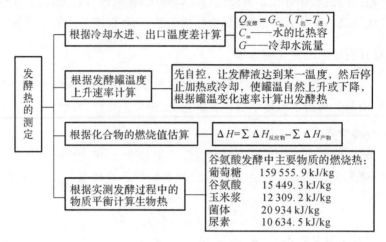

图 7-43　发酵热的测定方法

已知发酵过程中不同时间点各物质的变化量，可以根据每种物质的燃烧值估算出发酵过程中的生物热。例如，某个发酵过程中的物质变化如表 7-21 所示，根据其中的数据，可以计算出 12～18 h 时间的生物热为

$$Q_{生物}=24×159\,555.9+0.6×12\,309.2+6×10\,634.5-1.2×20\,934-15.4×15\,449.3$$
$$=191\,098.1kJ/m^3$$

$$191\,098.1÷6=31\,849.7\ m^3$$

因此，每小时的生物热为 31 849.7 kJ/m³。

表 7-21　某发酵过程中的物质变化

发酵时间/h		0～6	6～12	12～18	18～31
物质的量的变化/mol	糖	-37	-30.3	-24.0	-41.7
	谷氨酸		5.9	15.4	23.9
	尿素	-2.9		-6.0	
	菌体	4.8	6.0	1.2	
	玉米浆	-2.4	-3.0	-0.6	

五、利用温度控制提高产量的案例

1. 利用热冲击处理技术提高发酵甘油的产量

问题的提出：酵母在比常规发酵温度高 10～20 ℃的温度下经受一段时间刺激后，胞内海藻糖的含量显著增加。Lewis 发现，热冲击能提高细胞对盐渗透压的耐受力。Toshiro 发现热冲击可使胞内 3-磷酸甘油脱氢酶的活力提高 $15\% \sim 25\%$，并导致甘油产量提高。

实验设计：甘油发酵是在高渗透压环境中进行的，因此可望通过热冲击来提高发酵甘油的产量。为了确定其中的最优条件，设计正交实验，涉及的因素和水平如表 7-22 所示。

表 7-22　正交实验的因素和水平

因素编号	因素	水平 1	水平 2	水平 3
A	冲击温度/℃	40	45	50
B	开始时机/h	8	16	30
C	冲击时间/min	15	30	60

分析实验结果发现：开始 16 h 后，用 45 ℃ 冲击 30 min 的处理条件的产量提升效果最佳，发酵 96 h 后的产量提高了 32.6%。

2. 重组大肠杆菌人源 Cu/Zn-SOD 的高表达

重组蛋白的表达主要取决于启动子、诱导剂的温度响应能力。例如，在重组大肠杆菌人源 Cu/Zn-SOD 的表达体系中，采用 Lac 作为启动子，用乳糖作为诱导剂。设定不同的诱导温度，检测 SOD 蛋白的表达量，结果如表 7-23 所示。从表中可以看出，温度为 34℃ 时效果最好，低于或者高于这个温度效果均有所降低。其中的原因可能有以下几点：

(1)乳糖被用于合成菌体和其他蛋白，减少了合成 SOD 的原料，随着温度升高，蛋白和菌体浓度均有所增加；

(2)较高温度下 SOD 降解速率增加，杂蛋白增加；

(3)较低温度下由于比生长速率低，质粒脱落减少；

(4)低温下菌的衰老减缓，死亡率低。

表 7-23　温度对 SOD 表达的影响

温度	27 ℃	30 ℃	34 ℃	37 ℃
SOD	4 966	14 270	6 590	4 638
比活	810	1471	679	526
蛋白	6.129	9.70	9.79	11.88
OD_{800}	7.41	10.72	11.78	24.77

第八节　发酵过程中的泡沫控制

发酵过程泡沫的形成会给发酵过程造成重要影响，如果控制技术不当或者效果不佳，会严重降低产物的活性和得率。

一、泡沫的形成

1.泡沫形成的理论基础

泡沫形成理论的关键知识可总结为图7-44。

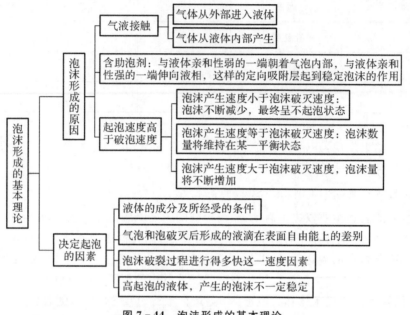

图7-44　泡沫形成的基本理论

2.发酵过程中泡沫产生的原因

发酵过程中泡沫产生的原因可总结为图7-45。

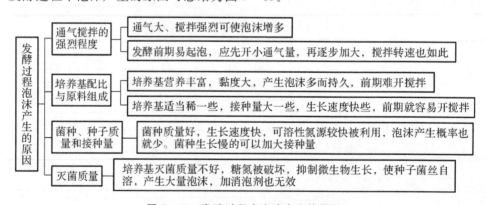

图7-45　发酵过程中泡沫产生的原因

3.发酵过程中起泡的危害

发酵过程中产生的泡沫主要有四个方面的危害:一是因为泡沫占据了大量的空间,降低了生产能力;二是泡沫外溢会引起原料浪费;三是泡沫的存在会影响氧气的传递,从而影响菌的呼吸;四是泡沫沿着发酵罐顶部往外溢时,遗留在发酵罐外的泡沫液体里含有发酵液中的营养成分,从而容易引起发酵罐表面和空气中的杂菌沿着溢出的发酵液生长进发酵罐内部,从而引起染菌。

4.泡沫的稳定性

1)泡沫的性质

泡沫是一个热力学不稳定的体系。泡沫的稳定性取决于气泡间液膜的性质。泡沫形成的过程及其稳定程度取决于气泡间液膜的性质。如图 7-46 所示,表面活性剂是由疏水基与亲水基构成的化合物。

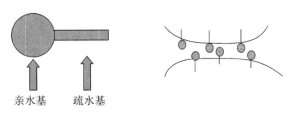

亲水基　疏水基

图 7-46　表面活性剂与泡沫形成之间关系示意图

在水中,表面活性剂的分子不停地转动,在以下两种情况下泡沫才能比较稳定,停留时间比较长:情况一(见图 7-47),表面活性剂的亲水基留在水相,疏水基伸到气相中,形成定向吸附层;情况二(图 7-48),表面活性剂的疏水基在水相中互相靠在一起,减少疏水基与水的接触,形成"胶束"。

溶液中表面活性剂的浓度低于临界胶束浓度时以第一种情况为主;表面活性剂浓度高于临界胶束浓度时,出现第二种情况。

在泡沫不断增加时,表面活性剂会从胶束中不断转移到新产生的气液界面上。

定向吸附层

图 7-47　表面活性剂在水中形成定向吸附

胶束

图 7-48　表面活性剂在水中形成胶束

由定量观点看,气泡内外压差:

$$\Delta = \frac{整个气泡的表面张力}{气泡的体积} \times 校正系数\ k$$

如果起泡膜很薄,内外表面积近似相等,则有

$$\Delta = \frac{\sigma(4\pi R^2 \times 2)k}{\frac{4}{3}\pi R^3} = \frac{6\sigma}{R}k$$

由该式可知:压差 ΔP 与气泡半径成反比。

若气泡膜的表面张力均相同,则小气泡中的压力比大气泡中的压力大。

因此,当相邻气泡大小不同时,气泡会不断地由小气泡高压区,经过吸附、溶解、解析扩散到大气泡低压区。于是小气泡进一步变小,大气泡进一步变大。

即使相邻气泡曲率半径最初差别不大,也会由 ΔP 的不同、气体的扩散导致泡径差别逐渐增大,直至小泡完全并入大泡。结果气泡数目减少,平均泡径增大,气泡大小分别发生变化。

2)泡沫的三阶段变化

泡沫体系一般会依次经历三个阶段:第一阶段,气泡大小分布的变化;第二阶段,气泡液膜变薄;第三阶段,泡沫破灭。

3)影响泡沫稳定性的因素

以下因素都会影响发酵液中泡沫的稳定性:一是泡径大小;二是溶液中所含有的助泡剂的类型和浓度,它们会影响泡沫的表面张力,增加泡沫的弹性;三是起泡液的黏度;四是其他因素,包括温度(影响泡沫上表面活性剂的浓度)、pH(影响助泡剂的溶解度及其在泡沫表面的吸附状态)、表面电荷。

二、泡沫的消除

1.消泡剂的作用机理

1)罗氏假说

如图 7-49 所示,1941 年哈金斯(W. D. Harkinss)曾提出铺展系数 S 的概念,即

$$S = \delta_P - \delta_{PA} - \delta_A$$

式中　δ——起泡介质的表面张力;

　　δ_{PA}——消泡剂与起泡介质的界面张力;

　　δ_A——消泡剂的表面张力。

以铺展系数 S 值的正负可以判断消泡剂是否能够在泡沫上扩展。当浸入系数和铺展系数均为负值时,小滴既不浸入也不扩展;当浸入系数大于零、铺展系数为负数时,小滴呈棱镜状,不铺展;只有二者均为正值时才可能是消泡剂。

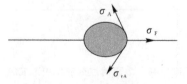

图 7-49　泡沫表面的作用力

2)与稳泡因素有关的几种消泡机理

机理一:使泡沫液局部表面张力降低,因而导致泡沫破灭。

机理二:破坏膜弹性而导致气泡破灭。

机理三:促使液膜排液,因而导致气泡破灭。

2.破泡剂与抑泡剂

1)破泡剂与抑泡剂的区别

根据消除泡沫的作用和使用,可以将用于消除泡沫的物质分为破泡剂和消泡剂两种。两者在定义和作用机理上的区别和联系可总结为图7-50。

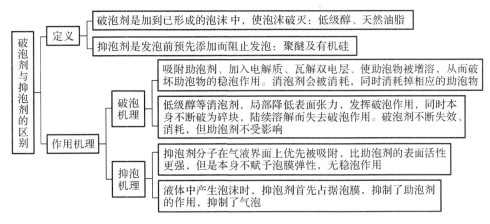

图7-50　破泡剂与抑泡剂的区别

2)破泡剂与抑泡剂的相互关系

溶解度大的破泡剂,消泡作用只发挥一次;溶解度小的破泡剂,消泡作用可持续一段时间。如果破泡剂的溶解度进一步降低,即成为抑泡剂。破泡剂大量使用,具有抑泡作用,抑泡剂大量使用也具有破泡作用。

3)对消泡剂的要求

用于发酵过程中泡沫控制的消泡剂应该满足以下几点要求:①在起泡液中不溶或难溶;②表面张力低于起泡液;③与起泡液有一定程度的亲和性;④与起泡液不发生化学反应;⑤挥发性小,作用时间长。

4)常用消泡剂的种类与性能

常用消泡剂的种类与性能可总结为图7-51。在实际使用过程中,对于消泡剂要有选择性。需要注意的是,消泡剂用多了会产生毒性,而且还影响通气和气体分散,因此要尽可能少地使用。

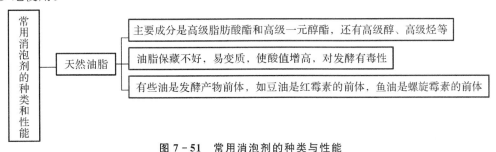

图7-51　常用消泡剂的种类与性能

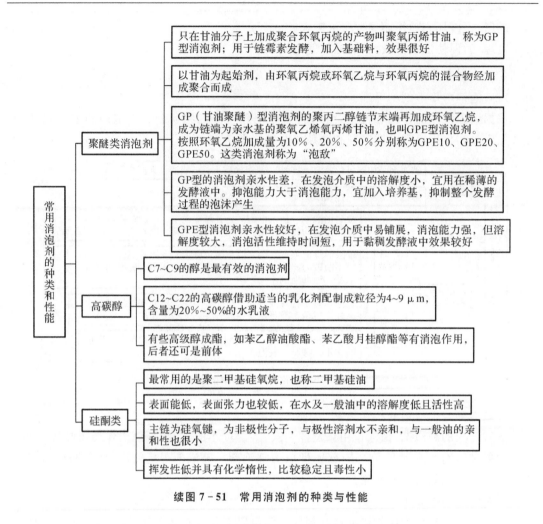

续图 7-51 常用消泡剂的种类与性能

第九节 发酵过程中的染菌控制

发酵过程中如果发生染菌,轻则降低产物产量,重则需要倒掉全部发酵液,终止发酵。为此,需要进行及时有效防控。

一、染菌对发酵过程的影响

发酵过程中发生染菌事件,会对发酵过程产生如下不利影响:
(1)造成大量原材料的浪费,在经济上造成巨大损失;
(2)扰乱生产秩序,破坏生产计划;
(3)遇到连续染菌,特别在找不到染菌原因时,往往会影响人员的情绪和生产积极性;
(4)影响产品外观及内在质量。

需要说明的是,生产不同的品种,可污染不同种类和性质的微生物。不同污染时间、不同污染途径、污染不同菌量、不同培养基和培养条件又可产生不同的影响。同时,染菌对发酵过程的影响程度会因为发酵品种、微生物的种类与性质、染菌时间段等情况而有所不同。具体内容可总结如图 7 - 52 所示。

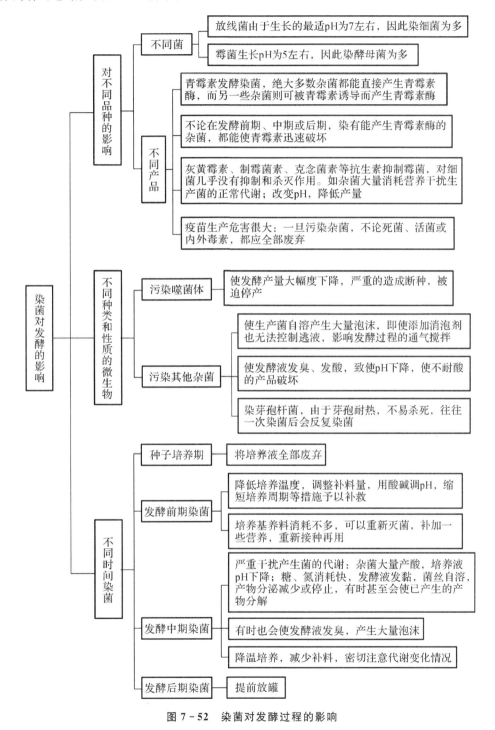

图 7 - 52 染菌对发酵过程的影响

二、发酵过程染菌对产物提炼和产品质量的影响

发酵过程中如果发生染菌，不仅会影响产物产量，还会影响后续的产品提炼工艺和产品质量，主要表现在两个方面：一是对发酵液过滤的影响；二是对产品提炼工艺难易程度的影响。具体内容可总结为图7-53。

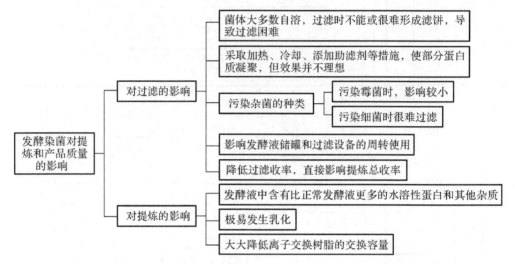

图 7-53　发酵过程染菌对产品提炼工艺和产品质量的影响

三、发酵染菌率的计算基准

发酵过程中总染菌率是指，一年发酵染菌的批（次）数与总投料批（次）数之比的百分率。可以用以下公式计算：

$$总染菌率 = \frac{发酵染菌批（次）数}{总投料批（次）数} \times 100\%$$

需要说明的是，这里提到的染菌批次数应包括染菌后培养基经重新灭菌又再次染菌的批次数在内。

四、发酵过程染菌的原因与检查

1.发酵过程中染菌的原因

如图7-54所示，对比国内外发现的染菌原因，可以看出：很多染菌是由"明知故犯""不负责任""侥幸心理"等主观原因造成的。为此，在生产过程中，需要时刻注意严格按照操作规程进行操作。如灭菌的蒸汽压不足时绝对不能灭菌，设备有渗透时不能进罐。

2.无菌检查

为了防止发酵过程染菌，需要对环境和发酵液进行定期的无菌检查。其中，环境无菌检查主要用尘埃粒子检测和无菌平板检测；种子及发酵液无菌状态检测，主要用酚红肉汤培养基检测、平板划线、显微镜观察等方法进行。

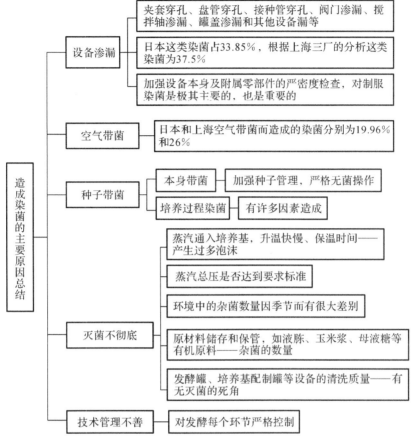

图 7 - 54　发酵生产中发生染菌的原因

3.染菌情况分析

发酵过程中发生的染菌可以分为单罐染菌、多罐染菌、前期染菌、中后期染菌等不同情况(见图 7 - 55)。

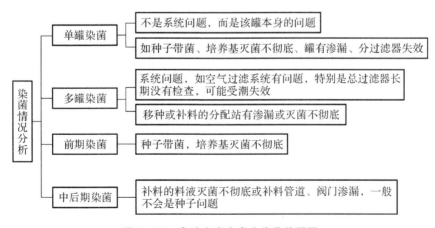

图 7 - 55　发酵生产中发生染菌的原因

六、发酵过程染菌的防止与处理

针对发酵过程中发生种子带菌、设备渗漏、培养基灭菌不彻底、空气引起的染菌等情况，以及染菌后处理等不同情况，可以采用不同的方法，具体可总结为图7-56。

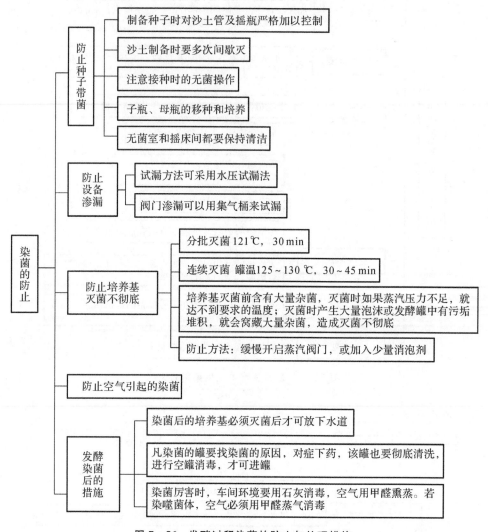

图7-56 发酵过程染菌的防止与处理措施

七、噬菌体感染及其防治

发酵过程中如果发生噬菌体感染，会造成十分严重的影响。因为一旦发生噬菌体感染，会导致菌体死亡，除了当前批次无法正常进行外，还会往往发生反复连续感染，使生产无法正常进行，甚至导致种子全部丧失。发酵过程中发生噬菌体感染的原因，以及检测和防治措施等可总结为图7-57。

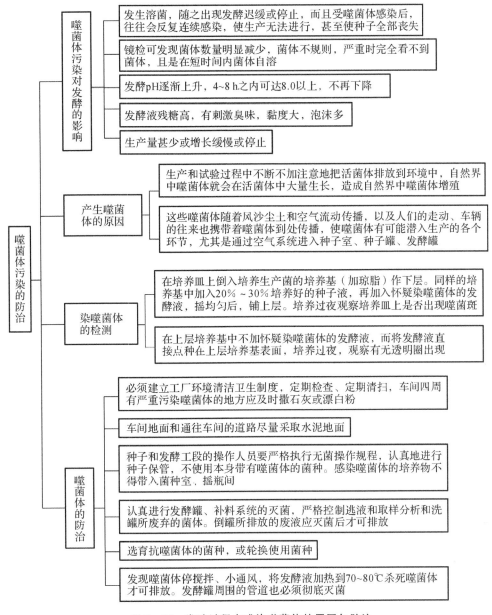

图 7-57 发酵过程中感染噬菌体的原因与防治

第十节 发酵终点判别与异常情况处理

发酵终点判断是进行放罐的重要依据,也是发生异常情况时常用的处理方法之一。

一、终止发酵的条件

除了正常发酵过程结束时进行终止发酵外,还可以在发生染菌和异常情况时,考虑到经济因素、产品质量、染菌、代谢异常时也可以提前终止发酵,进行放罐处理。具体情况可总结为图 7-58。确定是否满足放罐条件时,可以参考生产成本和产物的产量、过滤速度、营养成分、pH 等因素。

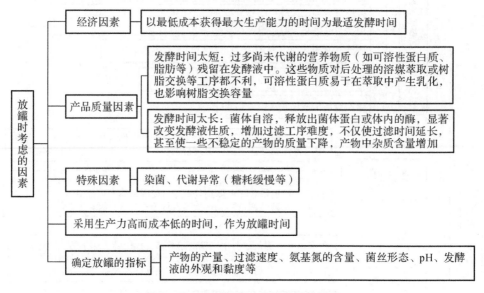

图 7-58 终止发酵时需要考虑的因素

二、发酵过程中突然停空气的应急处理

如果在发酵过程中突然发生停空气的问题,可以从以下方面进行处理:

(1)立即大声通知其他人员到岗位进行抢救,并报上级领导。

(2)如果供电正常,应立即停止各运转罐的机械搅拌,以防电机烧坏。

(3)要先抢救前期罐和种子罐,后抢救中后期罐。

(4)先立即关闭各运转罐的进气阀,再关排气阀,防止料液倒流入空气过滤器。

(5)立即关闭各级过滤器的出气阀和进气阀。防止过滤器压力掉零。

(6)正常送气后,顺次开总过滤器进气阀,分过滤器进气、出气阀,再开各级罐的进气、排气阀,料液充分翻腾后顺次开启搅拌。切记:不能同时开搅拌,防止电流过高引起跳闸。

(7)查清停气原因,停气期间不得脱离岗位,并做好原始记录。

三、发酵过程中突然停电的应急处理

1.停电引发的可能问题

(1)如果全厂停电,空压机停,空气停,发酵罐无法保压,补料罐无法保压。特别是有些罐开着进气,排气开得很小,甚至没开,管道压力降低,物料倒流(若进气在封头,可能不会倒流)。

(2)如果只有车间停电,搅拌停,有些品种短时间对发酵影响很小,不同品种影响不同。

(3)对无菌的影响,中小罐严重影响无菌,发酵罐应该有一定概率不染菌。

（4）温度自控停止。

（5）补料自控停止。

2.发酵过程中突然停电的应急处理

（1）首先判断是否同时停空气,如空气正常,只停照明和车间动力电时,关闭相应的电源开关即可。

（2）如果空气没有停,搅拌停了,那么就将通气量加大,降低发酵控制温度 $1\sim2℃$,使菌体长慢些,保持 DO 在临界点以上。

（3）如果空气没有停,搅拌没有停,只是控制系统有问题不能补料和控温,就要手动控温,通过旁路来进行手动补料,且需要有人来进行复核,防止出现误操作。

（3）如全厂性停电(同时停空气),处理方法和突然停空气相同。

（4）如果是夜间停电,要特别注意安全。

最后,一定要做到坚守岗位,做好原始记录。

需要说明的是,停电对不同发酵过程的影响程度不同,采取的措施也会有所差异:

（1）对于不同发酵菌种影响不同,像乳酸菌这样的厌氧菌发酵一般就不存在搅拌和通气的问题,这时较短时间的停电造成的损失可能就少得多。

（2）根据发酵菌体生长程度,如果是在初期,并且调度通知停电较长时间,建议关闭罐上一切进气口、加料口等,等有了电后,重新灭菌,重新接种。

四、发酵罐逃液的应急处理

发酵罐逃液是指在培养基灭菌或发酵培养过程中,由于泡沫升高而引起的发酵液从排气管道溢出的现象。

发酵罐逃液可能会给发酵过程带来染菌、产量损失、环境污染等危害。

1.发酵罐逃液的原因

以下情况都有可能会造成发酵罐逃液:

（1）消泡剂质量和加量问题;

（2）培养基原材料问题;

（3）培养基配制问题及操作工操作问题;

（4）种子质量变化;

（5）搅拌控制及补料工艺不当;

（6）发酵中前期没有控制好,导致菌丝衰老过快,菌丝自溶较多。

2.发酵逃液后的处理

可以从以下方面采取措施来防止或者处理发酵罐逃液问题:

（1）加入消泡剂;

（2）降低搅拌转速;

（3）降低空气流量;

（4）提高罐压；

（5）带放，即放掉部分发酵液，再补入部分料液，使代谢有害物得以稀释，有利于产物合成，提高总产量；

（6）如果逃液发生在发酵后期，没有好的控制手段时，还可停搅拌，等待放罐；

（7）如果发生噬菌体感染，也容易造成逃液，如菌丝已断裂，罐上 pH 异常，将罐上进、排气关闭，等待下一步处理（每个厂都应该有一套针对性处理方法）；

（8）最后还要注意周围环境卫生的清洁。

此外，还需要考虑发生逃液的根本原因，采用针对性处理措施，才能精准地解决问题：

（1）如果是好氧发酵，就不能降流量，停搅拌，因为会影响溶氧，从而减弱代谢。

（2）及时添加消泡剂。在代谢正常的情况下逃液，说明发酵生长情况良好，代谢旺盛，所以液面才会上升。逃液后首先应该及时加消泡剂，让液面下降，以免闷罐。

（3）补充原料。因为菌体代谢会受影响而有所下降，所以应该降低或暂停中间需补的碳源、氮源量。如果逃液量大，还应考虑补点小料，但磷源不建议补更多，可以加强看罐工的巡回检查制度同时记录逃液发生的周期。

（4）如果逃液是染菌引起的，则应该考虑放罐了；

（5）如果逃液是因为原材料质量不好，则应考虑换原料，或找替代品或调整用量配比；

（6）如果消毒过程发生逃液，还可以考虑降低消前体积。

本章知识图谱与视频

一、本章知识图谱

本章知识图谱如图 7-59 所示。

二、本章视频

1. 微生物对氧的需求
2. 反应器中氧的传递 1
3. 反应器中氧的传递 2
4. 反应器中氧的平衡及调节 1
5. 反应器中氧的平衡及调节 2
6. 反应器中氧的平衡及调节 3
7. 发酵过程中氧浓度的变化及其监控 1
8. 发酵过程中氧浓度的变化及其监控 2
9. 发酵过程工艺控制的目的、研究方法和层次

1. 微生物对氧的需求

2. 反应器中氧的传递 1

3. 反应器中氧的传递 2

4. 反应器中氧的平衡及调节 1

5. 反应器中氧的平衡及调节 2

6. 反应器中氧的平衡及调节 3

7. 发酵过程中氧浓度的变化及其监控 1

8. 发酵过程中氧浓度的变化及其监控 2

9. 发酵过程工艺控制的目的、研究方法和层次

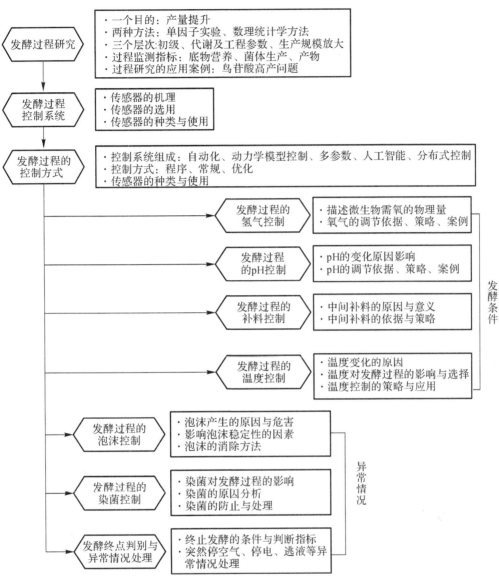

图 7-59　第七章知识图谱

10. 发酵过程的参数测定 1

11. 发酵过程的参数测定 2

12. 发酵过程参数测定的实例

13. 发酵过程的补料控制 1

14. 发酵过程的补料控制 2

15. 温度对发酵的影响及其控制 1

10.发酵过程的
参数测定1

11.发酵过程的
参数测定2

12.发酵过程参数
测定的实例

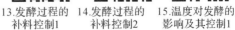

13.发酵过程的
补料控制1

14.发酵过程的
补料控制2

15.温度对发酵的
影响及其控制1

16. 温度对发酵的影响及其控制 2

17. pH 对发酵的影响及其控制 1

18. pH 对发酵的影响及其控制 2

19. 发酵过程中泡沫控制 1

20. 发酵过程中泡沫控制 2

21. 发酵终点判别

22. 发酵过程中的染菌与防控 1

23. 发酵过程中的染菌与防控 2

24. 实验室发酵罐操作 1（接种二级种子液）

25. 实验室发酵罐操作 2（放入摇床）

26. 实验室发酵罐操作 3（投料）

27. 实验室发酵罐操作 4（安装发酵罐）

28. 实验室发酵罐操作 5（冲洗 pH 电极）

29. 实验室发酵罐操作 6（接入 pH 电极）

30. 实验室发酵罐操作 7（pH 计零点标定）

31. 实验室发酵罐操作 8（pH 斜率标定）

32. 实验室发酵罐操作 9（接入溶氧电极）

33. 实验室发酵罐操作 10（溶氧电极零点标定）

34. 实验室发酵罐操作 11（插入溶氧电极）

35. 实验室发酵罐操作 12（灭菌前的管路密封）

36. 实验室发酵罐操作 13（灭菌前管路展示）

37. 实验室发酵罐操作 14（放入灭菌锅）

38. 实验室发酵罐操作 15（上罐）

39. 实验室发酵罐操作 16（发酵罐通气）

40. 实验室发酵罐操作 17（设置温度）

41. 实验室发酵罐操作 18（标定溶氧电极斜率）

42. 实验室发酵罐操作 19（安装流加管路）

43. 实验室发酵罐操作 20（设置溶氧和补料的自动关联）

44. 实验室发酵罐操作 21（调节补料和加碱为自动模式）

45. 实验室发酵罐操作 22（发酵罐背部管路展示）

46. 实验室发酵罐操作 23（取样）

47. 生物制药工艺仿真 24（发酵工艺）

16.温度对发酵的影响及其控制2　　17.pH 对发酵的影响及其控制1　　18.pH 对发酵的影响及其控制2　　19.发酵过程中泡沫控制1　　20.发酵过程中泡沫控制2　　21.发酵终点判别

22.发酵过程中的染菌与防控1　　23.发酵过程中的染菌与防控2　　24.实验室发酵罐操作1(接种二级种子液)　　25.实验室发酵罐操作2(放入摇床)　　26.实验室发酵罐操作3(投料)　　27.实验室发酵罐操作4(安装发酵罐)

28.实验室发酵罐操作5(冲洗pH电极)　　29.实验室发酵罐操作6(接入pH电极)　　30.实验室发酵罐操作7(pH计零点标定)　　31.实验室发酵罐操作8(pH斜率标定)　　32.实验室发酵罐操作9(接入溶氧电极)　　33.实验室发酵罐操作10(溶氧电极零点标定)

34.实验室发酵罐操作11(插入溶氧电极)　　35.实验室发酵罐操作12(火菌前的管路密封)　　36.实验室发酵罐操作13(火菌前管路展示)　　37.实验室发酵罐操作14(放入灭菌锅)　　38.实验室发酵罐操作15(上罐)　　39.实验室发酵罐操作16(发酵罐通气)

40.实验室发酵罐操作17(设置温度)　　41.实验室发酵罐操作18(标定溶氧电极斜率)　　42.实验室发酵罐操作19(安装流加管路)　　43.实验室发酵罐操作20(设置溶氧和补料的自动关联)　　44.实验室发酵罐操作21(调节补料和加碱为自动模式)　　45.实验室发酵罐操作22(发酵罐背部管路展示)

46.实验室发酵罐操作23(取样)　　47.生物制药工艺仿真24(发酵工艺)

三、本章知识总结

本章知识总结如图 7 - 60 所示。

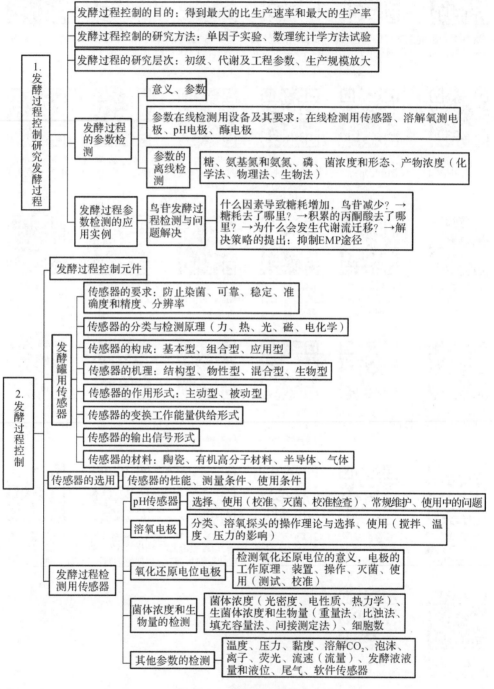

图 7 - 60　第七章知识总结

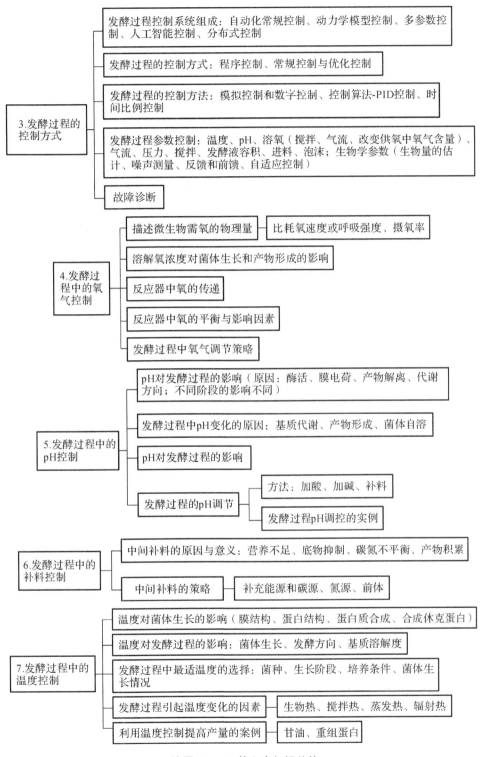

发酵过程控制系统组成：自动化常规控制、动力学模型控制、多参数控制、人工智能控制、分布式控制

发酵过程的控制方式：程序控制、常规控制与优化控制

发酵过程的控制方法：模拟控制和数字控制、控制算法-PID控制、时间比例控制

3.发酵过程的控制方式

发酵过程参数控制：温度、pH、溶氧（搅拌、气流、改变供氧中氧气含量）、气流、压力、搅拌、发酵液容积、进料、泡沫；生物学参数（生物量的估计、噪声测量、反馈和前馈、自适应控制）

故障诊断

描述微生物需氧的物理量 —— 比耗氧速度或呼吸强度、摄氧率

溶解氧浓度对菌体生长和产物形成的影响

4.发酵过程中的氧气控制

反应器中氧的传递

反应器中氧的平衡与影响因素

发酵过程中氧气调节策略

pH对发酵过程的影响（原因：酶活、膜电荷、产物解离、代谢方向；不同阶段的影响不同）

发酵过程中pH变化的原因：基质代谢、产物形成、菌体自溶

5.发酵过程中的pH控制

pH对发酵过程的影响

发酵过程的pH调节 —— 方法：加酸、加碱、补料

发酵过程pH调控的实例

6.发酵过程中的补料控制

中间补料的原因与意义：营养不足、底物抑制、碳氮不平衡、产物积累

中间补料的策略 —— 补充能源和碳源、氮源、前体

温度对菌体生长的影响（膜结构、蛋白结构、蛋白质合成、合成休克蛋白）

温度对发酵过程的影响：菌体生长、发酵方向、基质溶解度

7.发酵过程中的温度控制

发酵过程中最适温度的选择：菌种、生长阶段、培养条件、菌体生长情况

发酵过程引起温度变化的因素 —— 生物热、搅拌热、蒸发热、辐射热

利用温度控制提高产量的案例 —— 甘油、重组蛋白

续图 7－60　第七章知识总结

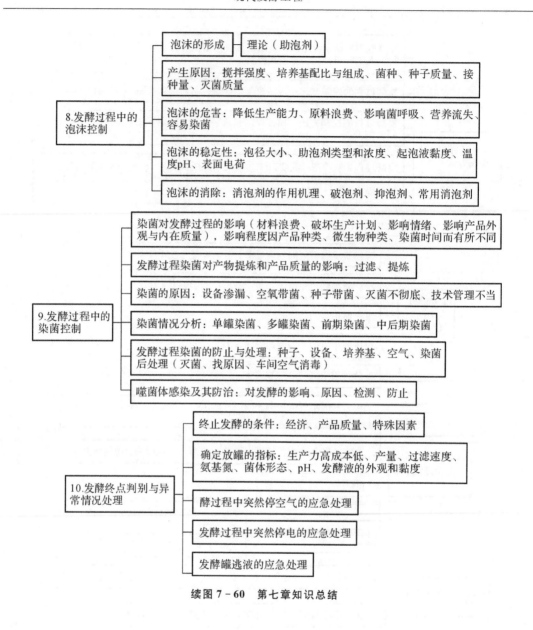

续图 7-60　第七章知识总结

本章习题

1.简述发酵过程控制的目的和意义。

2.简述发酵过程控制的研究方法与层次。

3.简述发酵过程中检测的主要指标及其意义。

4.简述发酵过程控制的硬件基础。

5.简述发酵罐用传感器的要求。

6.简述氧对微生物生长和产物合成的影响。

7.简述影响反应器中氧传递的主要因素。

8.简述发酵过程中溶解氧变化规律及其与细胞生长间的关系。

9.简述控制发酵过程中溶解氧水平的主要措施。

10.pH对发酵过程有什么影响？是否所有的发酵过程都需要保持pH恒定不变？

11.发酵过程调节发酵液pH水平的方法有哪些？

12.用酸碱调节pH和补料法调节pH的任务效果有什么区别？

13.简述发酵过程中补料的主要内容与意义。

14.简述温度对发酵过程的影响规律。

15.如何确定微生物生长和产物合成的最适温度？两者一定相同吗？

17.什么是分阶段控制？其操作的依据是什么？

18.是否所有的流加方式对发酵过程的影响结果都一样？为什么？

19.简述泡沫对发酵过程的影响。

20.简述消泡剂和破泡剂的异同。

21.简述染菌对发酵过程的影响与危害。

22.发酵过程会对产物提炼和产品质量产生什么影响？

23.分情况论述发酵过程发生染菌的处理措施。

24.发酵过程发生染菌后，如何分析其发生的原因？

25.发酵过程中异常停气会对发酵过程产生什么影响？

26.发酵过程中异常停电会对发酵过程产生什么影响？

27.论述发酵过程污染噬菌体的危害，以及处理方法。

28.论述发酵过程发生逃液的危害与处理措施。

第八章　现代植物细胞培养与发酵技术

　　植物细胞培养能够生产一些微生物所不能合成的特有代谢产物,如生物碱类(尼古丁、阿托品、番茄碱等)、色素(叶绿素、类胡萝卜素、叶黄素等)、类黄酮和花色苷、苯酚、皂角苷、固醇类、萜类、某些抗生素和生长控制剂(赤霉素等)、调味品和香料等。目前,发现在植物培养物中含有的有用化合物已超过 400 多种,其中 60 多种化合物在培养物中的积累等于或超过了其在原植物中的含量,如紫草宁含量在培养细胞中可达 12%,小檗碱含量可达 13%,人参皂苷可达 7%。为此,利用植物细胞培养生产这些物质也是发酵工程的内容之一。

　　植物细胞培养(plant cell culture)是指在离体条件下对植物单个细胞或小的细胞团进行培养使其增殖的方法。将愈伤组织或其他易分散的组织置于液体培养基中,进行振荡培养,使组织分散成游离的悬浮细胞,通过继代培养使细胞增殖,获得大量的细胞群体。小规模的悬浮培养在培养瓶中进行,大规模者可利用发酵罐生产。

第一节　植物细胞培养的关键环节

　　与微生物发酵过程类似,植物细胞培养过程也可以分为种子细胞的选择、种子细胞系的增殖与放大培养、大规模培养(生物反应器培养)几个阶段。具体操作过程包括,将愈伤组织或其他易分散的组织置于液体培养基中,进行振荡培养,使组织分散成游离的悬浮细胞,通过继代培养使细胞增殖,获得大量的细胞群体或者生成代谢产物。

一、植物细胞培养基

1.植物细胞培养基的组成

　　与动物细胞培养相比,植物细胞培养最大的优点是植物细胞能在简单的合成培养基上生长。迄今虽有几种已知成分培养基为人们普遍采用,但不同培养基的培养结果不同。因此,需要根据不同培养对象、培养目的及培养条件探索适宜培养基。

　　无论培养目标设计是针对细胞生长还是针对代谢产物的积累,其培养基的成分都包括碳源、有机氮源、无机盐类、维生素、植物生长激素和有机酸等物质。

　　(1)碳源。蔗糖或葡萄糖是常用的碳源,果糖比前二者差。其他的糖类不适合作为单一的碳源。通常增加培养基中蔗糖的含量,可增加培养细胞的次生代谢产物量。

　　(2)有机氮源。通常采用的有机氮源有蛋白质水解物(包括酪蛋白水解物)、谷氨酰胺或氨基酸混合物。有机氮源对细胞的初级培养的早期生长阶段有利。L-谷氨酰胺可代替或补充某种蛋白质水解物。

（3）无机盐类。对于不同的培养形式，无机盐的最佳浓度是不相同的。植物细胞培养的培养基中无机盐浓度通常为 25 mmol/L 左右。硝酸盐浓度一般采用 25～40 mmol/L。硝酸盐可以单独作为氮源，铵盐则需要在添加有琥珀酸或其他有机酸的条件下，才能单独成为氮源。培养基中钾元素浓度通常为 20 mmol/L，磷、镁、钙和硫元素浓度为 1～3 mmol/L。

（4）植物生长激素。大多数植物细胞培养基中都含有天然的和合成的植物生长激素。植物生长激素主要有生长素和分裂素两大类。其中，生长素的作用是促使根的形成，最有效和最常用的有吲哚丁酸（IBA）、吲哚乙酸和萘乙酸。分裂素通常是腺嘌呤衍生物。使用最多的是 6-苄氨基嘌呤（BA）和玉米素（Z）。分裂素和生长素通常一起使用，可以促使细胞分裂、生长。其使用量为 0.1～10 mg/L，根据不同细胞株而异。

（5）有机酸。加入丙酮酸或者三羧酸循环中间产物，如柠檬酸、琥珀酸、苹果酸，能够保证植物细胞在以铵盐作为单一氮源的培养基上生长，并且耐受钾盐的能力至少提高到 10 mmol。三羧酸循环中间产物，同样能提高低接种量的细胞和原生质体的生长。

（6）复合物质。复合物质通常作为细胞的生长调节剂，如酵母抽提液、麦芽抽提液、椰子汁和水果汁。目前这些物质已被已知成分的营养物质替代。在许多例子中还发现，有些抽提液对细胞有毒性。目前仍在广泛使用的是椰子汁，其在培养基中浓度是 1～15 mmol/L。

表 8-1 汇总了一些植物细胞离体培养基的基本组成。

表 8-1　植物细胞离体培养用培养基的成分及常用物质

成分	常用物质
碳源	蔗糖或葡萄糖。在细胞和原生质体的培养中，还需配合使用麦芽糖、果糖、纤维二糖、甘露糖等
有机氮源	蛋白质水解物：酪蛋白水解物、水解乳蛋白、谷氨酰胺或氨基酸混合物
无机盐	硝酸盐，铵盐，K、P、Mg、Ca 和 S 等元素
植物生长调节剂	天然植物激素和人工激素类似物：①生长激素类；②细胞分裂素类；③赤霉素类。其主要有 β-氯苯氧乙酸、吲哚乙酸、吲哚丁酸、腺嘌呤、硫酸腺嘌呤、玉米素、赤霉素、脱落酸等
水	一般用蒸馏水或纯净水
其他	维生素：硫胺素（VB_1）、烟酸（Vpp）、生物素、泛酸钙等
	有机酸：柠檬酸、苹果酸
	肌醇
	天然提取物：酵母抽提液、椰子汁、番茄汁等

2.植物细胞培养基的配方

培养基的配方是决定培养物能否正常生长或是否能达到培养目的的首要前提。植物细胞在离体培养条件下，各种营养元素主要从培养基中获得。不同植物种类对营养的需求有一定差异,甚至同一种植物的不同组织和器官所要求的营养条件也不完全一样。经过大量研究,人们已经掌握了多种针对不同培养类型和培养材料的培养基。

用于植物细胞培养的基本培养基成分基本上与整个植物的要求一样,但是用于培养细胞、组织和器官的培养基需要满足各自的特殊要求。可以根据特定的植物种类和培养系统,对植物细胞的培养基中基本成分进行适当调整。目前应用最广的基本培养基主要有 MS、B_5、E_1、NN、L_2 以及 N_6,它们的配方如表 8-2 所示。

表 8-2 常用的植物细胞培养基配比 单位:mg/L

成分	培养基种类					
	MS	B_5	E_1	N_6	NN	L_2
$MgSO_4 \cdot 7H_2O$	370	250	400	185	185	435
KH_2PO_4	170		250	400	63	325
$NaH_2PO_4 \cdot H_2O$		150				85
KNO_3	1 900	2 500	2 100	2 830	950	2100
$CaCl_2 \cdot 2H_2O$	440	150	450	166	166	600
NH_4NO_3	1 650		600		720	1 000
$(NH_4)_2SO_4$		134		163		
H_3BO_3	6.2	3	3	1.6	10	5.0
$MnSO_4 \cdot H_2O$	15.6	10	10	3.3	19.0	15.0
$ZnSO_4 \cdot 7H_2O$	8.6	2	2	1.5	10.0	5.0
$NaMoO_4 \cdot 2H_2O$	0.25	0.25	0.25	0.25	0.25	0.4
$CuSO_4 \cdot 5H_2O$	0.025	0.025	0.025	0.025	0.025	0.1
$CoCl_2 \cdot 6H_2O$	0.025	0.025	0.025		0.025	0.1
KI	0.83	0.75	0.8	0.8		1.0
$FeSO_4 \cdot 7H_2O$	27.8			27.8		
Na_2-EDTA	37.5			37.8		
$Na-Fe-EDTA$		40	40		100	25
甘氨酸	2			40	5	
蔗糖	3×10^4	2×10^4	2.5×10^4	5×10^4	2×10^4	2.5×10^4
维生素 B_1	0.5	10	10	1	0.5	2.0
维生素 B_2	0.5	1	1	0.5	0.5	0.5
烟酸	0.5	1	1	0.5	5.0	
肌醇	100	100	250		100	250
调 pH	5.8	5.5	5.5	5.8	5.5	5.8

二、影响植物细胞培养的关键因素与控制

1. 细胞的遗传特性

从理论上讲,植物细胞具有完整植株全部遗传信息,单个细胞具有结构与功能全能性,故外植体的来源并不影响细胞生长规律及次生产物的种类。但是,来源不同的植物细胞,以及来自同一植株不同部位的细胞,在一定培养条件下的生长速度也会各不相同,培养过程中所得次生产物的得率也不同。

单个细胞虽然在生化特征上具有产生其亲本株所能产生的次生代谢物的遗传基础和生理功能,但是其生产能力和特性决不能与个别植株的组织部位相混淆。这是因为某些组织部位所具有的高含量的次生代谢物并不一定就是该部位合成的,如尼古丁是在烟草根部细胞内合成后输送到叶部细胞内积累的。植物中很多成分都是在某一部位合成了产物的直接前体而转到另一部位,通过该部位上的酶或其他因子来转化。因此,在进行植物细胞的培养时,必须弄清楚产物的合成部位。同时,在注意到整体植物的遗传性时,还必须考虑到不同细胞间的差异性。

研究表明,培养细胞次生代谢产物的产率与母体植株遗传性有关。因此,应该选择生长速度快和次生产物产率高的细胞进行培养,以合成次生物质部位的细胞为培养对象。

2. 培养环境条件

由于各类次生代谢产物是在代谢过程的不同阶段产生的,因此通过植物细胞培养进行次生代谢产物生产所受到的限制因子是比较复杂的。各种影响代谢过程的因素都可能对它们产生影响,如光照、温度、搅拌、通气、营养、pH、前体和调节因子(见表8-3)。

表 8-3 影响植物细胞代谢的环境因素

环境因素	影响方式
光照	愈伤组织和细胞生长不需要光照,光照时间的长短、光质和光的强度对植物细胞次级代谢产物的合成有重要影响:在连续红光或远红光作用下,玫瑰细胞培养物形成的挥发油成分与连续黑暗培养者相似,但用蓝光和白色荧光照射 15 h 或 24 h 的产物与暗培养不同。 有时光照会对某些次生物质的合成产生抑制作用:如烟草 NC2512 细胞培养物连续暗处理,其尼古丁含量高于连续光照处理;但是,一些植物细胞次级代谢产物合成不受光照影响,如橙叶鸡血藤细胞培养物的蒽醌产率及烟草细胞培养物的泛醌产率均不受光照影响
温度	植物细胞培养通常在 25 ℃左右进行,但是获得最大生长速率的最佳温度是 26~28 ℃。 温度对植物细胞生长和次级代谢产物合成和积累均有重要影响:烟草 NC2512 细胞在 20 ℃及 25 ℃时细胞生长速度均良好,但 25 ℃时尼古丁产率最高;甘薯悬浮细胞培养物从 30 ℃和 32 ℃转到 25 ℃后,培养基中蔗糖及氨利用率下降,细胞生长速度减慢

环境因素	影响方式
pH	植物细胞培养的最适 pH 一般为 5～6,最佳起始 pH 为 5.5～5.8。 在植物细胞的悬浮培养过程中,培养基 pH 会下降至 5.0 以下,然后慢慢回升至 6.0 或以上。培养基的 pH 变化过大时,不利于植物细胞的生长和次生代谢产物的积累。例如,维持 pH 为 6.3 可使甘薯细胞的次级代放产物的产提高一倍;但是当 pH 降至 4.8 时,色氨酸的积累则会完全被抑制。 调整培养液 pH 方法通常是,在培养基中加入含有酪蛋白水解物或酵母提取液等有机组分,可使培养液的 pH 变化较为稳定
营养成分	培养基中无机物、碳源、生长调节物质的改变会对细胞生物量的增长率和次级代谢产物的得率产生很大影响。适当增加培养基中氮、磷及钾含量可以提高细胞生物量增长率,增加培养基中的蔗糖含量则可以增加细胞培养物的次生代谢物,添加 2,6-D 可以抑制烟草细胞尼古丁产量,添加 NAA 却可提高橙叶鸡血藤悬浮细胞培养物中蒽醌产量
生长调节剂	生长调节剂不仅会影响植物细胞的生长和分化,还会影响细胞的次级代谢产物合成:生长素和细胞分裂素在促进细胞分裂方面作用一致,但是不同类型的生长素对次生代谢产物合成的作用不同
前体	在培养基中添加某些前体物可提高植物细胞的次级代谢产物合成效率:在紫草细胞培养基中添加 L-苯丙氨酸可使紫草素产量提高 3 倍,在辣椒细胞培养基中添加香草胺及异构辣椒素等前体,可使辣椒素产量提高 100 倍
搅拌与通气	植物细胞培养是好氧的,不同细胞系对氧的需求量是有所不同:烟草细胞培养中,$K_La \leqslant 5 \ h^{-1}$ 时,细胞生物量的产量受到明显抑制;$K_La = 5 \sim 10 \ h^{-1}$ 时,初始 K_La 和细胞生产量呈线性关系。 搅拌能够加强植物细胞培养体系中气、液、固之间的传质效率。不同植物细胞对剪切的耐受能力有所差异:烟草细胞和长春花细胞在涡轮搅拌器转速 150 r/min 和 300 r/min 时,一般能保持生长;但是桔叶鸡眼藤细胞在涡轮搅拌器的转速低于 20 r/min 时,才能良好生长。通常而言,植物细胞培养时用气升式反应器比用机械搅拌罐更好

总体而言,影响植物细胞培养物的生物量增长和次生代谢产物积累的因素错综复杂,一个因素的调整往往会影响到其他因素的变化。因此,需要在培养过程中进行不断的平衡和研究。另外,由于不同的植物有机体有其本身的特殊性,适合一种植物或一种次生代谢物的条件不一定适合其他的细胞或次生代谢作用。对于每种细胞和代谢产物,都需要根据具体培养材料进行反复实验,摸索出最适宜的培养条件。

第二节　植物细胞的获得

以获得植株为目的的植物细胞培养主要包括花粉培养、花药培养、胚胎培养、人工种子等,以获得单个细胞为目的的细胞培养主要包括单细胞培养、原生质体培养、体细胞培养。

一、以获得植株为目的植物细胞

单倍体植株作为遗传工程受体更具有效性,适用于基础遗传研究的各个领域。单倍体植物的获得通常可以用花药及花粉培养来实现。这样既可以迅速获得纯合型材料、缩短育种年限、获得育种中间材料,还可以与诱变育种和原生质体融合相结合,培养优良植物细胞系。此外,采用胚胎培养可以克服杂交育种胚的早期夭折,克服珠心胚干扰,提高育种效率。

1.花粉和花药培养

花粉和花药的概念及其培养程序如表8-4所示。

花药培养始于1964年,Guha和Mahesweri将花药放在含有琼脂的培养基上培养,后期转入MS培养基,首次诱导曼陀罗花药发育成为单倍体植株。花药培养不需要进行游离花粉的处理,也不需要特殊的培养方法,比花粉培养方便快捷,是单倍体培养的主要手段。花药培养通常采用琼脂固体培养基培养,也可以采用液体培养或固液双层培养。

植物花粉是花粉母细胞经减数分裂形成的,其染色体数目只有体细胞的一半,叫作单倍体细胞(haploid cell)。使用离体培养花药,可以发育成一个完整的植株,即单倍体植株(haploid plant)。目前,花药培养已经成为植物育种和种子生产的重要手段。我国在花药培养和单倍体育种工作上一直处于国际领先水平。

表8-4 花粉和花药的概念与培养程序

	概念	培养程序
花药	花药培养是把发育到一定阶段的花药接种在人工培养基上,使其发育和分化成植株的过程。花药培养的外植体是植物雄性生殖器官的一部分,属于器官培养的范畴	花药培养材料(外植体)的选择→材料灭菌→剥取花药→接种→诱导培养→再生单倍体植株
花粉	花粉培养是把花粉从花药中分离出来,以单个花粉粒作为外植体进行离体培养的技术。花粉细胞是单倍体细胞,通过花粉培养可获得单倍体植株而用于育种,或获得单倍体无性系细胞用于转基因研究、花粉发育和遗传变异规律等。有时花粉培养也称为小孢子培养,属于细胞培养的范畴	花粉分离→花粉培养(花粉分离的方法有:①机械分离法;②散落花粉法;③挤压法。花粉培养的途径有:①液体培养法;②平板培养法;③双层培养法)

2.植物胚胎培养与人工种子

植物胚胎培养及人工种子的概念及方法见表8-5。

植物胚胎培养包括成熟胚的培养、幼胚的培养、胚珠培养、子房培养及离体授粉等。植物的胚胎培养能否成功,与胚龄和培养条件都有密切的关系。一般来说,胚越小,所需的营养物质越复杂,也越难培养。

人工种子能够代替试管苗快速繁殖,能够固定杂种优势,可以繁殖自然状态下不结实或生产成本高昂的种子,培育过程中可以加入抗病虫害药物而赋予比自然种子更优越的特性的种子。完整的人工种子由体细胞胚、人工胚乳和人工种皮三部分组成。

表 8 - 5　植物胚胎培养与人工种子的概念及培养方法

		概念	培养方法/特点
植物胚胎培养	成熟胚的培养	成熟胚培养是指由子叶期至发育成熟的胚培养。需要从种子中分离出成熟胚后进行体外培养,多用于研究成熟胚萌发时胚乳或子叶与胚发育成幼苗的关系、成熟胚生长发育过程中的形态建成等,适用于种子休眠期过长的植物	成熟种子→70％乙醇表面消毒几秒到几十秒(取决于种子的成熟度和种皮的薄厚)→漂白粉饱和水溶液或0.1％氯化汞溶液中消毒 5～15 min→无菌水冲洗 3 次→超净工作台解剖种子→取出胚种植在培养基上,在常规条件下培养
	幼胚的培养	幼胚的培养流程:取材→幼胚剥离→接种培养。 适于幼胚培养的一般为球形胚到鱼雷形胚,但以幼胚拯救为目的,还应了解胚退化衰败的时间,以便在此之前取出幼胚进行培养。 多数植物的幼胚剥离都要借助解剖镜,在剥离时要注意保湿,而且操作要快,以免幼胚失水干缩。胚柄(suspensor)积极参与幼胚的发育,特别是球形期以前的幼胚,因此剥离幼胚时应连带胚柄一起取出。 幼胚剥离后应立即接种到培养基上进行培养。在培养之前应充分了解培养对象在自然条件下的发育特性,如是否需要低温处理、胚自然萌发时的温度等	
	胚珠培养	胚珠培养的流程:采下幼果→常规消毒→无菌操作取出胚珠→接种于培养基上→直接发育成苗,或者先形成愈伤组织,再分化成苗。 胚珠的培养成功与否受培养基组成、取材时间、杂交品种基因型的影响。胚龄越长越容易成苗,在油菜中,受精 15 d 以后的胚才可培养出成苗。 油菜的胚珠培养中,带子房壁及胎座的胚珠比单个的胚珠更容易培养成苗,授粉后的时间越长,越接近胚成熟,胚的萌发率越高	
	子房培养	子房培养是将子房从母体植株上摘下,放在无菌的人工环境条件下,使其进一步生长发育形成幼苗的技术	
	离体授粉	离体授粉(in vitro pollination)也称为试管授精(in vitro fertilization),是指将雌蕊、子房或胚珠置于无菌条件下离体培养,在适宜的时机进行人工授粉,使花粉萌发产生的花粉管进入胚珠从而完成受精过程,并继续无菌培养直至产生种子	
人工种子		人工种子是指将植物离体培养产生的体细胞胚包埋在含有营养成分和保护功能的物质中,在适宜条件下发芽出苗	繁殖体培养→繁殖体包埋→人工种皮的装配

二、以获得单个细胞为目的的植物细胞

1.单细胞培养

单细胞培养(single cell culture)是指从植物器官、愈伤组织或悬浮培养液中游离出单个细胞,在无菌条件下进行体外生长、发育的一门技术。植物的单细胞既可以作为生化研究的优质材料,又可以为植物细胞育种创造基本技术条件,从而将传统的个体水平的植物育种提高到细胞水平的细胞育种。

植物单细胞的分离获取方法见表 8-6。

表 8-6　单细胞的分离获取及培养方法

		详情
单细胞的分离	机械方法	适用于从完整植物器官和组织中分离出单细胞。 叶肉组织排列疏松、细胞间接触较少,便于单细胞分离,较为常用。 操作流程:将叶片轻轻研磨→过滤→离心→收集→净化细胞
	酶处理	用果胶酶、纤维素酶等处理分离细胞培养物
单细胞培养	平板培养	将悬浮培养的分散细胞均匀分布在一薄层固体培养基中进行培养。 操作流程:分离得到的细胞悬液→用网眼合适的细胞筛过滤,获得适于平板培养的细胞悬液→用血细胞计数器计数,调节细胞密度为 $5 \times 10^3 \sim 5 \times 10^5$ 个/mL(若细胞悬液与琼脂培养基以 1:4 混合)→平板的制作,即 $30 \sim 35 \, ℃$ 琼脂培养基与细胞悬液迅速混匀→立即倒平板(厚度为 $1 \sim 5$ mm)→培养基冷却固化,细胞分散固定在培养基薄层中→用石蜡膜等密封培养皿→在倒置显微镜下观察平板,在皿外标出单细胞的位置→培养物置于 $25 \, ℃$ 下暗培养→数天后,观察并计算植板率。 植板率是衡量平板培养效果的指标,是指在平板上形成细胞团的百分数
	看护培养	用一块活跃生长的愈伤组织来促进培养细胞生长和增殖的方法,这块愈伤组织称为看护组织。 操作流程:在固体培养基上放一块愈伤组织→在组织上再放一块灭过菌的滤纸→待滤纸充分吸收从组织块渗上来的成分后,将单细胞放在滤纸上进行培养→由单细胞增殖的细胞团达到一定大小→从滤纸上取下放在新鲜培养基中直接培养
	微室培养	微室培养是为了进行单细胞活体连续观察而建立的一种微量细胞培养技术,是通过人工制造一个小室将单细胞培养在小室中的少量培养基上,使其分裂、增殖形成细胞团的方法,亦称为双层盖玻片法。 操作流程:将携带 1 个细胞的 1 滴培养基置于无菌载玻片上,并用无菌矿物油包围培养基液滴→分别在培养基液滴的两侧滴 1 滴矿物油,在每一矿物油滴上放一张盖玻片→把第三张盖玻片放在培养基液滴上,并与其他 2 张盖玻片相连,在矿物油内形成包含单细胞的无菌微室,矿物油阻止微室中的水分散失,但允许气体交换→将微室载玻片置于培养皿中培养,一旦肉眼可见到细胞团,立即揭开盖玻片,转移到新鲜液体培养基或半固体培养基上继代培养。 该方法的特点是:①能够在显微镜下追踪观察单细胞分裂增殖形成细胞团的全过程;②所用培养基少,营养和水分难以保持,pH 变动幅度大,培养细胞仅能短期分裂

2.原生质体培养

植物原生质体具有结构与功能全能性,可以对其进行培养,也可以通过自发突变及人工诱变而筛选出功能特异的突变细胞。为了避免原生质体膜的损伤,获得优质原生质体,以及提高原生质体产率,在制备原生质体材料时有时需要先进行预处理,以改变细胞生理状态及细胞壁化学成分。高等植物细胞壁主要成分为 α-纤维素,其次为半纤维素、果胶质及蛋白质。细胞生长的不同阶段及不同物种的细胞壁组成与结构也各不相同,木质化及次生加厚的细胞壁不能被酶消化,故选择消化细胞壁的酶类是制备原生质体关键。植物细胞的原生质体具体操作过程如表 8-7 所示。

处理后的原生质体混合液中含有多种杂物,如以叶片为材料时,混有叶脉、表皮、细胞碎片及细胞器等,需用不锈钢网或尼龙网(100～400 目)滤除较大杂物后再进行洗涤纯化。纯化方法有下列几种:

(1)离心法。将原生质体混合物在 500～1 000 r/min 下离心 5 min,吸去上层液,沉淀再用与酶液具有相同糖浓度溶液反复洗涤 3～4 次,最后用原生质体培养液洗涤,备用。

(2)飘浮法。离心法纯化的原生质体若含较多碎片及少量老细胞时,可用 20% 蔗糖离心,原生质体浮于液面,碎片及老细胞沉降而得以纯化,但产量低,有时对原生质体造成损伤。

(3)界面法。利用高分子聚合物混合液产生两相水溶液的原理,将原生质体混合物置于葡聚糖及 PEG 混合液中离心,即可从两相界面获得高纯度原生质体。

(4)滴洗法。原生质体混合物置于孔径 8 μm 滤器中,用洗液以 1～2 滴/s 的速度自然过滤洗涤,其过程勿使滤干,洗至一定程度后,用原生质体培养液混合备用。此法所得原生质体的破碎率低。

表 8-7　植物细胞的原生质体制备

操作步骤		具体操作
材料选择		应用最多的是叶片、愈伤组织及悬浮培养细胞,次之为茎尖、根尖、子叶及胚性组织细胞。 叶片取材比较方便,且易于分离,细胞的遗传性较为一致,但其对培养条件的要求较为苛刻。愈伤组织、悬浮培养细胞及胚性细胞的原生质体培养条件易控制,分裂频率高,不受季节影响,实验重复性好,但长期培养易产生染色体倍性改变,影响分化率
预处理	预质壁分离	将愈伤组织或悬浮细胞置于 17～20℃ 酶液中静置半小时→在 28～34℃ 下保温,或将材料置于与酶液中糖浓度相同的溶液中预培养 1 h 左右→浸于酶液中消化
	预培养	将除去下表皮的叶片在诱导愈伤组织培养基上培养 7 天,再用酶消化脱壁,所得原生质体分裂频率较高
	暗处理	将室温下生长 5～7 周的植物材料于黑暗中放置 30 h 以上,取其叶片制备的原生质体有活力
	光处理	将叶片于日光或灯光下照射 2～6 h 使其萎蔫,利于撕除下表皮及原生质体分离
	低温处理	夏季应用的实验材料,如萌动种子应于 4℃ 过夜后再播种,从其植株叶片上分离的原生质体培养效果较佳

续表

操作步骤			具体操作
常用酶类			①纤维素酶;②果胶酶,又叫离析酶,用量<2%;叶片用量一般为0.1%,悬浮细胞为0.05%;③崩溃酶(driselase),具纤维素酶及果胶酶活性;④半纤维素酶,用于悬浮细胞、豆科根瘤、幼苗子叶及根细胞原生质体分离;⑤蜗牛酶,用于体细胞的原生质体分离
原生质体分离及纯化	机械法		因产量极低而不多用
	酶消化法	一步法	将材料在21~28℃下用纤维素酶及果胶酶混合液进行一次性处理2~24 h
		二步法	先用果胶酶降解胞间胶层得单细胞,再用纤维素酶脱壁而释放出原生质体

3.体细胞杂交

在外界因素的作用下,两个或两个以上植物细胞合并成一个多核细胞的过程称为植物细胞融合,也称为植物体细胞杂交。与微生物细胞相同,植物细胞也有坚硬的细胞壁,不能直接融合,需经酶消化除去细胞壁后,释放出原生质体,后者的生理、生化及遗传学特性与完整细胞基本相同。当条件适当时,不同来源的植物原生质体可以产生融合作用,并可再生出细胞壁,从而恢复成完整细胞。体细胞杂交的操作方法见表8-8。

表 8-8　植物细胞的体细胞杂交方法

方法			分类
原生质体融合方法	化学融合		NaNO₃融合法
			高pH-高浓度钙离子融合法
			聚乙二醇(PEG)融合法
	电融合法		利用改变电场来诱导原生质体彼此连接成串,再施以瞬间强脉冲使质膜发生可逆性电击穿的方法,对原生质体伤害小、效率高,而且易于控制融合细胞,应用广泛
体细胞杂种选择系统	杂种细胞的选择	互补选择法	营养缺陷型互补选择法
			白化互补选择法
			叶绿素缺失突变互补选择法
			激素自养型互补选择法
			抗体互补选择法
		机械选择法	天然颜色标记分离法
			荧光素标记分离法
			DNA分子标记鉴定法
	体细胞杂种植株的特征		杂种植株的不育性
			细胞分裂和染色体数目的不稳定性

第三节 植物细胞的规模化培养技术

在人工控制下高密度大量培养有益植物细胞的技术称为植物细胞大规模培养,其目的在于通过细胞工业规模培养,获得细胞及其代谢产物,为药品、食品及化工行业提供服务。

一、规模化植物细胞培养方法分类

植物细胞培养的方法有单倍体培养、原生质体培养、固体培养、液体培养、悬浮培养和固定化培养(见图9-1)。目前用于植物细胞大规模培养的方式主要是悬浮培养法,其次是固定化培养法。

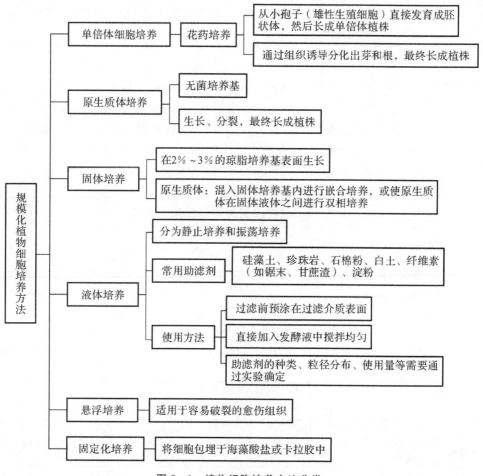

图8-1 植物细胞培养方法分类

1.规模化植物细胞悬浮培养

细胞悬浮培养(cell suspension culture)是将植物体的各个部位从母体植株上取下,分割成一定的大小后,再解离或分离成细胞团和细胞,转移细胞团和细胞,悬浮在无菌的液体培养基中,使之在体外生长、发育的一门技术。细胞悬浮培养是在愈伤组织液体培养的基础上发展起来的一种新的培养技术。细胞通过悬浮培养能产生大量的比较均一的细胞,而且增殖速度快。规模化细胞悬浮培养法又可以分为分批培养法、半连续培养法及连续培养法。各种方法的定义与特点跟微生物发酵相似。

植物细胞悬浮培养的特性如表8-9所示。

表8-9 植物细胞悬浮培养的特性

特性	说明
细胞特性	植物细胞的平均直径要比微生物细胞大30~100倍。 很少是以单一细胞形式悬浮生长,通常以细胞数在2~200之间、直径为2 mm左右的非均相集合细胞团的方式存在。 这种细胞团通常处于两种状态:一是细胞分裂后但未进行细胞分离前;二是对数生长后期,开始分泌多糖和蛋白质,或者以其他方式形成黏性表面
培养液的流变特性	由于植物细胞常常趋于成团,且不少细胞在培养过程中容易产生黏多糖等物质,因此传氧速率等降低,从而严重影响了细胞生长。 培养液的黏度变化可由细胞本身和细胞分泌物等引起。 物质浓度相同时,大细胞团的培养液表观黏度明显大于小细胞团
植物细胞培养过程中的氧传递	所有植物细胞都是好氧性的,需要连续不断地供氧。在要求培养液充分混合的同时,CO_2和氧气的浓度只有达到某一平衡时,植物才会很好地生长。因此,有时需要通入一定量的CO_2
泡沫和表面黏附性	植物细胞培养过程中产生的泡沫的特性与微生物细胞培养产生的泡沫有所不同,主要体现为:气泡大,且覆盖有蛋白质或黏多糖,从而导致发酵液黏性大,细胞极易被包埋在泡沫中,从循环的营养液中带出来,造成非均相培养。可在培养容器表面和电极上涂以硅油,这对去除黏附有一定作用
悬浮细胞的生长与繁殖曲线	悬浮培养时细胞数量随时间的变化曲线呈现S形。在一个延迟期后进入对数生长期和细胞迅速增殖的直线生长期,接着是细胞增殖减慢期和停止生长的静止期
细胞团和愈伤组织的再形成与植株再生	悬浮培养的单个细胞在3~5 d内即可见细胞分裂,经过一周左右的培养,单个细胞和小的聚集体不断分裂而形成肉眼可见的小细胞团。大约培养两周后,将细胞分裂再形成的小愈伤组织团块及时转移到分化培养基上,连续光照,三周后可分化出试管苗

2.植物细胞的固定化培养

植物细胞的固定化培养法所用反应器有网状多孔板、尼龙网套及中空纤维膜等形式。它们是将细胞固定于尼龙网套内装入填充床,或固定于中空纤维反应器的膜表面,或固定于网状多孔板上,使细胞处于既有梯度分布又有多个生长点的反应器中,投入培养液循环培养,或连续流入新鲜培养液实现连续培养和连续收集培养产物,必要时也可采用通入净化空气以代替搅拌的培养方式。

这种方法的优点是:细胞位置固定,易于获得高密度细胞群体及建立细胞间物理学和化学联系,维持细胞间物理化学梯度,利于细胞组织化,易于控制培养条件及获得次生产物。如将辣椒细胞固定于聚氨基甲酸乙酯泡沫中,生命力维持在 23 d 以上,辣椒素的生成量比悬浮细胞培养法高出 1 000 倍,其中第 5 天及第 10 天分别达 1.589 mg/(g·L)和 3.184 mg/(g·L)。如果在培养过程中,加入苯丙氨酸及月构辣椒素等前体物,辣椒素的产量可增加 50~60 倍。

此外,利用固定化培养技术亦可进行生物转化并探索原生质体固定化培养最佳条件。

二、大规模植物细胞悬浮培养的操作过程

1.培养基的选择

在大规模植物细胞悬浮培养中,为了提高生物量和次生代谢产物量,一般采用两阶段培养法。第一阶段使细胞量尽可能快地增长,需用生长培养基来完成;第二阶段是诱发和保持细胞的次生代谢旺盛,需用生产培养基来完成。因此,在细胞培养过程中,需要更换含有不同品种和浓度的植物生长激素和前体的液体培养基。

确定植物细胞规模培养的培养基是个重要而复杂的问题。首先,植物细胞培养基较微生物培养基复杂得多;其次,植物细胞大规模培养目的是生产细胞、初级代谢产物、次级代谢产物、种苗或用于生物转化。选择培养基的基本原则是,控制细胞总体积的倍增时间为 1 d 左右。但是,适宜细胞生长的培养基,不一定适合于生产次生代谢产物及其他目的。因此,在工业化培养过程中需要根据培养对象、培养目的、培养条件,以及培养阶段的不同而采用不同的培养基。需要根据培养目标设计相应培养基。例如,需生产次生代谢产物时,除选用促进细胞生长培养基外,还需设计提高次生代谢产物产率的培养基,从而使细胞生长至静止期时用以生产次生代谢产物。

例如,在利用长春花细胞悬浮培养生产蛇根碱、阿玛碱及其他生物碱时,细胞生长阶段和产物生产阶段采用不同培养基,各种产物均有不同程度增加;又如在锦紫苏悬浮细胞培养时,从 15 种培养基中筛选出迷失香酸产率高的培养基,在其中添加 2,4-二甲基苯氧乙酸作为激素,再用于培养锦紫苏细胞,产物生成量提高 40%;又将蔗糖浓度由 2%提高至 7%,产物量又增加 13%;若迷迭香酸合成前体 L-苯丙氨酸浓度达到 500 mg/L,则产物量又明显提高,且产物累积量可达到干细胞量的 13%~15%。

2.植物细胞培养的操作过程

自从 Muir、Steward 以及 Nickell 等人分别采用植物的愈伤组织实现液体悬浮培养以来,植物细胞悬浮培养技术至今已得到不断的发展和完善。培养方式已从分批培养发展到连续培养。在应用上多采用连续培养方式,进行某些植物有效成分的工业化生产。

植物细胞大规模悬浮培养的操作步骤见图 8-2,相关操作步骤对应的方法见表 8-10。

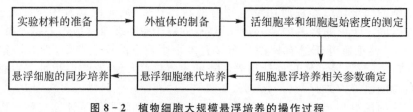

图 8-2　植物细胞大规模悬浮培养的操作过程

表 8 - 10 植物细胞大规模悬浮培养的操作方法

操作步骤	对应方法	详述
主要实验材料	外植体	细胞团、愈伤组织或原生质体
	培养基	常用基本培养基 MS、B₀、NT、TR、VR、SS、SCN、SLCC,同时选择适当碳源、氮源等
	培养条件	温度为 28℃左右,光照强度 800 Lx,连续光照
外植体的制备	振荡培养法	选择一块容易碎裂的愈伤组织,转移到一种合适的培养液中,振荡培养 1~2 周
	收集培养法	选择培养材料(如无菌的幼苗或吸涨的胚胎等)放在匀浆器中,破碎其软组织,随后用尼龙网收集细胞和较小细胞团,转入液体培养基中培养
	转移培养法	选择培养材料,不管其分散易碎性如何,转移到液体培养基中振荡培养。经过多次转移培养,直至材料碎裂和较好的分散性
活细胞率和细胞起始密度的测定	活细胞率的测定	细胞活力(%)=观察到的活细胞数÷观察的总细胞数×100%
	细胞起始密度的测定	血细胞计数板法
细胞悬浮培养相关参数确定	细胞大小测定	显微测微计法
	细胞重量测定	称重法
	细胞体积的测定	测定悬浮培养细胞的体积,可用离心法;测定愈伤组织细胞的体积,可用排水法
	有丝分裂指数测定	孚尔根染色法
悬浮细胞继代培养	分批培养	在含有固定体积培养基的容器中进行培养
	连续培养	在培养过程中,不断补充养分和保持其体积恒定
悬浮细胞的同步培养	体积选择法	根据细胞聚集体的大小,控制细胞生长,达到同步化
	冷处理法	利用温度刺激提高培养细胞的同步化程度
	营养饥饿法	培养其中必需营养物质消耗尽后,重新加入新鲜培养基;或在完全培养基中进行继代培养,使细胞恢复生长,并达到同步化
	生长素饥饿法	用饥饿手段和重新加入生长素和细胞分裂素手段使细胞同步化生长

续表

操作步骤	对应方法	详述
悬浮细胞的同步培养	抑制和解除法	暂时阻止细胞周期的进程,使细胞积累在某一特定时期,一旦抑制得到解除,细胞就会同步进入下一个阶段
	有丝分裂阻抑法	加入抑制有丝分裂中纺锤体形成的物质,使细胞保持在有丝分裂中期,以达到同步化培养

三、植物细胞的固定化培养

固定化植物细胞培养比自由悬浮细胞培养具有更高的机械稳定性、产率,更长的稳定期(即生产期),其还有保护细胞、换液方便、能除去有毒或抑制性代谢产物等优点。因此,通常采用固定化来进行植物细胞的培养。这类培养包括植物细胞和原生质体的固定化培养。固定化方法如表 8-11 所示。

选用固定化细胞培养应具有如下条件:①目的产物应自然分泌到培养液中,或者通过改变 pH、离子强度或使用渗透剂使之分泌于培养液中;②要求产物的形成在细胞生长之后。

表 8-11　植物细胞与原生质体固定化处理

固定化对象	方法	类型	详情
植物细胞的固定化	海藻酸钠固定化	小规模固定化	可用无菌塑料注射器进行
		大规模固定化	采用大规模细胞固定化装置
	卡拉胶固定化	滴入法	用含 NaCl 的热溶液配制卡拉胶溶液,经过高温、高压灭菌后,将植物细胞悬浮在卡拉胶中,混合后,随即滴入含 KCl 的培养基中,形成卡拉胶颗粒,放置一定时间后,过滤收集,经过清洗,再转入合适的培养基中进行培养
		模铸法	将细胞-卡拉胶悬浮液注入由两块用夹子夹紧的板构成的模子中,以形成颗粒
		两相法	在一定的搅拌条件下,将细胞-卡拉胶分散于豆油中,形成大小、形状都比较均匀的卡拉胶颗粒
	琼脂糖固定化	凝块法	将细胞悬浮于经过灭菌处理的琼脂糖中,不断搅拌,待混合物凝固后,将包埋有细胞的琼脂糖凝块挤进无菌的金属丝网中,使之分散成小颗粒,清洗颗粒后,转入合适的培养基中进行培养
		模铸法	同卡拉胶
		两相法	在一定的搅拌条件下,将细胞-琼脂糖溶液分散于无菌的豆油或石蜡油中,当形成液滴后,置于冰浴中冷却并不断搅拌,使其凝固,离心除去油相和大部分溶液,清洗至无油为止
	琼脂固定化		与使用琼脂糖时相同,也包括凝块法、模铸法和两相法等

固定化对象	方法	类型	详情
植物细胞的固定化	原生质体的固定化	海藻酸盐固定化	温和但复杂
		卡拉胶固定化	需要采用液化温度较低的卡拉胶
		琼脂糖固定化	同植物细胞

第五节 植物细胞培养的最新研究

一、植物细胞培养的最新研究思路

植物细胞培养的最新研究思路有以下几种:

(1)将菌类的诱导子等应用于植物细胞培养,研究其对次生代谢产物量的影响。真菌诱导子应用于长春花培养体系,对长春花次生代谢产物的生物合成有一定的调控作用。真菌诱导子可快速、专一地诱导植物特定基因的表达,从而活化特定次生代谢途径,使目的次生代谢产物积累量增加。

(2)研究不同细胞系对次生代谢产物量的影响。Ramesha 等人研究喜树碱高产植株系时发现,不同品种的植株,即喜树、洛氏喜树、云南喜树和青脆枝,其中有效活性成分喜树碱的含量(0.03%~0.4%)差异甚大;同时他们也注意到,在青脆枝不同部位内喜树碱的积累也不同,叶、茎皮和根皮含有喜树碱的量也依次递增。

(3)改变培养基和培养条件,或添加前体等,研究它们对细胞生长速率和次生代谢产物含量的影响。研究碳源对迷迭香悬浮细胞系迷迭香酸积累的影响时发现,$30 \text{ g} \cdot \text{L}^{-1}$ 蔗糖处理的悬浮培养细胞迷迭香酸含量高出 $70 \text{ g} \cdot \text{L}^{-1}$ 麦芽糖处理的 228 倍,但还是略低于 $40 \text{ g} \cdot \text{L}^{-1}$ 葡萄糖处理。铵态氮的比例较小时更有利于人参皂苷的合成。在三角叶薯蓣细胞培养时加入 PSY2(八氢番茄红素合成酶抑制剂)可增加薯蓣皂素的含量。

(4)探究在植物悬浮细胞培养中加入萃取剂对次生代谢产物的影响。在植物细胞悬浮培养中,加入萃取次生代谢产物的有机化合物(与培养液不溶的液体)或多聚化合物,使培养体系形成有机相与水相两相,从而打破原有产物在细胞内、外水相的平衡,可很大程度提高次生代谢产物的产量。

(5)以获得次生产物为目的,以植物细胞培养为工具,对底物进行生物转化。有研究利用人参悬浮细胞培养对芍药醇进行生物转化反应,得到了具有清除自由基活性的人参皂苷。

二、植物细胞培养的最新研究方法

(1)添加诱导子。植物次生代谢产物的合成具有全能性和多条代谢途径,凡能引起植物产生次生代谢产物的胁迫因子统称为诱导子。它是一类特殊的触发因子,能够开启合成次生代谢产物过程中关键酶的活性,并刺激表达,提高次生代谢产物的含量。

(2)筛选高产细胞系。选择生长性状稳定、生产次生代谢产物能力强的细胞系是细胞培养的基本环节。筛选流程如图8-3所述。常用的筛选方法有目视法、放射免疫法(RIA)、酶联免疫法(ELISA)、流动细胞测定仪、高效液相色谱法(HPLC)等。

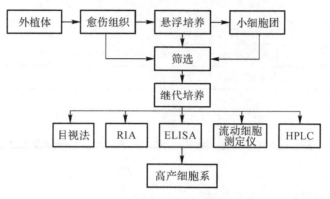

图8-3 高产植物细胞系筛选流程图

(3)改变培养基组分或培养条件。培养基组分,如碳源、氮源的改变;培养条件如温度、光照、pH、通气状况、接种密度等。能有效地调控这些外界因子是植物细胞生长及次生代谢产物积累的必要条件。

(4)两相系统培养技术。建立和利用两相培养技术的关键是选择满足要求的萃取剂或吸附剂,即对植物细胞无毒害作用、对产物有较大的分配系数、所加有机相与培养水相易分离、有高度的吸收或吸附选择性。所加的吸附剂主要是离子交换树脂XAD-7和XAD-4,所加的萃取剂主要是十六烷。

(5)前体饲喂。在植物悬浮细胞中,前体物可作为底物或催化代谢途径中关键酶而发挥作用来提高次生代谢物产量。通常前体在培养初始时饲喂,并且添加的浓度与接种细胞的量有关。应用较多的前体物主要有苯丙氨酸、酪氨酸、肉桂酸等,它们参与黄酮的合成。

(6)生物转化技术。生物转化(biotransformation)是指以外源性的有机化合物为底物,添加微生物细胞或酶,在适宜的条件下培养,对外源性底物进行结构修饰,从而获得目的产物。悬浮细胞可利用植物细胞的酶系统对外源底物进行修饰,生产有意义的化合物。

第六节　植物细胞培养技术的应用

一、植物细胞培养的目的

植物细胞大规模培养的目的是生产细胞、初级代谢产物、次级代谢产物、疫苗,或用于生物转化。植物细胞培养技术是生物工程的基础技术之一,可以应用于具有重要作用的优良作物和珍贵稀有植物的大规模无性快速繁殖(大规模克隆)、无病毒作物的培养以及重要植物细胞次生代谢产物的大规模工厂化生产等。按照产物特点,可以将植物细胞培养过程分为生物量的制备、生物转化和次生代谢物的生产;按照应用领域,可以将植物培养应用于农业、医药、食品、农业化肥、保健食品、海水养殖、添加剂(例如调味、香味和调色)、化妆品、环保等领域(见表8-12)。

表 8 - 12　植物细胞培养技术的应用

应用领域		应用方法
植物良种的选育与快速繁殖	①单/多倍体	通过花粉培养、未授粉子房以及胚珠培养等诱导形成单倍体,通过胚乳培养获得三倍体
	②突变育种	通过植物愈伤组织培养中普遍存在的染色体变异,对植物进行突变育种
	③远缘杂交种	通过植物细胞融合(尤其是原生质体融合)、胚胎培养以及植物体外受精技术获得远缘杂交种
	④无病毒原种	通过茎尖培养可以获得无病毒原种,用于植物脱毒,解决生产实践中植物病毒危害问题
	⑤快速繁殖	应用于某些花卉和园艺植物、经济作物以及药用植物等的快速繁殖,也可以通过超低温保存(建立超低温种质库)的方法,对珍贵的植物种质进行收集和保存
工业化育苗		用于克服传统育苗方法育苗时间长,易受季节、地域限制以及出苗率不稳定等缺点,从而实现试管苗的工厂化生产
重要植物次级代谢物的工业化生产		通过植物细胞培养生产生物碱、萜类、甾体、酚类、醌类等次生代谢物,植物药物以及香精、香料、色素、调味品和杀虫剂等工业原料。部分药用植物的细胞培养,可用于生产植物药物(如人参皂苷、迷迭香酸、蒽醌和辅酶 Q_{10} 等),起到缓解野生药用植物资源缺乏等作用

二、植物次级代谢物的应用

植物细胞培养的主要目的之一是生产天然产物。植物细胞培养能生产一些微生物所不能合成的特有代谢产物,如生物碱类(尼古丁、阿托品、番茄碱等)、色素(叶绿素、类胡萝卜素、叶黄素等)、类黄酮和花色苷、皂角苷、甾类、萜类、某些抗生素和生长控制剂(赤霉素等)、调味品和香料等。据不完全统计,至少有 20% 左右的药物是由植物衍生而来的。表 8 - 13 列出了部分植物次生代谢产物及其用途。

表 8 - 13　植物细胞培养产物与用途

化合物	细胞来源	用途
地高辛	希腊毛地黄细胞	强心药
毛地黄毒素	毛地黄细胞	心肌能障碍、强心药
利血平	罗夫木细胞	降血压药
喹宁碱	金鸡纳树细胞	抗疟疾药
莨菪胺	白花曼陀罗细胞	抗乙酰胆碱酶

化合物	细胞来源	用途
长春花碱	长春花细胞	抗肿瘤药物、治白血病药
天仙子胺	天仙子、曼陀罗细胞	抗乙酰胆碱酶
可卡因	古柯植物细胞	抗阿米巴药
尼古丁	烟草细胞	杀虫药
吗啡与可待因	罂粟细胞	止痛药
鱼藤酮	鱼藤属细胞	杀虫药
路丁	桉树属细胞	微血管加强剂
可桃因	寇托皮属细胞	止泄药
香豆素	熏衣草细胞	香料
苦橙花油	苦橙花细胞	香料
薄荷醇	薄荷细胞	香料
保加利亚玫瑰油	保加利亚玫瑰细胞	香料
当归根油	当归根细胞	中药、香料
紫草宁	紫草细胞	消炎、抗菌
吗啡	罂粟细胞	麻醉剂、镇痛药
甜叶菊甙	甜叶菊细胞	甜味剂
四氢大麻醇	大麻细胞	治精神病
紫草素	紫草细胞	抗炎剂、食用色素
辣椒素	朝天椒细胞	食品、化妆品色素
甘草精	甘草细胞	甜味剂
黄连素	黄连细胞	止泻药
CoQ_{10}	烟草细胞	强心剂(治疗心脏病、肝病)
人参皂甙	人参细胞	保健品
生物素	熏衣草细胞	调节代谢
类胰岛素	苦瓜细胞	治疗糖尿病

本章知识图谱及视频

一、本章知识图谱

本章知识图谱如图 8-4 所示。

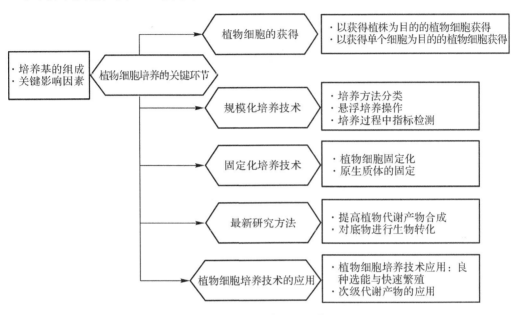

图 8-4　第八章知识图谱

二、本章视频

1. 植物细胞培养技术
2. 植物细胞培养的应用

1.植物细胞
培养技术

2.植物细胞
培养的应用

三、本章知识总结

本章知识总结如图 8-5 所示。

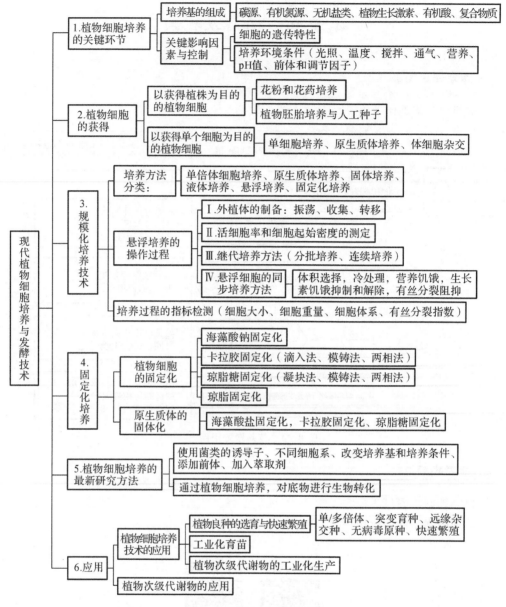

图 8-5　第八章知识总结

本 章 习 题

1.简述植物细胞培养的目的与应用。

2.简述植物细胞培养的基本过程。

3.简述植物细胞培养的关键环节。

第九章　动物细胞培养技术

第一节　动物细胞培养的关键环节

动物细胞培养的关键环节可总结为图 9-1。

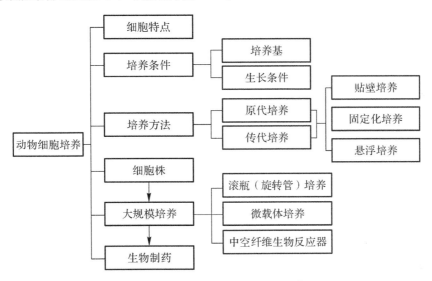

图 9-1　动物细胞培养的关键环节

一、动物细胞体外生长特征

动物细胞没有细胞壁,对剪切力和渗透压变化敏感。当进行体外培养时,动物细胞的生长和增殖既遵循其体内固有的生物学特征,同时也因受到体外培养环境的影响,表现出与体内生长行为的差异。

动物细胞体外生长具有以下特点:

(1)体外培养一代通常经历延迟期、对数生长期、稳定期、衰退期四个阶段。

(2)正常体细胞体外培养的生命期有限,而转化细胞具无限生长能力。

(3)大多数动物细胞都属于贴壁依赖性细胞,需要贴附在介质表面才能生长,只有少数细胞为非贴壁依赖性细胞,可以悬浮生长。

（4）对于正常的贴壁依赖型细胞，细胞相互接触后产生接触抑制，继而影响细胞增殖。

（5）在动物细胞体外大规模培养过程中，任何能影响细胞正常生长和代谢的环境压力均有可能成为诱发细胞凋亡的因素。

根据体外培养的细胞生长方式，动物细胞可分为贴壁依赖型细胞和非贴壁依赖型细胞两大类。

贴壁依赖型细胞是指必须附着在某一固相介质表面才能生长的细胞。依据体外培养时细胞贴附的形态，贴壁依赖型细胞主要可分为四类（见表 9-1）。贴壁依赖型细胞接种至培养介质表面后，在合适的条件下细胞与培养介质表面形成一些接触点，随着接触面的增大，细胞形成伪足；完全贴附于培养介质表面后，细胞继续铺展，呈放射状伸展，并随细胞生长形态不断发生变化。经过数天培养后，细胞可铺满整个培养介质表面，形成致密的细胞单层。

非贴壁型细胞是指动物细胞中只有极少数细胞在体外生长时不需要贴壁于培养介质表面，可以在培养液中悬浮生长的一类细胞，也称悬浮细胞。

表 9-1　动物细胞的类型与特点

分类	类型	特征	举例
贴壁依赖型细胞	成纤维型细胞	贴壁后呈长梭形，圆形细胞核位于中央，生长呈放射状或漩涡状走向，细胞之间排列疏散，有较大的细胞间隙	成纤维细胞、心肌细胞、成骨细胞、间充质细胞、小鼠胚胎的 NIH3T3 细胞
	上皮型细胞	贴壁后呈三角形及不规则扁平的多角形，中央有扁圆形细胞核，细胞之间彼此紧密连接，呈"铺路石样"	皮肤表皮细胞、血管内皮细胞、人胚肾 HEK293 细胞、人肝脏组织的 HepG2 细胞
	游走型细胞	细胞在培养介质上分散生长，一般不连接成片或形成集落，呈活跃的游走和变形运动，速度快且方向不固定，外形不规则且不断变化	颗粒性白细胞、淋巴细胞、单核细胞、巨噬细胞以及某些肿瘤细胞
	多形型细胞	形态上不规则，一般分胞体和胞突两部分，其中胞体呈多角形，胞突为细长形，类似丝状伪足	神经元和神经胶质细胞
非贴壁型细胞	悬浮细胞	可以在培养液中悬浮生长	血液白细胞、淋巴细胞、某些肿瘤细胞

二、动物细胞体外培养条件

1.培养基的组成与配制

动物细胞培养基提供细胞生长、增殖、代谢、合成所需产物或维持细胞正常生理功能的营养物质和原料，为动物细胞培养提供所必需的环境条件。根据组成成分的性质，动物细胞培养基可分为天然培养基、合成培养基、无血清培养基三大类（见表 9-2），配制培养基时所需其他溶液如表9-3所示。

表9-2 动物培养基分类

分类	特征	举例
天然培养基	来源于动物体液或从有机体中分离、提取而制成的培养基	血清、血浆、淋巴液、组织提取液、鸡胚汁
合成培养基	在对动物体液成分和细胞生长所需成分分析研究基础上,设计开发的适宜动物细胞体外培养的培养基	M199、MEM、DMEM、RP-MI1640、F12
无血清培养基	不含血清的动物培养基	基础培养基、血清替代物

表9-3 配制培养基所需其他溶液

种类	作用	举例
平衡盐溶液	维持细胞渗透压、调控培养液酸碱平衡	Hanks液、Earle液
pH调整液	调整pH到所需范围	$NaHCO_3$溶液、HEPES溶液、NaOH溶液、HCl溶液
细胞消化液	解离组织块以获得离散的单个细胞,或进行传代培养时使细胞脱离贴附介质表面以获得单个细胞悬液	1.25 mg/mL 胰蛋白酶或 2.5 mg/mL EDTA 的使用浓度为 0.2 mg/mL
抗生素溶液	防止微生物污染	青霉素、链霉素、卡那霉素、制霉菌素

另外,目前普遍使用市售的干粉型培养基,配制时需要注意:

(1)根据培养要求补充需要添加的成分,血清和抗生素一般使用时添加。

(2)采用三蒸水或超纯水溶解,配制过程中保证每一种成分充分溶解。

(3)配制好的培养基应立即过滤除菌,个别培养基可采用高压灭菌。

(4)将培养基无菌保存于4℃冰箱,暂不使用的培养基应储存于-20℃冰箱。

2.动物细胞培养方式

动物细胞培养方式主要分为贴壁培养、悬浮培养和固定化培养(见表10-4)。

表9-4 动物细胞培养方式及特点

分类	定义	特点
贴壁培养	细胞贴附在一定的固相介质表面进行的培养	优点:培养装置构造简单,操作简便,使用方便;易更换培养液,且无需采用特殊方法截留细胞 缺点:扩大培养受限,占用空间大,培养环境难以调控,比较难进行细胞生长实时监测

分类	定义	特点
悬浮培养	细胞在培养容器中自由悬浮生长	悬浮培养是目前大规模动物细胞培养生产生物医药产品最为常用的技术,主要适于非贴壁依赖性细胞培养,细胞在离体培养时不需附着物,培养过程操作简单,可显著降低细胞培养成本,简化了生物反应器系统的设计、放大和操作
固定化培养	利用物理或化学方法将细胞限制于某一特定空间范围内进行培养	培养细胞生长密度高、抗剪切力和抗污染能力强、产物易于收集和分离纯化、免疫隔离。 贴壁依赖性细胞和非贴壁依赖性细胞均适用。 包括吸附法共价贴附法、细胞絮凝法、包埋法、微囊法等

三、动物细胞原代培养流程

细胞原代培养主要流程如下(见图 9 - 2):以骨骼肌细胞为例,处死动物,分离大腿肌肉,切成 0.3～0.5 cm 小块。胰蛋白酶消化液消化,无菌尼龙筛网收集细胞。接种至预铺明胶的培养皿上并进行培养。培养液采用 MEM 或 DMEM,添加血清、鸡胚(培育 10 d)提取液等。接种数小时后贴壁,主要为单核的肌细胞,呈梭形。

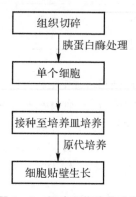

图 9 - 2　细胞原代培养流程

四、动物细胞传代培养流程

悬浮生长细胞:加入新鲜培养基稀释后分散传代,或采用离心或者自然沉降法弃培养上清液,加入新鲜培养基后再吹打分散进行传代。

贴壁生长细胞:一般采用酶消化法进行传代培养,部分贴壁的细胞可以采用直接吹打或用硅胶软刮刮除法传代。由于不同细胞对酶的消化作用敏感度不一样,因此根据细胞特性选择适宜的方法,适度掌握细胞消化时间。酶消化法进行贴壁细胞传代培养的步骤大致如图 9 - 3 所示。

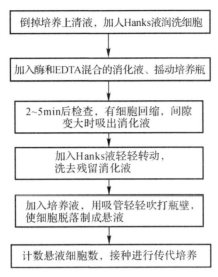

图 9 - 3　酶消化法进行贴壁细胞传代培养的步骤

原代细胞的首次传代对细胞传代培养非常重要。由于原代培养的细胞多为混杂细胞，形态、性质各异，因此在消化时要特别注意选择适当的酶与消化时间。吹打细胞要轻柔，首次传代时细胞的接种数量要高些，pH 可以偏低些，血清浓度也可适当高些，例如加 15%～20%。

五、动物细胞株

细胞株(cell strain)：通过选择法或克隆形成法从原代培养物或细胞系中获得具有特殊性质或标志物的培养物。动物细胞株应该包括表 9-5 中所列信息。

表 9　5　动物细胞株主要信息

信息	具体内容
培养简历	组织来源、日期、物种、性别、年龄、供体正常或异常健康状态、细胞传代过程及传代数等
冻存液	培养基和冷冻保存液名称
细胞活力	复苏后细胞接种存活率和生长特性
培养液	培养基种类和名称(一般要求不含抗生素)血清来源和含量
细胞形态	上皮型或成纤维型等
核型	二倍体或异倍体，有无标记染色体
无污染	细菌、真菌、支原体和病毒等检测
物种检测	检测同工酶，主要为 6-磷酸葡糖脱氢酶(Glucose - 6 - Phosphate Dehydrogenase，G6PD)和乳酸脱氢酶(Lactate Dehydrogenase，LDH)，以证明细胞有否交叉污染

适合工业生产的细胞株如图9-4所示。

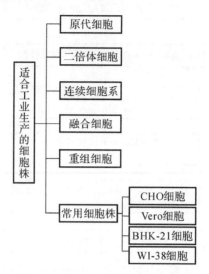

图9-4 适合工业生产的动物细胞株

六、动物细胞大规模培养系统

动物细胞大规模培养技术是建立在贴壁培养法和悬浮培养法基础上,融合固定化细胞、流式细胞术、填充术、生物反应器技术以及人工灌流等技术而发展起来的,主要包括微载体培养、中空纤维法等。

1.滚瓶(旋转管)培养系统

滚瓶(旋转管)培养系统一般用于从小量培养到大规模培养的过渡阶段。采用专门设计的滚瓶机和不同规格的滚瓶,在可控制转动速度的装置上进行动物细胞培养的技术。

旋转管培养:利用特制的旋转系统和不同规格的旋转管进行动物细胞培养的技术。旋转管固定在旋转支架上,倾斜角度一般为5~10°。

滚瓶培养:在旋转管培养系统的基础上为扩大培养量而改进的。细胞贴附在滚瓶或旋转管的内表面,培养液随旋转而流动,细胞交替接触营养和空气,利于细胞吸收营养机进行气体交换。

优点:结构简单,投资少,技术成熟,重复性好,放大方便。

缺点:劳动强度大,占地空间大,单位体积提供细胞生长的表面积小、细胞生长密度低培养时监测和控制环境条件受限等。

2.微载体培养系统

微载体是指适用于贴避依赖型细胞生长且直径为60~250 μm的微珠。细胞能贴附于微载体上生长,携细胞的微载体可悬浮于培养系统。微载体培养技术的建立为实现贴壁细胞规模化培养提供了新的策略。

采用微载体系统进行细胞培养,细胞在微载体上的贴附和生长受多种因素的影响。细胞在微载体上贴壁不均或贴壁效率不高,造成种子细胞浪费;培养过程中操作方式和操作参数不适,难以支持细胞高密度生长。因此,需要选择合适的微载体类型和培养方式,优化微载体浓度、细胞接种密度、搅拌速度、培养基组成及换液策略、pH 和温度等,促进细胞在微载体上均匀分布,提高细胞贴附率和细胞增殖。

1)微载体的种类与特点

微载体一般由天然葡聚糖或者人工合成的聚合物组成,主要有表 9-6 所示的固体微载体、实心微载体、多孔微载体三种类型。理想的微载体应具备以下特征:

(1)良好的生物相容性、无毒无害;

(2)良好的黏附性,微载体表面一般带正电荷;

(3)大的比表面积,颗粒均匀;

(4)较强的机械性能,长时间搅拌状态下不破碎;

(5)廉价且可重复利用;

(6)良好的热稳定性,在 121℃ 蒸汽灭菌条件下不分解、不破碎、不软化,适合高压灭菌。

表 9-6　动物细胞培养用微载体的分类与特点

分类	特点
固体微载体	优点:含有较高的结合容量,简便易行、快速经济。 缺点:后期分离较困难、易变性、不稳定
实心微载体	细胞能贴附在微载体表面生长。 优点:易于细胞在表面贴壁,机械强度高,容易接种操作。 缺点:细胞生长密度低,易受剪切力、碰撞等影响,易老化脱落,通常需要血清
多孔微载体	内部具有网状结构的小孔,细胞能在微载体内部生长。 优点:比表面积大,使细胞免受机械损伤,细胞生长密度高,可降低血清用量,可采用较高的搅拌速度和通气量。 缺点:容易产生物质传递障碍,收获细胞较为困难

2)微载体培养动物细胞的流程

用微载体法培养动物细胞的一般流程如图 9-5 所示。

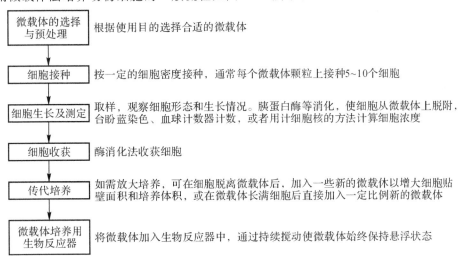

图 9-5　微载体培养动物细胞的一般流程

3)微载体培养法的优点

采用微载体和生物反应器系统培养动物细胞具有以下优点:

(1)模拟了体内细胞生长的三维环境,细胞可以多层生长。

(2)表面积/体积(S/V)大,单位体积培养液的细胞产率高。

(3)把悬浮培养和贴壁培养融合在一起,兼有两者的优点。

(4)培养液可以循环使用,利用率较高。

(5)放大容易,劳动强度小。

(6)细胞接种、收获简便。

(7)生物反应器空间利用率高。

3.中空纤维生物反应器培养系统

中空纤维生物反应器是以一定方向成束排列的中空纤维作为细胞贴附载体进行动物细胞培养的装置。对于贴壁细胞,一般贴附于纤维管外表面生长,培养结束后用胰蛋白酶消化液将其消化并冲出;而对于非贴壁依赖型细胞,需将其截留在反应器内,仅让培养上清液排出。

中空纤维生物反应器有柱状中空纤维生物反应器、板框式中空纤维生物反应器、中心灌流式反应器等形式。这种方法的优点是:可以模拟细胞在体内的三维生长状态,利用人工的"毛细血管"——中空纤维供给细胞生长的营养等条件。

中空纤维生物反应器细胞培养常采用添加培养和灌注培养的操作方式。两种方法的特点如表9-7所示。

表9-7　中空纤维的细胞培养工艺分类

分类	定义	特点
添加培养	根据细胞对营养物质的需求和消耗,流加相应营养物,维持细胞生长和产品生产相对稳定的营养条件和培养环境,使细胞持续生长至较高的密度,目标产品达到较高浓度	整个培养过程没有培养液流出或细胞回收,通常在细胞进入衰亡期或衰亡期后终止培养。 经常需要流加的营养成分主要为葡萄糖、谷氨酰胺氨基酸、维生素及其他物质,如必需氨基酸、非必需氨基酸、胆碱、生长因子等
灌注培养	连续不断地灌注新的培养基,同时不断排出旧培养上清液而细胞均保留在反应器内	可应用于产物分泌型动物细胞的培养,例如重组治疗性药物、培养杂交瘤细胞并生产单克隆抗体。 优点:细胞截留在反应器内,可以维持较高的细胞密度,从而提高产品的质量;灌注速率容易控制,培养周期较长,可提高生产效率,目标产品回收率高;细胞稳定地处于较好的营养环境中,培养过程中可去除氨、乳酸、甲基乙二醛等有害代谢物质,减少细胞凋亡;可连续性地收获产品。 缺点:培养周期长,污染概率较高;细胞分泌产品的稳定性较差;规模放大过程中还存在一些工程技术问题

第二节 动物细胞培养的最新方法

在传统的体外细胞培养中,细胞多为贴壁和二维生长,由于离体后的细胞失去了神经体液的调节和细胞之间的相互作用,而且处于相对静止的环境中,所以细胞除了增殖外并没有像在体内那样发挥其作用,在客观上也很难真实反映生理状态下细胞的某些生物学特性。因此,人们陆续开发出多种新型的细胞培养技术。

一、基于微流控芯片的细胞培养技术

基于微流控芯片的细胞培养技术是目前细胞生物学研究中前沿的细胞培养方法之一,其具有许多独特优势,如高精度微流体操控、自动化控制实验流程、试剂试样消耗量低等。

传统的细胞培养方式是利用聚苯乙烯材质或玻璃材质的培养容器进行烦琐的人工培养操作,暂无法实现自动化的实验流程管理及精细化的流体控制。而利用微流控芯片技术的小型化、自动化、集成化、并行化等优势进行的细胞培养,已广泛应用于细胞生物学研究中。微流控细胞芯片设计的技术伴随着其广泛应用而得到迅猛发展。

为实现在微流控芯片中进行细胞培养,芯片设计与加工首先需特别考虑表 9-8 中所列条件。

表 9-8 芯片细胞培养所需的培养条件

条件	要求
无菌环境	相关实验操作在细胞间内进行,并且操作所需的工具、器皿和微流控芯片等都要求无菌
气体供应	供给氧气及排出二氧化碳,可以通过透气不透液的医用硅胶管进行培养基灌流
培养体系的酸碱度	哺乳动物细胞:需维持环境中的二氧化碳恒定;昆虫细胞:适时换液控制培养基酸碱度
温度条件	哺乳动物细胞:37 ℃;昆虫细胞:29 ℃

目前常用于制作微流控芯片的材料有硅、石英、玻璃和有机聚合物。不同材料各有优缺点,而有机聚合物相对其他材料具有种类多、加工成型简易、成本低等优势,适合于大批量制作。制作芯片的高分子有机聚合物主要有三大类型,分别为热塑型、固化型和溶剂挥发型。

应用最多的热塑型的代表有机玻璃 PMMA,固化型的代表有聚二甲基硅氧烷 PDMS。同时,根据不同的芯片材料以及其使用用途,微流控芯片的制作方法也不同,具体分类如表 9-9 所示。

表 9 - 9　微流控芯片制作方法

材料类别	制备方法
硅类	干法腐蚀或湿法腐蚀
玻璃类	湿法腐蚀
高分子 聚合物材料	间接制作法:热压法、注塑法和模塑法。 直接制作法:软刻蚀法、激光烧蚀法和光刻电铸成型法

二、三维(3D)细胞培养技术

三维细胞培养技术（Three-Dimensional Cell Culture，TDCC ）也称 3D 细胞培养,是指将具有不同三维结构的载体材料与各种不同种类的细胞在体外共同培养,使细胞能够在载体的三维立体空间结构中迁移、生长,构成三维的细胞-载体复合物的技术。与传统的细胞培养不同,三维(3D)细胞培养重现了细胞的体内环境。三维(3D)细胞培养技术能够更好地模拟生物体内细胞存活的自然环境,其自然条件可保持细胞间相互作用和更逼真的生化和生理反应。在 3D 环境中,细胞对内源性和外源性刺激(如温度、pH、营养吸收、转运和分化等方面的改变)应答更接近于它们在体内的反应。

3D 细胞培养技术很多,但总结起来可以分为图 9 - 5 所示的几种。

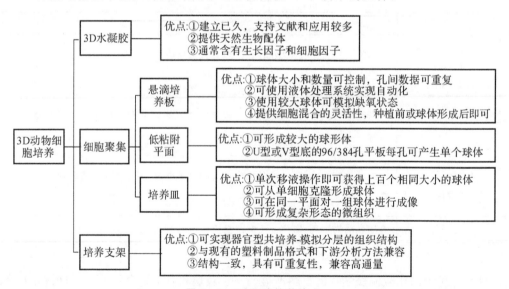

图 9 - 5　3D 细胞培养技术

每种 3D 细胞培养技术都有一定的优势和不足。因此,在选择合适的 3D 细胞培养系统时需要考虑多方面因素,比如要解决的问题或研究目的、实验模型、细胞类型、技术可实现性、下游分析方法和样品数量等。

第三节　动物细胞培养技术的应用

动物细胞培养是模拟体内生理环境使分离的动物细胞在体外生存、增殖的一门技术。

一、动物细胞培养在分子生物学中的应用

分子生物学是在免疫学、微生物学、细胞生物学、生物物理学等学科结合的基础上,经过相互杂交、相互渗透融合发展起来的一门新兴学科,它从分子水平上研究生命现象的本质以及活动规律,以达到造福人类的目的,主要侧重于研究基因的结构和功能、分子间信号传递和调控。目前基因功能比较清楚的有 10 000 条左右,还有大量的基因功能不明。基因的功能需要以细胞为载体,细胞为这些研究提供了研究的对象和材料。

二、动物细胞培养在临床医学中的应用

临床医学是认识和防治疾病、保护和增进人体健康的科学。细胞培养技术在疾病的诊断、治疗上有重要的应用。近年来的细胞培养技术的发展和其他基础医学的理论和技术(如分子生物学、物理学、化学等)的发展促进了临床医学的蓬勃发展。

动物细胞培养对临床上的病原研究起了很大的推动作用,一些疾病通过细胞培养技术得以发现和确定病原。如临床上多种致病病原(如细菌、病毒、寄生虫等)的确定和药物敏感实验都是通过细胞培养技术完成的。同时,动物细胞培养也已经应用于造血系统疾病、与染色体变化相关疾病以及某些疾病预后的诊断。

另外,运用细胞进行疾病的治疗是 20 世纪医学的一大进步,它使得一些传统的治疗方法束手无策的疾病得到改善,甚至治愈。这种疗法称体细胞治疗,它是指应用人体、异体(非人体)或其体细胞,经体外操作后回输(或植入)到人体的疗法。传统的全血输注、成分输血、自体和异基因骨髓移植、脐血移植等均属于体细胞治疗的范围。这些方法主要涉及细胞的采集、保存和运输。

三、动物细胞培养在生物制品生产中的应用

目前认为,凡是从微生物、原虫、动物或人体材料制备或用现代生物技术、化学方法制成,作为预防、治疗、诊断特定传染病或其他疾病的制剂,通称为生物制品。狭义的生物制品包括菌苗、疫苗、类毒素、抗毒素和抗血清等。广义的生物制品还包含抗生素、血液制剂、肿瘤以及免疫病等非传染性疾病的制剂等。

动物细胞培养一方面可以生产动物细胞本身产生的有用物质,例如天然干扰素和天然产物(例如海绵细胞来源的活性物质),另一方面可以以动物细胞为宿主异源表达制备药用蛋白。此外,动物细胞生物制药还主要涉及以动物细胞培养为载体的病毒疫苗生产,以及利用杂交瘤细胞制备单克隆抗体等。

四、动物细胞培养在生物制药中的应用

1. 单克隆抗体的制备

1）单克隆抗体制备原理

单克隆抗体制备的基础是抗原和抗体。两者的定义分别如下：

抗原是指进入动物体内对机体免疫系统产生刺激作用的外源物质，包括蛋白质、多糖、核酸、病毒、细菌等。

抗体是指动物免疫系统分泌的中和或消除抗原物质影响的糖蛋白，存在于血清中，本质是免疫球蛋白，能特异性地结合或识别入侵的病原体。

单克隆抗体（Monoclonal Antibody，McAb）是指经过免疫，哺乳类动物某一B淋巴细胞分泌产生的单一性抗体，这种具有特异性、同质性的抗体称为单克隆抗体。它只识别并结合特定的抗原决定簇，因此对抗原的反应具有高度特异性。

多克隆抗体（Polyclonal Antibody，PcAb）：一种抗原通常具有多个不同的抗原决定族，能刺激多个B淋巴细胞产生相应的单克隆抗体，因此血清中的抗体是针对不同抗原决定族的单克隆抗体混合物。多克隆抗体存在特异性差、效价低、数量有限、动物间个体差异大、难以重复制备等缺陷。

由于从多克隆抗体中难以分离纯化得到单克隆抗体，即便在体外将致敏的B淋巴细胞分离成单细胞，也难以使其增殖。因此，无法通过体外培养单一B淋巴细胞获得单克隆抗体。如果单一淋巴细胞既能分泌所需的特异性抗体，又能在体外持续增殖，就可大规模生产McAb。

如何改变B淋巴细胞的遗传特性，建立一个能永久生长并能分泌McAb的细胞系成为关键，由此产生了杂交瘤技术（见图9-6）。杂交瘤技术是指在一定细胞融合剂作用下，使免疫的细胞（如脾脏中的B细胞）与具有体外长期繁殖能力的瘤细胞融为一体，在选择性培养基的作用下，只让融合成功的杂交瘤细胞生长，经过反复的免疫学检测、筛选和单个细胞培养（克隆化），得到纯化的杂交瘤细胞。所建立的杂交瘤细胞是具有两种亲本细胞各自特点的杂交细胞，既能产生所需单克隆抗体，又能长期繁殖的杂交瘤细胞系。

图9-6 杂交瘤技术原理

2）单克隆抗体的制备流程

单克隆抗体制备包括动物免疫、细胞融合、杂交瘤细胞选择性培养、抗体检测、杂交瘤细胞克隆化、单克隆抗体大量生产等几个步骤，其核心部分是细胞融合。杂交瘤技术制备单克隆抗体流程如图9-7所示。

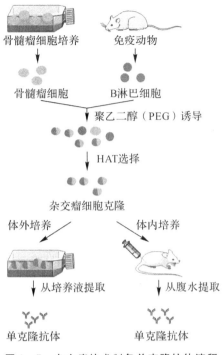

骨髓瘤细胞培养　　免疫动物

骨髓瘤细胞　　B淋巴细胞

聚乙二醇（PEG）诱导

HAT选择

杂交瘤细胞克隆

体外培养　　体内培养

从培养液提取　　从腹水提取

单克隆抗体　　单克隆抗体

图 9-7　杂交瘤技术制备单克隆抗体流程

（1）动物免疫与免疫脾细胞制备。

第一步：抗原的制备。抗原包括蛋白（天然蛋白或重组蛋白）、多肽、小分子等。抗原的纯度和免疫原性是决定免疫反应的关键。抗原纯度越高，单抗制备实验的成功率越高。

第二步：免疫动物。一般采用6～8周龄雌性 Balb/c 小鼠或者 LOU/c 大鼠。用抗原接种小鼠的目的在于，激活并产生足够多的能识别日的抗原的 B 淋巴细胞。所用方法主要有体外法和体内法。

体外法：直接分离动物淋巴细胞，加适当浓度抗原，3～4 d 后，收集淋巴细胞。

体内法：将抗原直接注射动物体内，3～4 d 后在无菌条件下取出脾或淋巴结制成悬液。一般要经过初次免疫、第二次免役、加强免疫三个过程。在初次免疫 2～3 周后进行再次免疫，在再次免疫 3 周后进行加强免疫（如果有需要的话）。一般采用腹腔免疫注射，除非特殊需要，通常静脉注射只用来加强免疫。

末次免疫后第 3～4 d 处死小鼠，75％酒精浸泡，消毒毛皮，无菌取脾，去除脂肪和结缔组织，用无血清培养液冲洗研磨脾脏，洗液洗 2～3 次，离心弃上清液，加入完全培养基，吹打分散，收集上层悬液。

（2）骨髓瘤细胞制备。骨髓瘤细胞应和免疫动物属于同一品系，这样骨髓瘤细胞和致敏的 B 淋巴细胞融合率高，获得的杂交瘤细胞接种于同品系小鼠腹腔可产生大量的单克隆抗体（McAb），通常为次黄嘌呤鸟嘌呤磷酸核糖基转移酶（Hypoxanthine-Guanine Phospho Ribosyl Transferase，HGPRT）或胸腺嘧啶核苷激酶（Thymidine Kinase，TK）缺陷型的骨髓瘤细胞。骨髓瘤细胞的培养可采用一般的含血清的培养基，例如 RPM11640 培养基补充

10%～20%小牛血清,细胞倍增时间为 16～20 h,细胞的最大密度一般不超过 10^6 个/mL。

(3)饲养层细胞培养。在组织培养中,单个或少数分散的细胞不易生长繁殖,若加入其他细胞,则可使这些细胞生长繁殖,这种加入的细胞称为饲养细胞。为促进杂交瘤细胞生长,有时需要采用饲养层培养法。可用肉汤刺激小鼠腹腔并收获腹腔中的巨噬细胞作为饲养细胞。

(4)细胞融合与杂交瘤筛选。细胞融合一般采用聚乙二醇(Polyethylene Glycol,PEG)诱导,杂交瘤筛选普遍采用 HAT 培养基筛选。HAT 选择培养基中含有三种关键成分:次黄嘌呤(Hypoxanthine,H)、氨基蝶呤(Aminopterin,A)和胸腺嘧啶核苷(Thymidine,T)。

HAT 培养基选择杂交瘤细胞的原理是细胞 DNA 合成的两条途径:

一条是正常途径,即糖、氨基酸→核苷酸→DNA,可以被氨基蝶呤阻断。

另一条是补救途径,即核苷酸前体→核苷酸→DNA,需要次黄嘌呤鸟嘌呤磷酸核糖转移酶(HGPRT)和胸腺嘧啶核苷激酶(TK)2 种酶参与。

在 HAT 培养基中,氨基蝶呤可阻断细胞正常途径合成 DNA。融合所用的骨髓瘤细胞一般是 HGPRT 或 TK 缺陷型,也不能采用补救途径合成 DNA,故其无法在该培养基中生存。而融合后获得的杂交瘤细胞具有亲代双方的遗传特性。从淋巴细胞获得了 HGPRT 与 TK,可采用补救途径合成 DNA,因此,杂交瘤细胞可在 HAT 培养基中存活与繁殖,非杂交瘤细胞在 HAT 培养基中会因不能合成 DNA 而死亡。

(5)单克隆抗体检测与鉴定。抗体检测应根据抗原性质、抗体类型选择检测方法。可用于单克隆抗体的检测方法如表 9-10 所示。

在建立稳定分泌单克隆抗体杂交瘤细胞株的基础上,应对制备的单克隆抗体进行系统鉴定。一般可进行以下几个方面的鉴定:抗体特异性和交叉反应情况、抗体的类型和亚类、抗体的中和活性、抗体的亲和力、抗体对应抗原的分子量、抗体识别的抗原表位。

表 9-10　单克隆抗体检测方法

单克隆抗体的类型	检测方法
可溶性抗原(蛋白质)、细胞和病毒等 McAb	酶联免疫吸附实验(Enzyme-Linked Immuno Sorbent Assay, ELISA)
可溶性抗原、细胞 McAb	放射免疫法测定(Radio Immunossay, RIA)
细胞表面抗原 McAb	荧光激活细胞分类仪(Fhuorescence Activated Cell Sorter, FACS)
细胞和病毒 McAb	间接免疫荧光抗体法(Indirect Fluorescent Antibody, IFA)
细胞膜表面抗原	膜荧光免疫测定法、细胞毒实验、细胞酶免疫测定法
细胞膜表面可溶性抗原	蛋白质印迹法

(6)杂交瘤细胞克隆化培养。检测到分泌目标抗体后,利用单个细胞克隆化培养从细胞群体中选育出遗传稳定的能分泌特异性抗体的杂交瘤细胞,淘汰非特异性的或遗传不稳定的杂交瘤细胞。

克隆化培养有软琼脂培养法和有限稀释法,此外还有单细胞显微操作法、流式细胞仪分离法。其中有限稀释法最常用,得到单个细胞后采用 96 孔培养板于 CO_2 培养箱中培养,隔日观察细胞生长情况。通过特异性抗体检测,选择抗体效价高、呈单个克隆生长、形态良好的细胞。

(7)单克隆抗体的制备。大量生产单克隆抗体的方法主要有杂交瘤细胞体内接种法和体外培养法两种,二者的对比如表 9 – 11 所示。

表 9 – 11　单克隆抗体生产的两种方法对比

	体内接种法	体外培养法
方式	在小鼠腹腔内生长杂交瘤	单层细胞培养或悬浮培养
基本过程	从腹水中得到大量的腹水单抗	收集培养上清液,离心去除细胞及其碎片,即可获得单克隆
特点	常混有小鼠的各种杂蛋白(包括 Ig)	不需要对得到的抗体进行纯化
产量	经济且抗体浓度很高	产量较低且费用高

2.重组蛋白类药物的生产

重组蛋白类药物是利用基因工程技术(重组 DNA 或重组 RNA 技术)表达而获得的蛋白质产物。它主要分为八个大类,包括多肽类激素、人造血因子、人细胞因子、人血浆蛋白因子、人骨形成蛋白、重组酶、融合蛋白和外源重组蛋白等。

重组蛋白的一般生成工艺主要包括质粒构建和扩增、细胞转染、细胞培养、蛋白纯化和产品冻干(见图 9 – 8)。以人白细胞干扰素生产为例,从人细胞中克隆出 α 干扰素基因,将此基因与大肠杆菌表达载体连接构成重组表达质粒,然后转染到哺乳动物细胞(如 CHO 细胞)中获得高效表达人 α 干扰素蛋白的工程细胞。工程细胞经培养后,可分泌 α 干扰素蛋白到培养液中,分离、纯化,即得到高纯度的人基因工程 α 干扰素。

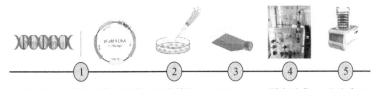

①	②	③	④	⑤
获取的基因,质粒构建及扩增	细胞转染	细胞培养	蛋白纯化	成品冻干

图 9 – 8　重组蛋白生产工艺流程

1)蛋白表达系统

蛋白表达系统的选择是关键步骤之一。目前,体外重组蛋白的生产主要包括四大系统:原核蛋白表达、哺乳动物细胞蛋白表达、酵母蛋白表达及昆虫细胞蛋白表达。生产的蛋白在活性和应用方法方面均有所不同。其中,哺乳动物细胞表达系统是真核表达系统中唯一可以表达复杂蛋白的系统,它能够指导真核表达蛋白进行正确折叠,提供复杂的 N 型糖基化和准确的 O 型糖基化等多种翻译后加工功能,所以它和昆虫酵母系统比较更具有发展潜力。下面主要从表达载体和宿主细胞等方面介绍哺乳动物表达系统。

(1)表达载体的类型。根据载体进入宿主细胞的方式,可将表达载体分为病毒载体与质粒载体,具体特点如表 9-12 所示。

表 9-12 表达载体的类型及特点

载体类型	进入细胞方式	种类
病毒载体	以病毒颗粒的方式,通过病毒包膜蛋白与宿主细胞膜的相互作用使外源基因进入到细胞内	腺病毒、腺相关病毒、逆转录病毒、se mLiki 森林病毒(sFv)载体等
质粒载体	借助于物理或化学的作用导入细胞内	依据质粒在宿主细胞内是否具有自我复制能力,可将质粒载体分为整合型和附加体型载体两类。 整合型载体:无复制能力,需整合于宿主细胞染色体内方能稳定存在,如 SV40 病毒载体、反转录病毒载体和游离型如痘苗病毒、腺病毒载体。 附加体型载体:在细胞内以染色体外可自我复制的附加体形式存在

(2)宿主细胞。哺乳动物细胞表达外源蛋白最初是将抗体基因重新导入淋巴细胞中由病毒(如 5140)或 IgG 的启动子增强子引导产生的抗体具有相应的结合能力和效应功能,但表达量很低。目前常用的几种用于表达重组蛋白的细胞株主要有中国仓鼠卵巢(CHO)细胞、小仓鼠肾(BHK)细胞、猴肾(COS)细胞、小鼠胸腺瘤(NSO)细胞和小鼠骨髓瘤(SP2/0)细胞等。不同宿主细胞表达的重组蛋白,其稳定性和蛋白糖基化类型不同,需根据要表达的目的蛋白选择最佳的宿主细胞。

COS 细胞是进行外源基因瞬时表达时用途最广的宿主,其重组载件易于组建,便于使用,而且对插入 DNA 的量或者采用基因组 DNA 序列的情况都没有什么限制,便于通过检测表达情况来确证 cDNA 的阳性克隆,也利于快速分析引入克隆化 cDNA 序列中的突变。CHO 细胞则利于外源基因的稳定整合,易于大规模培养,能在无血清和蛋白的条件下生存,是用于真核生物基因表达较为成功的宿主细胞。CHO 细胞已用于多种复杂的重组蛋白的生产,但其产量较低,一般仅占细胞蛋白的 2.5%,而用细菌表达可获得占总蛋白 50% 的蛋白表达水平。大肠杆菌表达的动物蛋白能进行正确的翻译后加工,如糖基化和三维结构的形成,不具有与天然抗体相似的功能活性,且在人体内易于清除。如果需要表达具有生物学功能的膜蛋白或分泌型蛋白,例如细胞表面的受体或细胞外的激素和酶,则不能在原核细胞中表达。哺乳动物细胞表达的蛋白则具有天然蛋白的生物学活性。为提高哺乳动物细胞的蛋白表达量,需选择合适的表达载体和有效的启动子和增强子。

(3)转染方式。利用哺乳动物表达体系生产蛋白通常有两种方式:瞬时转染与稳定转染。这两者都是将目的基因转染至特定哺乳动物细胞内,进而表达得到目的蛋白。但两种方式在原理、操作流程等方面均有所区别(见表 9-13)。

外源 DNA 整合到染色体中的概率很低,大约 $1/10^4$ 的转染细胞能整合,所以通常需要通过一些选择性标记[如潮霉素 B 磷酸转移酶(HPH)、胸苷激酶(TK)等基因]反复筛选,得到稳定转染的同源细胞系。

表 9 - 13 转染方式对比

	瞬时转染	稳定转染
实验原理	载体所携带的外源 DNA/RNA 不整合到宿主染色体中,因此一个宿主细胞中可存在多个拷贝,可以在短时间内获得基因的表达产物;但是随着细胞的不断分裂,增殖外源基因最终会丢失,无法继续进行重组蛋白的生产,多用于启动子和其他调控元件的分析	稳定转染载体的外源 DNA 既可以整合到宿主染色体中,也可作为一种附加体(episome)而稳定存在于细胞中。目的基因不会随着细胞传代而消失,能够长期稳定的生产目的蛋白。通过稳定转染(稳定细胞系构建)能够实现长期、稳定的生产重组蛋白
操作步骤	质粒不需要带有抗性;操作简单,构建好质粒后,经过细胞复苏、转染、细胞培养、蛋白纯化等步骤即可得到目的蛋白	质粒一定要带有特定的抗性;先将构建好的质粒线性化,再转入培养好的哺乳动物细胞内,通过一定的转染方式实现质粒与细胞的融合,接着经过细胞池筛选、单克隆筛选、细胞传代培养等步骤才能得到稳定转染的细胞系
特点	能够快速生产得到微量至中量的重组蛋白;实验成本低;一个宿主可以带有多个拷贝,表达效率高	能够长期稳定生产目的蛋白;得到稳转株之后后续生产蛋白的成本降低;能够对基因进行基因插入、基因敲除等编辑操作

整体来说,对于一个表达实验,选择何种表达系统应根据实际需要来决定,如表达蛋白的需求量、用途、实验所需时间及对细胞的毒性。选定表达系统之后,还需考虑表达载体与宿主细胞的合理搭配问题。比如,若以 BHIVP16 为宿主细胞,则表达载体最好选用 HSV 早期启动子驱动目的基因的表达,因为该启动子受 VP16 的转录激活;LCR 元件只有在红系细胞中才有消除整合位点的位置效应的功能,因此如果要发挥载体中 LCR 的功能,则可考虑选择 IVIEL - E9 细胞;在肝细胞中 CMV 启动子活性低,此时可考虑选用其他的启动子;使用附加体型表达载体时,应选择其对应的复制允许细胞等。

(4)重组蛋白药物的纯化。除了蛋白表达系统的建立外,重组蛋白药物的纯化也是非常重要的步骤。传统的重组蛋白药物纯化工艺,是在收获澄清后进行超滤浓缩,随后进行逐级的单柱色谱分离纯化,在充分了解目标蛋白和杂质的理化性质后,尽量减少纯化步骤,一般分离纯化不超过 4 步。

随着技术的发展,人们开发出了不同的纯化方式,比如结合了两种分离机制(反相或 HILIC 和离子交换)的混合模式纯化方式;考虑到蛋白药物混合物通常需要结合基于多种不同分离原理的色谱技术来提高分辨率,又产生了多维色谱分离技术;为了处理复杂生物分子混合物的纯化,又开发了一种称为多柱逆流溶剂梯度纯化(MCSGP)技术。其原理是流动相相对于固定相逆流运动,通过一系列切换阀进行模拟,使整个过程实现循环和自动化。使用 MCSGP 技术可以使目标蛋白和杂质之间的重叠峰在内部循环,以便再加工,并且可以使用溶剂梯度进行洗脱。这种技术已被用于多个需要加强纯化的案例中,如单克隆抗体、寡核苷酸、大麻二酚和多肽的纯化。

目前常用的几种重组蛋白药物的纯化方式及机理如表 9 - 14 所示。

表 9 - 14　重组蛋白药物的不同纯化方式

纯化方式		机理
超滤		根据分子大小不同分离目标蛋白
单柱色谱	反相液相色谱(RP - LC)	据流动相中被分离物质分子的疏水性差异,达到分离目的
	离子交换色谱(IEX)	根据可交换离子与周围介质中各种带电荷离子间的电荷作用力不同,经过平衡交换达到分离目的
	亲水相互作用色谱(HILIC)	基于分析物在流动相和 HILIC 固定相上的"富水层"之间的分配
	混合模式	在同一固定相上结合两种配体
多维色谱		两种或两种以上的混合模式色谱的组合
MCSGP 技术		流动相相对于固定相逆流运动,通过一系列切换阀进行模拟,使整个过程实现循环和自动化

原料药经过纯化后应根据当前的监管指南进行严格的质量控制测试,以确保药品的安全性、纯度、特性、效力和强度,以便提供给诊所和患者。在已有 39 种重组蛋白药物纳入《中华人民共和国药典》,这些质量标准和鉴定方法在保证我国重组药物的安全、有效和质量可控方面发挥了重要作用。

本章知识图谱与视频

一、本章知识图谱

本章知识图谱如图 9-9 所示。

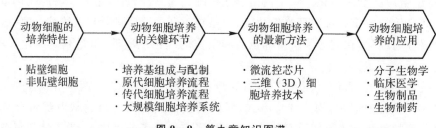

图 9 - 9　第九章知识图谱

二、本章视频

1.动物细胞原代培养

2.动物细胞传代培养

3.动物细胞融合与单克隆抗体技术

4.动物细胞培养生产重组蛋白:质粒构建与扩增

5.动物细胞培养生产重组蛋白:细胞转染 1

6.动物细胞培养生产重组蛋白:细胞转染 2

7.动物细胞培养生产重组蛋白:细胞转染 3

8.动物细胞培养生产重组蛋白:细胞转染 4

9.动物细胞培养生产重组蛋白:细胞转染 5

10.动物细胞培养生产重组蛋白:细胞培养、蛋白纯化

1.动物细胞原代培养　　2.动物细胞传代培养　　3.动物细胞融合与单克隆抗体技术　　4.动物细胞培养生产重组蛋白:质粒构建与扩增　　5.动物细胞养生产重组蛋白:细胞转染1　　6.动物细胞培养生产重组蛋白:细胞转染2

7.动物细胞培养生产重组蛋白:细胞转染3　　8.动物细胞养生产重组蛋白:细胞转染4　　9.动物细胞养生产重组蛋白:细胞转染5　　10.动物细胞培养生产重组蛋白:细胞培养、蛋白纯化

三、本章知识总结

本章知识总结如图 9-10 所示。

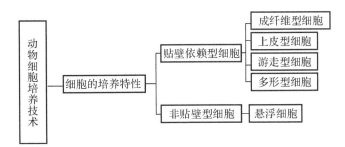

图 9-10　第九章知识总结

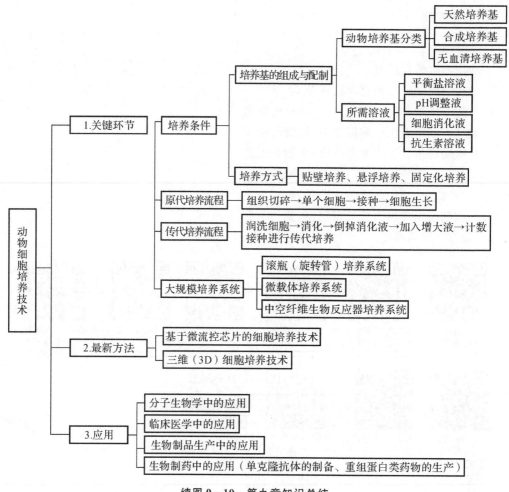

续图9-10　第九章知识总结

本章习题

1. 简述动物细胞体外生长特征。

2. 简述影响动物细胞体外培养的主要因素。

3. 论述动物细胞原代培养和传代培养间的区别。

4. 简述动物细胞培养的基本流程与和关键环节。

5. 简述动物细胞培养的应用。

7. 简述微流控芯片在动物细胞培养中的应用。

8. 简述动物细胞的三维(3D)培养原理、技术与应用。

第十章　发酵产物的分离、提取与应用

产物的分离提取是发酵工程的下游工程，也是决定发酵过程工作效率和生产成本的重要步骤。发酵过程产生的微生物发酵液、动植物母细胞组织培养液、酶反应液等需经分离提取、加工制备成产品才能使用。需要进行结构、功能和特性分析的发酵产物必须要经过分离、纯化和浓缩，达到适当浓度。这一过程在很大程度上决定了发酵工程的成本。

不同于化学合成的物质分离、纯化，发酵液中产物浓度低、杂质含量高，容易变性失活，从而使得发酵产物的分离提取有着特殊的要求。此外，作为生物工业"可持续发展战略"的一个重要组成部分，"清洁生产"已成为协调经济发展和环境保护的一个重要举措。产物分离阶段在很大程度上决定了发酵工厂的废水、废物排放。

第一节　发酵产物分离、提取的特点

与传统的化工分离过程相比，发酵产物具有原料体系复杂、产品种类繁多、含量低，易变性、提取过程需要依靠经验等特殊性。

一、原料特性决定产物提取策略

原料特性的不同，决定了采用的产物提取方法也有所不同。例如，日本、韩国等国家采用废糖蜜为原料生产谷氨酸。由于废糖蜜中含杂质多、色素重，产物提取时只能采用浓缩等方法，产物提取收率只有88%～90%，而且得到的谷氨酸质量较差，后期需要通过"转晶"的方法进行谷氨酸重结晶才能改善产品质量。相对而言，我国主要以玉米淀粉糖为原料发酵生产谷氨酸，发酵液中杂质少，可以采用等电离子交换工艺进行提取，产物提取收率可达94%～95%。

二、产物的稳定性制约了提取方法

发酵工业的产品种类繁多，有乙醇、乳酸、氨基酸等小分子物质，也有酶、蛋白质、激素等相对分子质量达到数千或数万的生物大分子。小分子物质的结构简单、稳定性好，分享技术的可选范围较宽；但是大分子生物产品的稳定性差，限制了很多分离方法的应用。

三、产物特点限制了提取方法

1.目标产物含量低

大多数发酵产品，尤其是一些新兴的生物技术产品，在待处理原料液中的浓度很低，甚至低于杂质含量,一般仅粗提百分之几甚至几十万分之几。如 L - 异亮氨酸在发酵液中的含量约为 2.4%;每千克粗提物酸中的核黄素仅有几克,腹岛素仅含几十毫克。

2.目标产物易变性

易变性是指许多具有生物活性的产品一旦离开生物体的环境,很容易被破坏。酶等生物大分子在过酸、过碱、高温、高压、高离子浓度或有机溶剂等环境中都会失去生理活性,有些甚至对光、过分剧烈的机械搅拌都很敏感。因此,在加工过程中常选择温和的条件,以便保护这些物质的活性不被破坏。

四、采取的方法具有经验性

一方面,由于生物的某些不确定因素,各批次发酵液中产物浓度及其他物性会出现差异,包括实际生产中因染菌出现的异常发酵;另一方面,分离过程几乎都在溶液中进行,各种参数(温度、pH、离子强度等)对溶液中各种组分的综合影响往往无法固定,从而导致在实际操作中的理论指导作用不强,不同批次产品的收率和质量也有很大波动。因此,要求采用的产物分离提取方法的适用面广,操作弹性大。

第二节 发酵产物分离、提取的基本过程

由于原料和产品的特殊性,发酵工业下游技术与常规化工分离技术有许多不同点,但在原理上又有许多相同或相通之处。因此,本节重点介绍发酵产物分离、提取中的一些共性问题。

一、产物分离、提取的机理与类型

发酵产物分离、提取的基本原理是,根据原料中不同组分物理或化学性质的差异,通过适当的方法和装置,把它们分配于多个可用机械方法分离的物相或不同的空间区域中,从而达到分离的目的。选用特定的分离介质和装置能够识别原料中不同组分的性质差异,甚至通过分离过程优化放大这些差异,使得分离具有更高的效率。

根据发酵产物的性质或分离过程的本质,可将发酵产物分离过程的本质分为表 10 - 1 所示的几种类型。

表 10 - 1　发酵产物分离操作的主要类型

类型		分离过程	原理	原料	分离剂	产物	实例
传质分离	平衡分离过程	蒸发浓缩	饱和蒸汽压	液体	热	液体＋蒸汽	酶液,糖液、果汁浓缩液
		蒸馏	饱和蒸汽压差	液体	热	液体＋蒸汽	酒精蒸馏
		萃取	两相中溶解度差	液体	不互溶液体	两种液体	抗生素抽提
		结晶	过饱和度差异	液体	冷、热或 pH	液体＋固体	氨基酸结晶
		吸附	吸附能力差异	气体、液体	固体吸附剂	固体＋气体或液体	活性炭脱色
		离子交换	质量作用定律	液体	固体树脂	液体＋固体树脂	氨基酸分离
		干燥	水分蒸发	含湿固体	热	固体＋水蒸气	酶制剂干燥
		凝胶过滤	分子大小差异	液体	凝胶	液体＋固体凝胶	蛋白质分离

续表

类型	分离过程	原理	原料	分离剂	产物	实例
传质分离	速度差分离 电泳	物质在电场中迁移速度差	液体	电场	液体	蛋白质分离
	渗透蒸发	物质在膜中的渗透速度差	液体	膜	液体＋蒸汽	乙醇水溶液中乙醇分离
	超滤	物质在膜中的透过速率差	液体	膜	两种液体	酶蛋白的分离
	反渗透	渗透压	液体	膜	两种液体	蛋白质浓缩
机械分离	过滤	过滤介质孔道小于颗粒,架桥效应	含固体、液体	过滤介质	液体＋固体	菌体过滤
	沉降	密度差	含固体、液体	重力	液体＋固体	污泥沉降、发酵后期酵母沉降
	离心	密度差	含固体、液体	离心力	液体＋固体	晶体分离
	旋风(液)分离	密度差	气体＋固体或液体	惯性力	气体＋固体或液体	淀粉粉尘回收
	静电除尘	荷电颗粒	气体＋微细颗粒	地场	气体＋固体	含尘废气净化

二、发酵产物分离、提取的一般工艺过程

发酵产物种类繁多、原料广泛、产品性质多样、用途各异,因而分离、提取、精制的技术,生产工艺及相关装备是多种多样的,依靠单一分离技术难以实现高得率、高质量的提取目的,往往需要通过多种单元操作技术的有机组合或集成。一般来说,某一具体产品的下游技术工艺过程要考虑以下一些情况:

(1)是胞内产物还是胞外产物;

(2)原料中产物和主要杂质的浓度;

(3)产物和主要杂质的物理化学性质及其差异;

(4)产品用途及质量标准;

(5)产品的市场价格,涉及能源、辅助材料的消费水平;

(6)污染物排放量及处理方式。

按生产过程划分,发酵产物的分离、提取大致可分为 4 个阶段,即预处理、初步分离、高度纯化和成品制作,如图 10－1 所示。

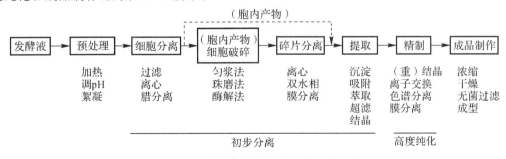

图 10－1 发酵产物分离、提取的一般工艺

构建下游技术工艺过程的核心思想是实现产品的高收率和高质量。一般情况下,原料中产品的浓度越低,产物分离提取的成本越高;产物分离提取的步骤越多,提取收率就越低。图 10-1 所示步骤中,如果每一步的收率为 90%,则总收率只有 $0.9^6 \times 100\% = 54\%$。同理,即使各步操作相当完善,分步收率达到 95%,经过 6 步操作后的总收率也只有 73.5%。因此,减少产物分离提取过程的操作步骤,对于减少损失、提高提取收率是很重要的。

但是,对于一些产物,采用多步操作的效果优于一步操作。例如,在谷氨酸的分离提取过程中,一步等温等电结晶的收率为 75%~80%,如果再采用离子交换法从等电液中二次提取谷氨酸,则总收率可以达到 94%~95%。

三、发酵产物分离提取技术的发展趋势

1. 多种技术集成

多种提取技术集成,能够集成多种单元操作技术的优势,往往具有提取效率高、产品质量好、步骤简单、能耗低或污染少等优点,是发酵产物分离提取的重要发展方向。例如,在发酵液预处理中,将絮凝法和膜分离相结合,菌体细胞的去除率和膜过滤能量均优于两者的单项操作。为此,产生了一些新技术。如将离心分离和膜分离过程结合,形成膜离心分离过程;将双水相萃取技术和亲和法结合形成了效率更高、选择性更强的双水相亲和分配技术。

2. 多环节综合考虑

将产物分离提取过程与微生物育种、发酵工艺相结合,形成系统工程,通盘考虑,通过优化上游因素,可简化下游提取过程。通常需要做到以下几点:

(1)在菌种选育和工程菌构建时,就要考虑到产物得率提高的问题。

(2)设法减少非目标产物的分泌量,并赋予产物某种有益的性质以改善产物的分离特性,从而降低下游分离技术的难度。

(3)培养基组成及发酵工艺条件会直接决定发酵液的质量。对于高纯度产物的生产过程,应该尽量采用清液发酵,少用酵母膏、玉米浆、糖蜜等含质丰富的原料,从而极大地简化产物的分离提取工艺,使之更为方便、经济。

第三节   发酵液的预处理和细胞分离

发酵液预处理的主要任务是分离发酵液和细胞,去除大部分杂质,破碎细胞释放胞内产物,对目标产物进行初步富集和分离。

一、发酵液预处理的目的和要求

发酵液预处理的目的不仅是去除发酵液中的菌体细胞及其他悬浮颗粒,还希望能去除部分可溶性杂质并改变发酵液的特性,以利于后续的提取和精制等工序。不同的发酵产品,

由于菌种和发酵液特性不同,所采用的发酵液预处理方式也不同。对于胞内产物,预处理的主要目的是尽可能多地收集菌体细胞。对于胞外产物,发酵液预处理则有图 10-2 所示的三个目的。

发酵液预处理应该达到菌体分离和去除固体悬浮物的要求。去除的对象及其影响如下:

(1)菌体。虽然发酵液中通常只含有 3%～5% 的湿菌体,但是带菌提取往往会影响产物的提取效率或产品质量。例如,用离子交换法从发酵液中提取异亮氨酸时,如果发酵液带菌上柱,容易引起离子交换柱堵塞;发酵液除菌后等电结晶得到的谷氨酸纯度(干)比带菌的高 1%。此外,由于下游工艺过程周期较长,菌体自溶会使得发酵液变黏稠,发酵液中可溶性杂质含量增加,增加后续提取和精制的难度。

(2)固体悬浮物主要是从原料中带入的纤维、凝固蛋白等,也需要去除。

(3)可溶性杂蛋白。这些蛋白质的存在会促使蛋白质产物提取过程中产生溶剂乳酸,导致液液分离困难;同时,杂蛋白会在离子交换时影响树脂的交换容量。

(4)重金属离子。重金属离子不仅会影响发酵产物的提取和精制操作,而且会直接影响产品质量和提取收率。

(5)色素、有毒的杂质。色素会影响产品外观。在药用发酵产物发酵过程中,抗生素、ATP、核酸、过敏原等物质的存在会影响产物的安全性。

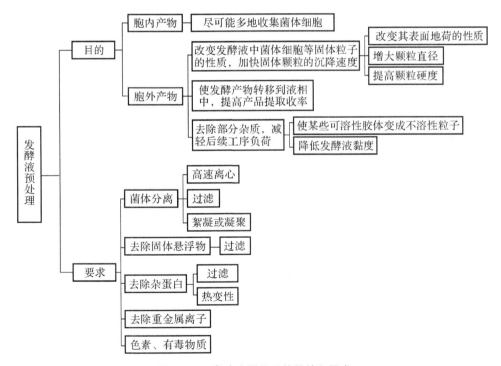

图 10-2　发酵液预处理的目的和要求

二、发酵液预处理的方法

发酵液成分较为复杂,大多为非牛顿型流体,黏度大,菌体细胞等固体颗粒小,可压缩性大。因此,发酵液直接过滤的速度很慢,只有采用适当的预处理方法,才能加快过滤速度。常用发酵液预处理方法如图 10－3 所示。

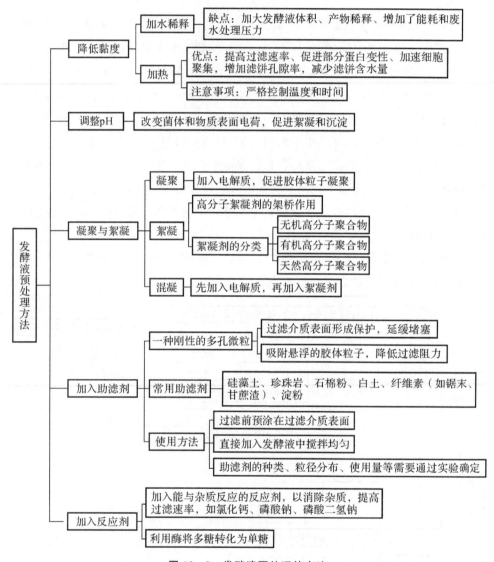

图 10－3　发酵液预处理的方法

1.加水稀释和加热法降低发酵液黏度

加水稀释能降低发酵液黏度。这种方法多用于啤酒、黄酒、酱油等酿造食品,加水稀释后产物可以出售;但是,对于多数以固体为最终产品形态的发酵产品,加水稀释会使发酵液体积增大,发酵产物浓度被同倍数稀释,不仅加大了后续过程的处理量,也会增加能耗和后续废水处理的压力,因此应慎用。

加热法降低发酵液黏度,可用于热稳定较好的发酵产品。提高发酵液温度,可以降低其黏度,提高其过滤速率,促进部分蛋白质热变性,加速菌体细胞聚集,还能增加滤饼孔隙率,减少滤饼含水量。如链霉素发酵液,用酸将 pH 调至 3.0,再加热到 70 ℃维持半小时后,液体黏度下降至原来的 1/6,过滤速率可增大 10～100 倍;谷氨酸等电母液加热到 80 ℃并维持半小时,板框过滤平均速率可达到 260～280 L/(m² · h)。但是,使用时需注意:必须控制温度和时间,避免目的产物变性失活或产物和发酵液中的残糖等杂质发生反应。另外,温度过高或时间过长,不仅增加能耗,也会使细胞溶解,胞内物质释放,增加发酵液的复杂性,影响后续的分离和纯化。

2. 调整 pH

调整发酵液的 pH,可以改变发酵液中某些成分的表面电荷性质和电离度,改变其溶解度等性质,改善其过滤特性。对于发酵液中的菌体细胞等蛋白质成分,由于羧基的电离度大于氨基,大多数蛋白质的等电点都在酸性范围内(pH＝4.0～4.8)。调节发酵液的 pH 至蛋白质的等电点范围,可促使其变性形成颗粒从而过滤除去。例如,在赖氨酸发酵液预处理中,用硫酸调节发酵液 pH 至 4.0 左右,再经板框过滤就能去除菌体得到清澈的滤液。此外,由于四环类抗生素能和发酵液中的 Ca^{2+}、Mg^{2+} 形成不溶性化合物,所以大部分沉积在菌丝体内,用草酸酸化就能将抗生素转入水相。

3. 凝聚与絮凝

凝聚和絮凝是目前工业上最常用的预处理方法之一。其原理是向发酵液中添加化学药剂改变菌体细胞及蛋白质等胶体离子的分散状态,使其凝结成较大颗粒,从而使滤饼过滤时产生较好的颗粒保留作用。

凝聚是指在电解质作用下,由于胶体粒子之间双电层排斥作用降低,电位下降而使胶体体系失稳的现象。絮凝则是指借助某些高分子絮凝剂在悬浮粒子之间产生架桥作用,使颗粒聚集形成粗大的絮团的过程。絮凝剂是一类能溶于水的有机或者无机的高分子聚合物。

4. 加入助滤剂

发酵液中的菌体细胞、凝固蛋白等悬浮物往往因为颗粒细小且受压易变形,在过滤过程中容易导致滤布等过滤介质的滤孔堵塞,过滤困难。助滤剂是一类刚性的多孔微粒,一方面它能在过滤介质表面形成保护,延缓过滤介质被细小悬浮颗粒堵塞的速率;另一方面,加入助滤剂后,发酵液中悬浮的胶体粒子被吸附在助滤剂的表面,过滤时滤饼的可压缩性降低,过滤阻力减小。因此,加入助滤剂能显著提高过滤速率。

5. 加入反应剂

向发酵液中添加能与某种杂质反应的反应剂,可以消除杂质对过滤的影响,提高过滤速率。如在新生霉素发酵液中加入氯化钙和磷酸钠,生成的磷酸钙能使发酵液中的胶状物质和某些蛋白质凝固,并且磷酸钙还可以作为助滤剂。又如在枯草杆菌发酵液中添加磷酸氢二钠和氯化钙,两者形成庞大的凝胶,使菌体等胶体粒子聚集成团,同时多余的钙离子又能与发酵液中的核酸类物质形成不溶性钙盐,从而大大改善发酵液的过滤特性。在发酵液中加入酶类,将多糖降解为单糖,也可以降低黏度,提高过滤速率。例如,在万古霉素发酵液过滤前添加少量淀粉酶使多糖降解,再添加硅藻土助滤剂,可将过滤速率提高5倍。

三、发酵液固液分离技术

发酵液固液分离的方法较多,根据发酵液的种类以及对固液分离要求的不同,可采用过滤、离心分离、重力沉降和浮选等,其中过滤、离心和泡沫浮选(气浮)是较为常用的方法。

1. 过滤分离

过滤分离的原理是悬浮液通过过滤介质时,固体颗粒被过滤介质截留从而实现与溶液的分离。根据过滤机理的不同,过滤操作可分为滤饼过滤和澄清过滤两种方式,按照过滤时料液流动方向的不同,分为封头过滤和错流过滤两种。过滤分离工艺的相关内容如图10-4所示,过滤设备的相关内容如图10-5~图10-7所示。

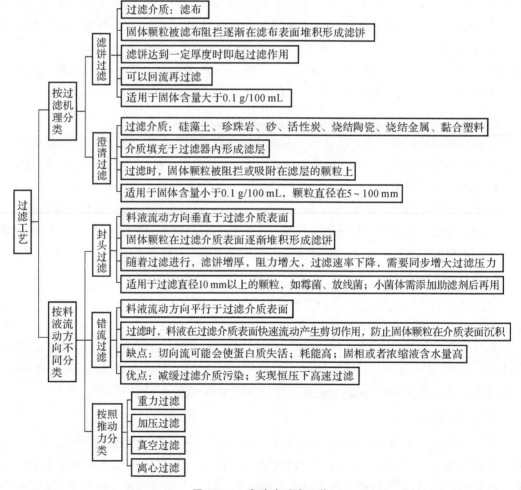

图 10-4　发酵液过滤工艺

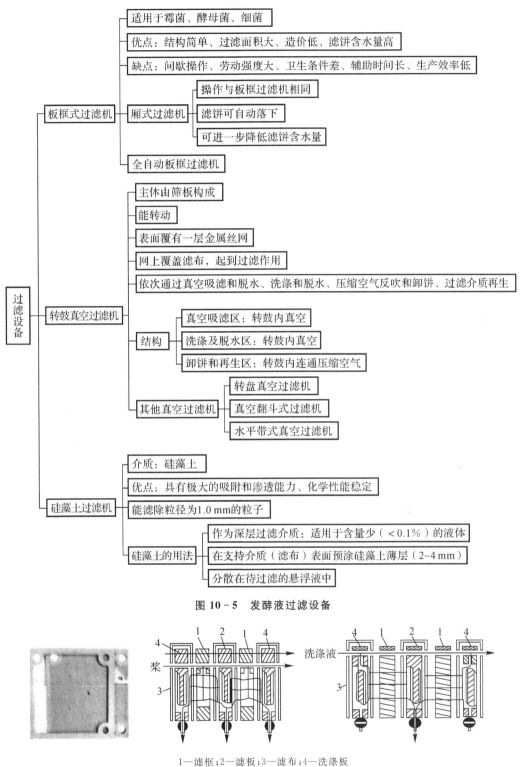

图 10 - 5　发酵液过滤设备

1—滤框；2—滤板；3—滤布；4—洗涤板
图 10 - 6　板框过滤机工作原理图

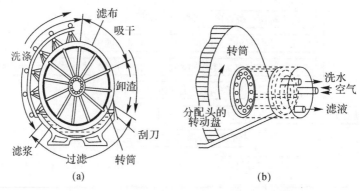

图 10－7　真空转鼓过滤机的工作原理示意图

(a)转股;(b)分配头

2.离心分离

离心机是利用转鼓高速转动所产生的离心力来实现悬浮液、乳浊液分离或浓缩的分离机械。由于离心力可以比重力高几千至几十万倍,利用离心可以分离悬浮液中极小的固体微粒和大分子物质。离心机的主要类型如图 10－8 所示。

离心分离的优点是:与其他固液分离法比较,离心分离分离速率快、分离效率高、液相澄清度好;缺点是:设备投资高、能耗大,此外连续排料时,固相干度不如过滤设备。按照原理分,离心机可以分为过滤式离心机和沉降式离心机两大类。常用离心机有碟片式离心机(见图 10－9)、管式离心机(见图 10－10)、倾析式离心机(见图 10－11)。

3.气浮

气浮是一种固液初步分离方法,其原理是:设法在待处理悬浊液中通入大量密集的微细气泡,使其与固体颗粒、絮团等黏附,形成整体密度小于水的浮体,从而依靠浮力上浮至液面,以完成固液初步分离。

气浮技术按产生气泡的方式不同可分为压力溶气气浮法、电解凝聚气浮法、微孔布气气浮法(须投加表面活性剂)、叶轮散气气浮法(引进设备)。其中压力溶气气浮又分压缩空气供气及水射器吸气两种,而以压缩空气供气的压力溶气气浮装置为数最多,应用面最广。在加压情况下,空气的溶解量增加,进入气浮槽后,溶入的气体经骤然减压释放,产生的气泡不仅尺寸微细、均匀,而且上浮稳定,对液体扰动小,因此适用于疏松絮粒、细小颗粒的固液分离。

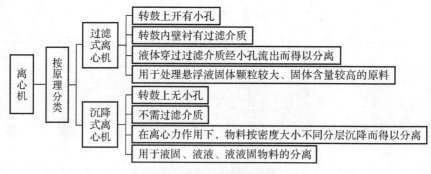

图 10－8　离心机的类型

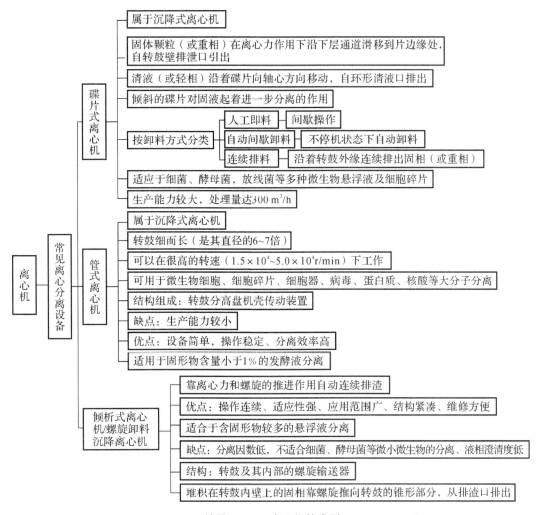

续图 10-8 离心机的类型

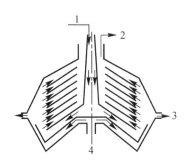

1—悬浮液;2—离心后清液;3—固相出口;4—循环液

图 10-9 碟片式离心机结构示意图

压力溶气气浮法由溶气系统、释气系统、分离系统三部分组成。常用的工艺流程如图 10-12 所示,设备如图 10-13 所示。

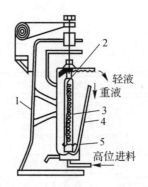

1—机架;2—分离盘;3—转鼓;4—机壳;5—挡板

图 10 - 10   管式离心机结构示意图

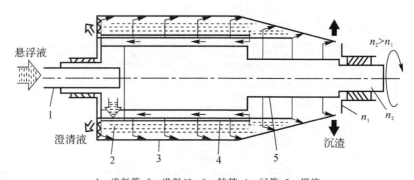

1—进料管;2—进料口;3—转鼓;4—回管;5—螺旋

图 10 - 11   并流型倾析式离心机工作原理图

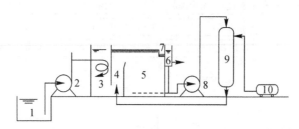

1—调节池;2—原水不泵;3—反应池;4—溶气释放器;5—气浮池;
6—集水槽;7—排渣槽;8—回流水泵;9—溶气罐;10—空气压缩机

图 10 - 12   压力溶气气浮法工艺流程

四、微生物细胞破碎

微生物代谢产物大多分泌到细胞外,称为胞外产物。但有些目的产物存在于细胞内部,如大多数酶蛋白、类脂和部分抗生素等,称为胞内产物。许多具有重大价值的基因工程产品都是胞内产物。分离提取胞内产物时,首先必须将细胞破碎,使产物得以释放,才能进一步提取。细胞破碎是提取胞内产物的关键步骤。细胞破碎的目的是破坏细胞外围,即细胞壁和细胞膜等起着支撑细胞作用的结构,从而使细胞内的物质释放出来。细胞壁为外壁,易受机械损伤或渗透压破坏;细胞膜为内壁,易受渗透压冲击而破碎。细胞破碎的主要阻力来自细胞壁。

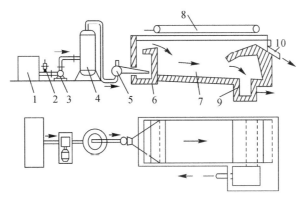

1—吸水井;2—空气吸入管;3—泵;4—压力溶气;5—压力调节器;6—入流室;7—气浮室;

8—刮渣机;9—出水;10—排液口

图 10 - 13　平流式压力气浮池

1. 细胞破碎方法的分类

在机械破碎中,细胞的大小和形状以及细胞壁的厚度和聚合物的交联程度是影响破碎难易程度的重要因素。破碎细胞必须克服的主要阻力是连接细胞壁网状结构的共价健,其分子组成和结构差异取决于遗传信息、培养生长环境和菌龄,以及霉菌培养过程中机械搅拌作用的强弱。个体小、球形、壁厚、聚合物交联程度高的微生物细胞是最难破碎的。

细胞破碎方法按照是否使用外加作用力可分为机械法和非机械法两大类。两者的异同点如表 10 - 2 所示,每种方法的常用方法如表 10 - 3 所示。除表 10 - 3 所示方法外,机械法中还有高压挤压法(活性保存率高,但不适合热敏性物质的细胞破碎),非机械法中还有化学渗透法、渗透压法(细胞破碎率较低,需与其他方法结合使用)、干燥法(条件变化剧烈、易引起大分子物质失活)等一些局限性大、不常用的方法。

表 10 - 2　细胞破碎方法的对比

比较项目	机械法	非机械法
破碎机理	切碎细胞	溶解局部细胞壁膜
碎片大小	碎片细小	细胞外形完整
内含物释放	全部	部分
黏度	高(核酸多)	低(核酸少)
时间、效率	时间短、效率高	时间长、效率低
设备	需专用设备	不需要专用设备
通用性	强	差
经济性	成本低	成本高
应用范围	实验室、工业范围	实验室范围

表 10-3　常用细胞破碎方法

分类		工作机理	影响因素	优缺点
机械法	珠磨法	进入珠磨机的细胞悬浮液与极细的玻璃小珠、石英砂、氧化铝等研磨剂(直径小于 1 mm)一起快速搅拌或碰撞,使细胞破碎,释放出内含物。在珠液分离器的协助下,珠子滞留在破碎室内,浆液流出,从而实现连续操作。破碎中产生的热量采用夹套冷却的方式带走	珠体直径、珠体的装量、细胞浓度、料液性质、搅拌器转速与构型、操作温度。面包酵母的装填量为 80%,操作温度控制在 5～40℃以内,破碎率控制在80% 以下	优点:破碎率较高、操作规模较大。 缺点:容易导致大分子产物易失活,浆液分离困难
	高压匀浆法	利用高压使细胞悬浊液通过针形阀,经阀座的中心孔道高速喷出。突然减压和高速冲击撞击环使细胞破裂	压力、循环操作次数、温度。通常采用压力为 55～70 MPa,出口温度调节至 20℃左右,料液中细胞浓度可达20% 左右	优点:破碎率较高、操作规模较大,产物活性损失较少。 缺点:不适合丝状菌和革兰氏阳性菌,以及含有包含体的基因工程菌
	超声破碎法	可超声频率为 15～25 kHz,工作机制可能与空化现象引起的冲击波和剪切作用有关。空穴泡由于受到超声波的迅速冲击而闭合,从而产生一个极为强烈的冲击波压力,进而引起黏滞性旋涡在介质中的悬浮细胞上造成了剪切应力,从而使细胞破碎	声频、声能、处理时间、细胞浓度、菌种类型。 样品体积一般为 1～400 mL;细胞先放在冰浴中短时间破碎,且破碎 1 min,冷却 1 min	缺点:产热,不适合大规模生产
非机械法	酶溶法	利用酶反应,分解破坏细胞壁上的特殊键,从而达到破壁的目的。分为外加酶法和自溶法两种	①外加酶法中需根据细胞壁的结构和化学组成选择适当的酶,并确定相应的次序。 ②所需溶胞酶由微生物本身产生。影响因素有温度、时间、pH、激活剂、细胞代谢途径等。常用加热法(70℃,20 min)或干燥法	①外加酶法主要用于实验室规模。 优点:选择性释放产物,条件温和,核酸泄出量少,细胞外形完整。 缺点:酶价格高,通用性差,存在产物抑制。 ②自溶法优点:可以用于生产;缺点:易引起所需蛋白质变性,自溶后细胞悬浮液黏度大,过滤速率下降

续表

分类		工作机理	影响因素	优缺点
非机械法	冻结-融化法	将细胞放在低温（−20～−15℃）下突然冷冻令其凝固，然后在高温（或40℃）下融化令其融解，如此反复多次。其中，冻结的作用是破坏细胞膜的疏水键结构，增加其亲水性和通透性；另外，胞内水结晶使产生溶液浓度差，在渗透压的作用下引起细胞膨胀而破裂	适用于细胞壁脆弱的菌体、动物细胞的破碎或释放出某种细胞成分	优点：对于细胞质周围靠近细胞膜的胞内产物释放较为有效。缺点：破碎率较低，可能引起对冻结敏感的某些蛋白质变性

2.细胞破碎方法的选择依据

细胞破碎的方法很多，但它们的破碎效率和适用范围不同，选择时需考虑以下4方面：

(1)细胞的处理量。有大规模应用前景的，采用机械法；仅需实验室规模，选择非机械法。

(2)细胞壁的强度和结构：酵母和真菌的细胞壁含有纤维素和几丁质，强度较高，选用高压匀浆法，也适合大肠杆菌、巨大芽孢杆菌、黑曲霉等微生物，但某些高度分枝的微生物则会因为阻塞匀浆器阀而不适用；某些植物细胞纤维化程度大、纤维层厚、强度很高，破碎困难。选用化学法和酶法破碎时，应根据细胞的结构和组成选择不同的化学试剂或酶。

(3)目标产物对破碎条件的敏感性：选择机械法破碎时，需要考虑剪切力的影响；选择酶解法时，应考虑酶对目标产物是否具有降解作用；选择有机溶剂或表面活性剂时，要考虑不能使蛋白质变性。此外，破碎过程中溶液的pH、温度、作用时间也需要考虑。

(4)破碎程度：细胞碎片不能太小。适宜的破碎办法应具有产物释放率高、能耗低和便于后续提取三个方面的特性。

检测细胞破碎程度可通过检测破碎前后细胞数量之差、测定释放的蛋白质量或前活力、测定破碎前后电导率的变化等方法进行。

第四节　产物分离、提取技术

一、沉淀法

1.沉淀法的原理与目的

沉淀是指通过加入试剂或改变条件，使目的物从溶液中析出形成固相的过程，其本质是通过改变条件使溶质分子或胶粒在液相中的溶解度降低，分子或胶粒发生聚集形成新的固相，从而达到分离、澄清、浓缩的目的。习惯上，析出物为晶体时称为结晶；析出物若为无定形固体，则称为沉淀。

沉淀法是分离纯化各种生物物质常用的一种方法。其优点是过程简单、成本低、原材料易得，便于小批量生产，溶液中产物浓度越高沉淀越有利，收率越高；其缺点是所得沉淀物可能聚集有多种物质，或含有大量盐类，或包裹着溶剂，过滤也比较困难。因此，沉淀法所得产品纯度较低,需重新精制。

沉淀法广泛应用于实验室规模和工业生产的生化物质提取,不仅用于抗生素、有机酸等小分子物质,更多地用于蛋白质、酶、多肽等大分子物质。如青霉素和链霉素早期分别用 N,N-苄基乙二胺和苯甲酸进行沉淀,并在酸性条件下分解以制得成品;苹果酸、柠檬酸和乳酸都采用钙盐沉淀法提取;利用蛋白质溶解度之间的差异,从天然原料(如血浆、植物浸出液和基因重组菌)中分离蛋白质混合物等。

2. 沉淀法的种类

常用的沉淀方法目前主要有盐析法、有机溶剂沉淀法、等电点沉淀法、非离子多聚物沉淀法、生成盐复合物法、选择性的变性沉淀法、亲和沉淀法、SIS 聚合物法与亲和沉淀法等。其中前三种方法的使用最为广泛(见表 10-4)。

沉淀技术广泛应用于蛋白质或酶的粗分离和多糖的提取过程。多种沉淀方法也可以结合使用。例如,在果胶提取方法中,先用盐析法沉淀,再用乙醇沉淀法则可以降低乙醇使用量,省去稀酸提取液浓缩工序和减少乙醇回收量,节省能耗,降低生产成本,并能保证较高的提取率和果胶品质。

表 10-4　沉淀方法的分类及要求

分类	概念、原理	适用范围与要求	影响因素	操作流程
盐析法	盐析:高浓度盐离子会降低蛋白质、酶与溶剂水的相互作用力,降低其溶解度,以致从溶液里沉淀出来。 K_s 分级盐析法:在一定 pH 和温度下,改变体系离子强度进行盐析。 β 分级盐析法:在一定离子强度下,改变 pH 和温度进行盐析的方法。此法溶质溶解度变化缓慢,且变化幅度小,分辨率更高。 原理:在水溶液中,蛋白质和酶分子上所带的亲水基团与水分子相互作用形成水化层,保护了蛋白质粒子,避免了相互碰撞,使蛋白质形成稳定的胶体溶液。加入大量中性盐后,夺走了水分子,破坏了水膜,暴露出疏水区域,同时又中和了电荷,使颗粒间的相互排斥力失去,布朗运动加剧,最终导致蛋白质分子结合成聚集物而沉淀析出	K_s 分级盐析法常用于蛋白质粗提;β 分级盐析法常用于粗提蛋白的进一步分离纯化。 盐析剂的要求:盐析作用强、溶解度大、惰性、来源丰富、经济。 常用中性盐:硫酸铵、硫酸钠、硫酸镁、氯化钠、醋酸钠、磷酸钠、柠檬酸钠、硫氰化钾等。其中,硫酸铵因其溶解度大,受温度影响小、对目的物稳定性好、价廉、沉淀效果好等优点应用最广	①蛋白质种类:相对分子质量大、结构不对称的蛋白质易沉淀。 ②离子类型:阴离子盐析能力,柠檬酸根>酒石酸根>氟离子>碘酸根>磷酸二氢根>硫酸根>醋酸根>氯离子>氯酸根>溴离子>硝酸根>高氯酸根>碘离子>硫氰酸根。阳离子盐析能力,钛离子>铝离子>氢离子>钡离子>锶离子>钙离子>铯离子>铷离子>铵根离子>钾离子>钠离子>锂离子。 ③温度和 pH:盐析时不要降低温度,pH 尽量在等电点附近。 ④盐的加入方式:一是直接加入固体盐类粉末,二是加入饱和盐溶液。 ⑤蛋白质的原始浓度:蛋白质浓度高时用盐少;蛋白质浓度低时用盐多。单一蛋白质时可提高蛋白质浓度,多种蛋白质时需降低浓度	取一部分料液,分成等体积份数,冷却至 0℃→加入饱和度为 20%~100% 的硫酸铵,搅拌 1 h 以内,同时保持 0℃→离心取沉淀(3 000 g,40 min),溶于 2 倍体积的缓冲液中,测定总蛋白和目标蛋白浓度→测定上清液中总蛋白和目标蛋白浓度→以盐饱和度为横坐标,上清液中总蛋白和目标蛋白的相对浓度(与原料中浓度相比),计算纯化倍数和回收率→脱盐处理(透析法、超滤、凝胶过滤)

续表

分类	概念、原理	适用范围与要求	影响因素	操作流程
有机溶剂沉淀法	传统观点:丙酮或乙醇等有机溶剂破坏了蛋白质表面的水化层;溶液的介电常数下降,蛋白质分子间的静电引力增大,从而聚集和沉淀。 新观点:有机溶剂可能破坏蛋白质的某种键,使其空间结构发生某种程度的变化,致使一些原来包在内部的疏水基团暴露于表面并与有机溶剂的疏水基团结合形成疏水层,从而使蛋白沉淀,但是,当蛋白质结构变形超过一定程度时,会导致完全变性	要求:需在低温下进行;所选择的有机溶剂是与水互溶、不与蛋白质发生作用的物质。 选择有机溶剂时需考虑:①介电常数小,沉淀作用强;②致变性作用要小;③毒性小,挥发性适中;④水溶性要好。 常用有机溶剂有:乙醇、丙酮、甲醇、二甲基甲酰胺、二甲基亚砜、异丙醇等	①温度:加入的有机溶剂需提前冷却至$-20\sim-10℃$,同时强烈搅拌,少量多次缓慢加入,防止局部升温,整个过程保持高度冷却。 ②pH:维持在等电点附近。 ③蛋白质浓度:过高易变性,过低易共沉,起始浓度为$0.5\%\sim3\%$较合适 ④离子强度:适量中性盐可减少蛋白质变性,过多会提高有机溶剂的溶解度。 ⑤多价阳离子:加入阳离子可减少有机溶剂用量。 溶剂用量的计算: $V=V_0(S_2-S_1)/(100-S_2)$ 式中,V为需加入的有机溶剂的体积,L;V_0为原溶液体积,L;S_1为原溶液中有机溶剂的体积分数,%;S_2为所用有机溶剂的体积分数,%。如果所用有机溶剂的浓度为95%,式中的100需改为95	有机溶剂沉淀应在较大容器中进行,便于热量扩散;沉淀、离心过程均须在低温下进行;所得沉淀应迅速溶于足量的缓冲中,以减少残留有机溶剂的影响
等电点沉淀法	处于等电点状态的蛋白质互相吸引,利用蛋白质在pH等于其等电点溶液中溶解度下降的原理进行沉淀分离	不同蛋白质表面所带电荷不同,等电点也不相同		调节溶液的pH至溶质的等电点,就有可能把该溶质从溶液中沉淀出来

二、吸附法

1.吸附法的相关概念

吸附:专指用固体吸附剂处理液体或气体混合物,将其中所含的一种或几种组分吸附在固体表面上,从而使混合物组分分离的一种分离过程。

吸附剂与吸附质:固相物质称为吸附剂,被吸附的液相或气相物质称为吸附质(溶质)。

吸附操作:利用固体吸附的原理从液体或气体中除去有害成分或提取回收有用目标产物的过程。

吸附过程通常包括待分离料液与吸附剂混合、吸附质被吸附到吸附剂表面、料液流出、吸附质解吸回收等四个过程。吸附质解吸也是吸附剂再生的过程。当液体或气体混合物与吸附剂长时间充分接触后,系统达到平衡,吸附质的平衡吸附量(单位质量吸附剂在达到吸附平稳时所吸附的吸附质量)首先取决于吸附剂的化学组成和物理结构,同时与系统的温度和压力以及该组分和其他组分的浓度或分压有关。通过改变温度、压力、浓度及利用吸附剂的选择性可将混合物中的组分分离。

工业上吸附法主要用于气体和液体的深度干燥,食品、药品、有机石油产品的脱色、脱臭,有机异构物的分离,从废水或废气中除去有害的物质等。在生物工程中用于分离、精制各种产品,如蛋白质、核酸、酶、抗生素、氨基酸等;在发酵行业中,空气的净化和除菌也离不开吸附过程。除此以外,在生化产品的生产中常用各种吸附剂进行脱色、去热原、去组胺等杂质。

2.吸附的基本理论

吸附剂对吸附质的吸附,实际上包含吸附质分子碰撞到吸附剂表面并被截留在吸附剂表面的过程(吸附)和吸附剂表面被截留的吸附质分子脱离吸附剂表面的过程(解吸)。随着吸附质在吸附剂表面数量的增加,解吸速度逐渐加快,当吸附速度和解吸速度相当,即宏观上吸附量不再继续增加时,就达到了吸附平衡。

吸附质在吸附剂上的吸附过程十分复杂,吸附质从主体溶液(气体)到吸附剂颗粒内部的传递过程分为两个阶段。第一阶段是吸附质从主体溶液(气体)通过吸附剂颗粒周围的境界膜到达颗粒表面,称为外部传递过程或外扩散。第二阶段是吸附质从吸附剂颗粒表面传向颗粒孔隙内部,称为孔内部传递过程或内扩散。这两个阶段是按先后顺序进行的,在吸附时吸附质先通过境界膜到达颗粒表面,然后才能向颗粒内部扩散,脱附时则逆向进行。

把颗粒大小均一的同种吸附剂装填在固定吸附床中,含有一定浓度吸附质的混合物以恒定的流速通过吸附床层。在吸附过程中,吸附床可分为三个区段:一是吸附饱和区,在此区吸附剂不再吸附,达到动态平衡状态;二是吸附传质区,此区越短,表示传质阻力越小(即传质系数大),床层中吸附剂的吸附率越高;三是吸附床的未吸附区,此区吸附剂为"新鲜"吸附剂。

3.影响吸附的主要因素

在溶液中,固体吸附剂的吸附主要考虑3种作用力:界面层上固体与溶质之间的作用力,固体与溶剂之间的作用力,溶质与溶剂之间的作用力。影响吸附的主要因素有:吸附剂的性质、温度、溶液 pH、溶液中其他溶质(见图 10-14)。

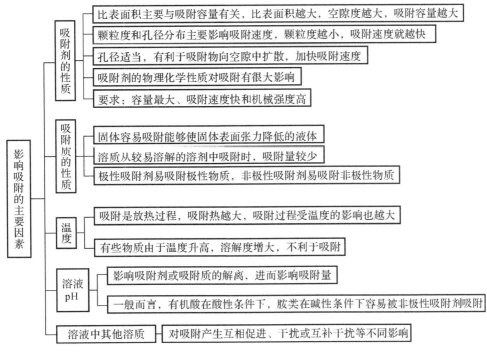

图 10-14 影响吸附的主要因素

4.吸附法的分类

根据吸附质与吸附剂之间的分子间结合力的不同,吸附法主要分为三类:物理吸附、化学吸附和离子交换吸附(见表 10-5)。化学吸附中,破坏化学键的化学试剂称为洗脱剂。离子交换吸附是利用离子交换树脂作为吸附剂,将溶液中的待分离组分依据其电荷差异,依靠库仑力吸附在树脂上,然后利用合适的洗脱剂将吸附质从树脂上洗脱下来,从而达到分离的目的。所用吸附剂为离子交换剂。

表 10-5 吸附法的分类与特点

分类	作用力	吸附热	吸附质分子状态	脱附	吸附部位	吸附过程
物理吸附	吸附质与吸附剂之间的分子间引力及范德华力	较 小 (2.09～4.18) ×10⁴ J/mol	变化不大,无电子转移	易脱附,吸附质通过改变温度、pH、盐浓度等物理条件脱附	吸附剂的整个自由表面	快速、非活化、可逆、无选择性

续表

分类	作用力	吸附热	吸附质分子状态	脱附	吸附部位	吸附过程
化学吸附	吸附质与吸附剂间的化学键	较大 $(4.18\sim41.8)$ $\times10^4$ J/mol	吸附剂表面活性点与溶质之间发生化学结合、产生电子转移	不易脱附,需要先破坏化学键才能洗脱化学吸附质	吸附剂的表面	缓慢、活化、不可逆、有选择性
离子交换吸附	静电引力	—	发生电荷转移	较易	离子交换剂表面	快速、可逆、有一定选择性

5.吸附法的优缺点

优点:成本低,设备简单,操作方便,容易实现自动化控制、效率高;可不用或少用有机试剂;生产过程中 pH 变化小;适用于稳定性较差的生物产物。

缺点:生产周期长,选择性差,得率不高,成品质量有时较差;无机吸附剂性能不稳定、不能连续操作、劳动强度大,生产过程中 pH 变化较大,不一定能找到合适的树脂;离子交换树脂再生过程中产生大量清洗水、稀酸、稀碱等低浓度废水,水资源浪费大,污染严重。

然而,随着凝胶类吸附剂、大网格聚合物吸附剂的发展和应用,吸附法又重新为生化工程领域所重视并获得应用。

离子交换长期以来应用于水的处理和金属的回收,在生物工业中广泛应用于提取抗生素、氨基酸、有机酸等小分子,特别是用于抗生素的分离,以及在生物物质的分离纯化、脱盐、浓缩、转化、中和、脱色等工艺操作中应用。

6.吸附剂的要求和种类

对吸附剂的要求如图 10-15 所示,主要吸附剂的种类与应用如图 10-16 所示。

图 10-15　吸附剂的基本要求

三、色谱法

色谱法的最大特点是分离效率高,它能分离各种性质极其类似的物质,既可以用于少量物质的分析鉴定,又可用于大量物质的分离纯化制备。因此,作为一种重要的分析分离手段与方法,它广泛地应用于科学研究与工业生产。色谱系统由固定相、流动相、泵系统和在线检测系统四个基本部分组成。流动相被输送通过填充固定相的色谱柱,固定相通常是不溶性的高分子小球,其颗粒直径范围是 $5\sim300~\mu m$。分离过程中,流动相载着被分离组分以恒定流速穿过色谱柱,色谱柱末端的检测器可以跟踪洗脱液中被分离组分的浓度,根据检测结果将洗脱液分成若干组分,分别收集以供进一步检测或处理。

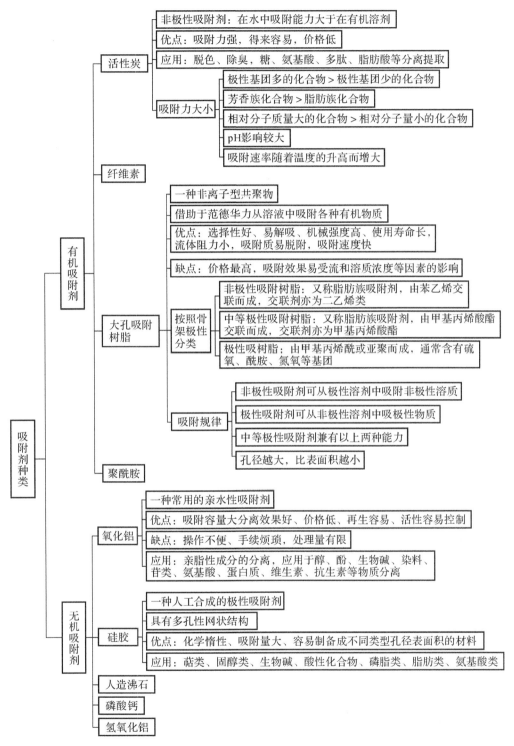

图 10 - 16　吸附剂的种类

1.色谱法基本原理

色谱法是一种基于被分离物质的物理、化学和生物学特性的不同,使它们在某种基质中移动速度不同而进行分离和分析的方法。例如,利用物质在溶解度、吸附能力、立体化学特性、分子的大小、带电情况、离子交换、亲和力的大小及特异的生物学反应等方面的差异,使其在流动相和固定相之间的分配系数不同,达到彼此分离的目的。

2.基本概念

展开:加入洗脱剂使各组分分层的操作。

洗脱液:洗脱时从柱中流出的液体称为洗脱液。

色谱图:展开后各组分的分布情况。

上样或加样:将样品加到柱上的操作。

固定相:固定相是色谱的一个基质。它可以是固体物质,也可以是液体物质,这些基质能与待分离的化合物进行可逆的吸附、分配、交换等作用。它是影响色谱分离效果的重要因素。绝大多数的色谱固定相由两个主要部分构成:一是空间结构部分,它取决于高聚物骨架的组成,决定了固定相的尺寸与孔隙率;二是化学和生物大分子功能性成分,它赋予介质与目标溶质特异性相互作用的能力。最合适的固定相设计除了满足以上两条外,还应满足分离任务的其他要求,如样品体积、分离成本及过程速率等。

流动相:在色谱过程中,推动固定相上待分离的物质朝着一个方向移动的液体、气体或超临界流体等,都称为流动相,色谱中一般称为洗脱剂,薄层色谱时称为展层剂。

分配系数:在一定的条件下,某种组分在固定相和流动相中含量(浓度)的比值,常用 K_d 来表示。分配系数是色谱中分离纯化物质的主要依据。不同物质的分配系数是不同的。分配系数的差异程度是决定几种物质采用色谱方法能否分离的先决条件,差异越大,分离效果越理想。分配系数主要与被分离物质本身的性质、固定相和流动相的性质、色谱柱的温度等因素有关。

阻滞因素:又称迁移率(或比移值),是指在一定条件下,在相同的时间内某一组分在固定相移动的距离与流动相本身移动的距离之比值,常用 R_f($R_f \leqslant 1$)来表示。

$$R_f = 溶质的移动速率/流动相在色谱系统中的移动速率$$

$$R_f = 溶质的移动速率/在同一时间内溶剂前沿的移动速率$$

实验中还常用相对迁移率的概念。相对迁移率是指一定条件下,在相同时间内,某一组分在固定相中移动的距离与某一标准物质在固定相中移动的距离的比值。它可以小于或等于1,也可以大于1,用 R_x 表示。

分辨率:也称分离度,一般指相邻两个峰的分开程度。用 R_s 来表示。R_s 越大,两种组分分离得越好。当 $R_s = 1\%$ 时,两组分有较好的分离,互相沾染约 2%,即每种组分的纯度约为 98%。当 $R_s = 1.5\%$ 时,两组分基本完全分开,每种组分的纯度可达到 99.8%。如果两种组分的浓度相差较大,尤其要求较高的分辨率。

解离常数 K_p:溶质分子与吸附剂之间相互作用的解离常数。

分离因数 a:某一瞬间被吸附的溶质占总量的分数,又称质量分布比。

正相色谱:固定相的极性高于流动相的极性,在这种色谱过程中,非极性分子或极性小的分子比极性大的分子移动的速度快,先从柱中流出来。一般来说,分离纯化极性大的分子(带电离子)采用正相色谱(或正向柱)。

反相色谱:固定相的极性低于流动相的极性,在这种色谱中,极性大的分子比极性小的分子移动的速度快而先从柱中流出。分离纯化极性小的有机分了(有机酸、醇、酚等)多采用反相色谱(或反相柱)。

操作容量:在一定条件下,某种组分与基质(固定相)反应达到平衡时,存在于基质上的饱和容量又称为交换容量,单位是 mg/g 或 mg/mL,数值越大,表明基质对核物质的亲和力越强。应当注意,同一种基质对不同种类分子的操作容量是不相同的,这主要是由于分子大小(空间效应)、带电荷的多少、溶剂的性质等多种因素的影响。实际操作时,加入的样品量要尽量少些,特别是生物大分子,对样品的加入量更要进行控制,否则用色谱方法不能得到有效的分离。

洗脱容积:在色谱分离中,使溶质从柱中流出时所通过的流动相的体积。这一概念在凝胶色谱中用得最多。

3.色带变形和"拖尾"现象

色带移动过程中常常会出现色带变形(见图 10-17)或"拖尾"现象(见图 10-18)。究其原因有两种:①固定相在色谱柱中横向填充不均匀,因为在固定相颗粒粗的地方,溶剂的流速快,溶质的流速也加快,就形成斜歪、不规则的色带,从而使流出曲线中各组分分离不清楚。柱的截面积越大越易变形,因而使用细长的柱子较好。②平衡关系偏离线性。当柱中目标物质的色带移动时,如果有些分子由于纵向扩散或者不均匀流动超出了色带前缘,它们的浓度会变小,分离因数会增大,其大部分被吸附,相对于后面的色带被阻滞了,结果在主色带的前缘产生了一个自动削尖的效应。但是,在色带尾部边缘上,溶质浓度的减少将引起不断增加的结合强度。如 $a = 0.9$,色带后部仅以缓冲液流动速度的 10% 移动,而主色带却以缓冲液流动速率的 30%~40% 移动。结果在不变的缓冲液条件下,溶质的洗脱有一个尖锐的、富集的前缘和一个很长的尾巴——"拖尾"。这是离子交换色谱中经常出现的一种现象。但使用不同梯度的缓冲液会克服这种现象。在纸色谱中,也可能会出现"拖尾",可通过选择合适的展层剂避免此现象。

四、膜分离技术

1.膜分离概述

膜分离技术是指利用天然或人工合成的、具有选择透过性的薄膜,以外界能量或化学位差为推动力,对双组分或多组分体系进行分离、分级、提纯或富集的过程。分离膜多数是固体(目前大部分膜材料是有机高分子),也可以是液体(液膜)。它们的共同之处是对被其分离的体系具有选择性透过的能力。

与传统分离技术相比,膜分离技术具有下列优点:

(1)处理效率高,设备易于放大;

(2)可在室温或低温下操作,适用于对热敏感的物质、果汁等的分离、浓缩与富集;

（3）化学与机械强度最小，有利于减少失活；

（4）膜分离过程不发生相变化，与有相变化的分离法相比，能耗低；

（5）选样性好，在分离浓缩的同时达到部分纯化的目的；

（6）选择合适的膜与操作参数，可得到较高的回收率；

（7）膜分离系统可密闭循环，有利于防止外来污染；

（8）不外加化学物质，透过液（酸、碱或盐溶液）可循环使用，降低了成本，并减少了对环境的污染。

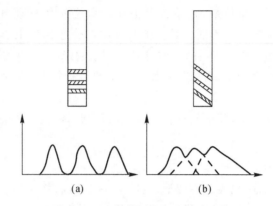

图 10 - 17　色带和流出曲线的形状

（a）填充均匀的柱；（b）填充不均匀的柱

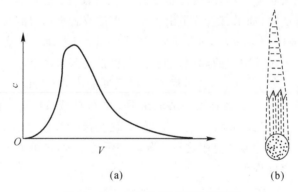

图 10 - 18　色谱的"拖尾"现象示意

（a）流出曲线；（b）"拖尾"现象

当然，膜分离技术也存在着一些问题：

（1）操作中膜面会发生污染，使膜性能降低，故有必要采用与工艺相适应的膜面清洗方法；

（2）从目前获得的膜性能来看，其耐药性、耐热性、耐溶剂能力都是有限的，故使用范围受限；

（3）单独采用膜分离技术效果有限，往往都将膜分离工艺与其他分离工艺组合起来使用。

2.膜分离方法的分类

膜分离过程的实质近似于筛分、渗透等过程,是根据滤膜孔径的大小使物质透过或被膜截留,从而达到物质分离的目的。按分离粒子或分子大小可分为微滤(MF)、超滤(UF)、纳米过滤(NF)、反渗透(RO)、透析(DS)和电渗析(ED)6种。

其中,电渗析是利用离子交换膜和直流电场的作用,从水溶液和其他不带电组分中分离带电离子组分的一种电化学分离过程,主要用于海水淡化、纯水制备和废水处理,在分析上可用于无机盐溶液的浓缩或脱盐、溶解的电离物质和中性物质的分离。

透析是利用半透膜两侧溶质浓度差为传质推动力和小分子物质的扩散作用,从溶液中分离出小分子物质而截留大分子物质的过程。透析法在生物分离上主要用于大分子溶液的脱盐。

微滤是利用孔径为 $0.02\sim10\mu m$ 的多孔膜,以压力差为推动力,截留超过孔径的大分子的膜分离过程。微滤被认为是目前所有膜技术中应用最广、经济价值最大的技术,主要用于悬浮物分离、制药行业的无菌过滤等。

超滤是应用孔径为 $0.001\sim0.02\ \mu m$ 的超滤膜,与微滤一样,也是以压力差为推动力,截留超过孔径的大分子的膜分离过程。超滤一般需要在溶液侧加压,使溶剂透过膜,主要用于浓缩、分级、大分子溶液的净化等。

纳米过滤是一种介于反渗透和超滤之间的膜分离过程。纳滤膜的表层孔径处于纳米级,且在过程中截留率大于90%的最小分子大小约为 1 nm,因此称其为纳滤膜,主要用于脱盐、浓缩、给排水处理等方面。

反渗透,是利用反渗透膜选择性地只能透过溶剂(通常是水)的性质,对溶液施加压力,克服溶剂的渗透压,使溶剂通过反渗透膜而从溶液中分离出来的过程。

3.表征膜性能的参数

孔道特征包括孔径、孔径分布和孔隙度,是膜的重要性质。膜的孔径有最大孔径和平均孔径,它们都在一定程度上反映了孔的大小,但各有其局限性。孔径分布是指膜中一定大小的孔的体积占整个孔体积的百分数,由此可以判别膜的好坏,即孔径分布窄的膜比孔径分布宽的膜要好。孔隙度是指整个膜中孔所占的体积分数。

水通量为单位时间内通过单位膜面积的水体积流量,也叫透水率,即水透过膜的速率。对于一个特定的膜,水通量的大小取决于膜的物理特性(如厚度、化学成分、孔隙度)和系统的条件(如湿度、膜两侧的压力差、接触膜的溶液的盐浓度及料液平行通过膜表面的速率)。

在实际使用中,水通量将很快降低。在处理蛋白质溶液时,水通量通常为纯水的10%。水通量决定于膜表面状态,在使用时,溶质分子会沉积在膜面上,因此,虽然各种膜的水通量有区别,而在实际使用时,这种区别会变得不明显。

截留率和截断分子量:截留率是指对一定相对分子质量的物质,膜能截留的程度,即某一瞬间透过液浓度/截留液浓度。截断分子量,相当于一定截留率(通常为90%或95%)的相对分子质量。截留率越高,截断分子量范围越窄的膜越好。截留率不仅与溶质分子的大小有关,还受到分子的形状(性分子的截留率低于球形分子)、吸附作用(溶质分子吸附在孔道壁上,会降低孔道的有效直径,使截留率增大)、其他高分子溶质(有两种高分子溶质存在,其截留率不同于单一溶质),以及温度、pH 等其他因素影响。温度升高、浓度降低会使截留率降低,这是由于吸附作用减小的缘故;错流速度大使截留率降低,这是由于浓差极化作用减小的缘故;pH、离子强度会影响蛋白质分子的构象和形状,因而影响截留率。

另外,膜的性能参数还有抗压能力、pH 适用范围、对热和溶剂的稳定性、毒性等。

4. 膜分离设备

膜分离设备的核心部分是膜组件(或膜件),即按一定技术要求将膜组装在一起。良好的膜组件应具备下列条件:

(1)沿膜面的流动情况好,无静水区,以利于减少浓差极化,例如沿膜面切线方向的流速相当快,或者有较高的剪切率;

(2)装填密度大,膜面积与压力容器体积比较大,即单位体积中所含的膜面积较大;

(3)制造成本低;

(4)清洗和膜的更新方便;

(5)保留体积小,且无死角。

根据膜的形式或排列方式,可以把膜分为管式、中空纤维式、平板式和螺旋卷绕式四种。其中,管式膜组件具有易清洗、无死角、适宜处理含固体较多的料液、单根管子可以调换、保留体积大等优点;但单位体积中所含过滤面积较小、压降大。中空纤维式膜组件具有保留体积小、单位体积中所含过滤面积较大、可以逆洗、操作压力较低(小于 0.5 MPa)、动力消耗较低等优点;但料液需要预处理,单根纤维损害时,需调换整个模件。螺旋卷绕式膜组件具有单位体积中所含过滤面积大,换新膜容易等优点,但是具有料液需要预处理,压降大、易污染、清洗困难等缺点。平板式膜组件的优点是保留体积小,能量消耗界于管式和螺旋卷绕式之间;缺点是死体积较大。

另外,所有的膜组件(除了用于电渗析的平板膜和某些毛细管膜外)都可以组装成不同的组件,按照进料和渗透物方向间的关系,分成并流式、逆流式和交叉流式三种组件。

5. 膜分离过程的操作特性和影响因素

浓差极化:溶剂及部分组分透过膜,而剩余组分被截留在膜上,使膜而浓度增大,并高于主体溶液的浓度。这种浓度处导致被截留组分必须自膜面反扩散至主体中,这种现象称之为浓差极化。

浓差极化会从两个方面便膜分离结果恶化:它使需要优先透过的组分在膜面的浓度低于主体溶液,渗透的推动力下降;而被截留组分在膜面的浓度高于主体溶液,即被截留组分的 渗透推动力增加,结果导致过滤通量下降,渗透液的质量下降。

提高过滤温度或提高沿膜的流动速率可以减轻或延迟浓差极化现象的发生,但往往会增加操作费用。除此以外,采用脉冲式进料方式,或在膜通道中装入棱角形式的混合或排水部件,也能提高传质速率。

影响膜分离过程的主要因素如图 10-19 所示。

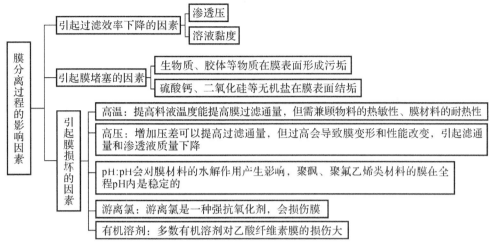

图 10-19　影响膜分离过程的主要因素

6.膜分离过程在发酵工业中的应用

微滤主要用于分离液体中尺寸为 $0.1\sim10~\mu m$ 的微生物和微粒子，以达到净化、分离和浓缩的目的。超滤法应用于大分子产品，主要是在酶及蛋白类产品中应用，如供静脉注射用的 25% 人胎盘血白蛋白（即胎白），通常是用硫酸铵盐析法制备的。

反渗透法主要用来截留无机盐类的小分子（小于 10 倍水相对分子质量的分子）；而超滤则是从小分子溶质或溶剂中，将比较大的溶质分子筛分出来（如相对分子质量为数百万的有机物大分子）。因此，反渗透法必须施加较高的压力，而超滤的操作压力较小。

纳米过滤是介于超滤和反渗透之间，以压力差为推动力，从溶液中分离出相对分子质量为 $300\sim1~000$ 物质的膜分离过程。

第五节　发酵产物的分离、提取与应用案例

蛋白质是工程菌发酵生产的主要产物。各种酶类的发酵生产，产物均为蛋白质。此外，微生物还可通过自身的代谢或者转化作用，将植物或动物组织中的蛋白转化成小分子活性肽，从而生产出氨基酸排序和相对分子质量大小各异的生物活性肽及蛋白质。很多蛋白质和多肽已广泛应用于医药、化妆品、食品、化工等行业。

一、蛋白质和多肽类发酵产物的分离提取与应用

1.蛋白质和多肽类发酵产物的分离提取

蛋白质类发酵产物的分离提取通常先运用非特异、低分辨的操作单元，如沉淀、超滤和吸附等方法尽快缩小样品体积，提高目的蛋白浓度，去除最主要的杂质（包括非蛋白质类杂质），随后是高分辨的操作单元，如具有高选择性的离子交换层析和亲和层析，而将凝胶过滤层析这类分离规模小、分离速率慢的操作单元放在最后，这样可提高分离效益。已报道的脂

肪酶提取方法如表 10-6 所示,α-淀粉酶的分离提取工艺如图 10-20 和表 10-7 所示。

表 10-6　脂肪酶的提取方法

提取方法		提取工艺	用途
常用分离方法	沉淀法	加入硫酸铵、乙醇、丙酮或者酸进行沉淀	蛋白纯化早期粗分离
		离子交换凝胶过滤	最适用于大体积样品且蛋白浓度低的样品早期纯化
	层析法	亲和层析	适用于纯化的任何阶段,特别是样品浓度小、杂质含量多的情况
		疏水层析	适用于纯化的任何阶段,特别是离子强度较高的样品
		聚焦层析	最适用于纯化的最后阶段
新颖的分离方法	膜处理	超滤毛细管	脂肪酶的下游处理过程
	免疫纯化	单克隆抗体多克隆抗体	高效选择性的蛋白质纯化技术
	双水相系统	琼脂水溶液与可溶性淀粉	纯化粗提液

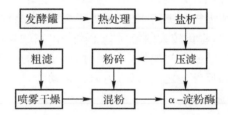

图 10-20　枯草杆菌 BF-7658 发酵生产 α-淀粉酶的工艺流程

表 10-7　BF-7658 发酵生产 α-淀粉酶的提取方法

提取方法	提取过程
盐析法	发酵液经热处理,加入助滤剂过滤,洗涤,浓缩滤液,加入 $(NH)_2SO_4$ 至 40% 饱和度,盐析,收集沉淀物,干燥
乙醇淀粉吸附法	发酵液中加入 Na_2HPO_4、$CaCl_2$ 和 NaCl,65 ℃促进絮凝 15～30 min,迅速冷却至 30 ℃,收集滤液,浓缩,加入等量淀粉,加入乙醇至终浓度为 60%,静置,收集沉淀物,干燥

　　微生物发酵法生产的谷胱甘肽(GSH)分离纯化方法主要有离子交换树脂法、双水相法、铜盐法等。

　　离子交换树脂法是将发酵后得到的菌体破壁,离心取上清液,调节 pH 后,经过阳离子交换柱和阴离子交换柱连续进行离子交换,最终经乙醇沉淀得到谷胱甘肽晶体。

双水相萃取法分离提取 GSH 具有分离步骤少、提取率高等优点。将菌体破碎后不用经固液分离，直接加入到环氧乙烷-环氧丙烷无规共聚物(EOPO)/PES 双水相系统,GSH 清液和细胞碎片分于不同的相中,再将谷胱甘肽与成相聚合物 EOPO 进行分离,得到的 EOPO 可以循环利用。使用这种方法,可将谷胱甘肽的总萃取率提高到 80% 以上。

铜盐法是一种传统的方法,其原理是 GSH 与金属氧化物 Cu_2O 生成 GSCu 沉淀,GSCu 沉淀再经还原剂 H_2S 还原得到 GSH。其缺点是使用大量的 H_2S,污染环境且工艺复杂。

2.蛋白质和多肽类发酵产物的应用

酶是由细胞产生的具有催化能力的蛋白质,来源有动物、植物和微生物,其中以微生物酶制剂在工业化生产中的应用最为广泛。酶制剂具有广泛的应用价值,它在有机化学工业、去污剂工业、生物表面活性剂合成工业、油化学工业、农用化学品工业、造纸业、营养业、化妆品工业、制药业等的生产中都有应用。生物活性肽有利于生物机体的生命活动,多肽易消化吸收,具有降血压、降胆固醇、提高免疫力、调节激素、抗菌和抗病毒作用,还具有生理调节和生物代谢的功能,极具发展前景,已经成为当今世界食品领域、饲料生产领域和生物医学领域的热门研究课题。本节对酶制剂和活性肽的应用方面进行了阐述,见表 10-8。

表 10-8　蛋白质和多肽类发酵产物的应用

发酵产物	应用
淀粉酶	洗涤剂、消化助剂、废水净化
脂肪酶	食品加工、药物、洗涤剂、造纸、生物柴油
蛋白酶	食品添加剂、牙膏、皮革、制药、脱蜡
纤维素酶	食品加工、乙醇生产、酿酒、酿醋、速溶茶
谷胱甘肽	保护肝脏、抗氧化、解毒、抗衰老
抗菌肽	杀菌
乳蛋白	降血压、抗血栓、镇静安神

二、多糖类发酵产物的分离提取

微生物多糖包括某些细菌、真菌和蓝藻类产的多糖,主要以三种形式存在:黏附在细胞表面上;分泌到培养基中;构成细胞的成分。微生物多糖包括胞内多糖、胞壁多糖和胞外多糖。胞外多糖是由微生物大量产生的多糖,易与菌体分离,可通过深层发酵实现工业化生产。目前,许多微生物多糖已作为胶凝剂、成膜剂、保鲜剂、乳化剂等,广泛应用于食品、制药、石油、化工等多个领域。据估计,全世界微生物多糖年加工业产值可达 50 亿~100 亿美元。

1.黄原胶的分离提取

黄原胶由甘蓝黑腐病黄单胞杆菌以碳水化合物为主要原料经生物工程的手段发酵得到的一种水溶性胞外多聚阴离子杂多糖。利用黄原胶的不同特性,可进行一些提取分离的选择。目前,国内外采取的主要工业提取技术有直接干燥的喷雾干燥法、闪蒸法、减压浓缩法、滚筒干燥法及沉淀提取的酸沉淀法、钙蓝沉淀法、醇沉淀法等。

(1)酸沉淀法。黄单胞菌 8420 进行的黄原胶生产可采用酸沉淀法提取。该菌种采用糖液为主原料制成的培养基经 60 h 通风发酵得含糖量降至 0.2% 的发酵液,慢慢加入 1∶20 的盐酸,并以 6~10 r/min 的速度搅拌,至发酵液 pH 下降至 2.6 时,胶和水分离,可用机械脱水,然后烘干得含水量小于 7% 的产品。

(2)钙盐沉淀法。利用在发酵液中加入 Ca^{2+} 离子,调节溶液 pH 大于 10,形成沉淀分离后提纯得成品(见图 10-21)。发酵液黏度高、黄原胶相对分子质量大时,用钙盐沉淀法效果较好。若相对分子质量小,则提取较困难,产品收率低且较难溶解。

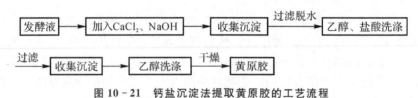

图 10-21　钙盐沉淀法提取黄原胶的工艺流程

(3)醇沉淀法。醇沉淀法是工业生产食品级黄原胶常用的方法(见图 10-22)。常用的醇有甲醇、乙醇和异丙醇。这种方法制得的产品,因醇部分地洗脱了发酵液中的色素、盐类和细胞,所以质量很好,但成本相对过高。

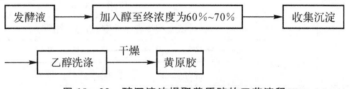

图 10-22　醇沉淀法提取黄原胶的工艺流程

2.灵芝多糖的分离提取

灵芝多糖是灵芝的主要活性成分。灵芝多糖的种类有很多,有葡聚糖、杂多糖、半乳糖聚、甘露糖聚、阿拉伯木质葡聚糖等 200 多种。灵芝多糖主要分布于子实体、孢子粉、菌丝体及灵芝发酵胞外液中。其提取方法多样,从子实体、菌丝体和孢子粉中提取的方法有水提取、热碱提取、冷碱提取等;发酵胞外液多采用乙醇沉淀法。现代研究表明,灵芝多糖具有抗血栓、抗肿瘤、抗辐射、抗氧化、免疫调节、保肝、降压作用。

(1)发酵液胞外多糖的分离提取。将发酵液离心,取上清液 80~90 ℃浓缩后流水透析至无还原糖,然后加入 95% 乙醇在 5~10 ℃下静止沉淀 12 h 以上,沉淀物分别以无水乙醇、丙酮、乙醚洗涤后真空干燥。此提取物多糖含量为 69.2%,杂蛋白含量为 20.6%。

(2)菌丝体胞内多糖的分离提取。图 10-23 为灵芝菌丝体胞内多糖的提取工艺流程。

(3)鸡腿菇胞外多糖的分离提取。将 RCEF0986 菌株液体种子转接入装有 100 mL 培养基的三角瓶中,接种量 10% 体积比,22 ℃下 170 r/min 培养 6 d,提取工艺流程如图 10-24 所示。

3.多糖类发酵产物的应用

微生物多糖已经在许多领域得到应用,如作为食品工业的乳化剂、增稠剂、稳定剂、胶凝剂、悬浮剂、润滑剂、添加剂、微生物絮凝剂、石油开采的驱油剂、抗癌医药品、包装材料等,如表 10-9 所示。

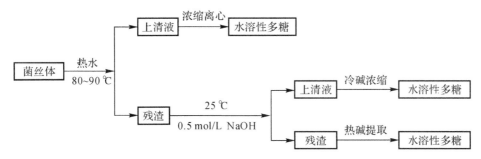

图 10 - 23　菌丝体胞内多糖的提取工艺流程

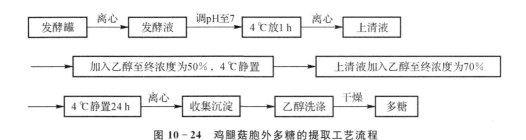

图 10 - 24　鸡腿菇胞外多糖的提取工艺流程

表 10 - 9　不同微生物多糖的应用

菌种名称	主要成分	应用
鸡腿菇	真菌多糖	降血糖、降血脂、抗肿瘤
灵芝	真菌多糖	抗肿瘤、免疫激活
黄单胞杆菌	黄原胶	稳定剂、乳化剂、抗氧化、控制药物缓释、胶凝剂
假单胞菌	结冷胶	食品添加剂、控制药物释放
土壤产碱杆菌属	热凝胶多糖	食品增稠剂
芽短梗霉	普鲁兰多糖	抗氧化、免疫调节、促进消化、降低胆固醇
产碱杆菌、假单胞菌、葡糖醋酸杆菌、根瘤菌	细菌纤维素	食品增稠剂、胶凝剂、悬浮剂
链球菌	透明质酸	抗炎、抗血管生成、缓解关节疼痛
不动杆菌属	Emulsan	免疫佐剂、药物运载工具
红球菌	胞外多糖	海水油污治理

三、多酚黄酮类发酵产物的分离提取与应用

黄酮类化合物泛指两个具有酚羟基的苯环通过中央 3 个碳原子连接而成的一系列化合物，它是植物的一类次生代谢产物，具有抗氧化、抗衰老和抗癌、抗菌、抗病毒、预防肥胖和糖

尿病、抗炎症、抗过敏、螯合金属离子等众多作用。因此,类黄酮被广泛应用于医药、食品和保健品行业中。

1. 多酚黄酮类发酵产物的分离、提取

黄酮类化合物主要通过植物提取制备,提取工艺有溶剂提取、离子沉淀、微波辅助提取、树脂吸附分离、超声波辅助提取、超临界流体萃取、酶提取等,受时间、空间及植物种类等因素限制,分离纯化步骤复杂,产率较低。但是从经过发酵后的原料中分离提取多酚黄酮类物质少见报道,近年来利用微生物发酵提高生物活性和生物利用度已经成为一个新的研究方向。目前已报道的多酚黄酮类发酵产物分离提取方法如表 10-10 所示。

表 10-10 多酚黄酮类发酵产物的分离、提取方法

发酵产物	提取方法	操作方法
黑米多酚	超声提取	按照脱脂发酵黑米粉与 70% 乙醇试剂质量比为 1:25 的比例,在 40 ℃下超声 40 min,过滤,保留上清液,得到多酚提取液,置于 4 ℃冰箱保存待测
茶多酚	水浴振荡	以茶酒糟为原料,乙醇为提取溶剂。将茶酒糟放置于温度为 60 ℃的恒温鼓风干燥箱,干燥 48 h。将干燥好的茶酒糟粉碎,过 40 目筛,密封保存备用。称取经预处理的茶酒糟粉末 1.0 g,固定料液比为 1:30(g/mL),加入体积分数为 60% 的乙醇,用保鲜膜封住锥形瓶瓶口(防止乙醇挥发),在温度为 65 ℃条件下水浴振荡 8 min 提取茶多酚
槲皮素		将洋槐刺内生真菌菌株发酵液减压浓缩,用石油醚、氯仿、乙醇、乙酸乙酯依次萃取,萃取物在 60 ℃的条件下减压浓缩,蒸干后得到槲皮素
		泡盛曲霉 GIM3.4 的发酵液中加入体积分数为 60% 的乙醇溶液,210 W 超声提取 30 min,过滤后,再用相同的条件提取一次,合并滤液,50 ℃减压浓缩,乙酸乙酯萃取 2 次,合并萃取液,50 ℃减压蒸干,得到乙酸乙酯提取物,经过硅胶柱梯度洗脱、薄层色谱法合并相似组分、高效液相色谱纯化,得到槲皮素

2. 多酚黄酮类发酵产物的应用

黄酮类化合物具有抗氧化、抗炎、抗肿瘤、改善血液循环等生理功能,在保健品、化妆品和医药等方面具有广阔的应用前景。表 10-11 介绍了多酚黄酮类发酵产物的应用。

表 10-11 多酚黄酮类发酵产物的应用

发酵产物	应用
茶多酚	消炎、抗菌、缓慢皮肤衰老、除异味及吸收紫外线
儿茶素	抗高血脂、抑制肥胖、抗肿瘤、保护心血管
生松素	抗菌、抗炎、抗氧化、抗癌、抑制动脉粥样硬化,以及阿尔兹海默症中的神经保护
槲皮素	抗氧化、抗癌、抗炎、抗菌、抗病毒、降压、免疫调节及心血管保护作用等
柚皮素	止咳化痰、清热解毒、抗菌、消炎、抗氧化
白藜芦醇	抗肿瘤、抗炎、抗氧化、舒张血管、抗衰老、抗菌、免疫调节

四、有机酸类发酵产物的分离、提取与应用

柠檬酸、乳酸、醋酸、衣康酸、苹果酸、葡萄糖酸、曲酸、丙酮酸、α-酮戊二酸等有机酸是重要的工业原料,广泛应用于食品、医药、化工等行业,目前它们主要采用微生物发酵法生产。多数生物产品的生产过程是由菌体选育、菌体培养(发酵)、预处理、浓缩、产物捕集、纯化、精制等单元组成的。在有机酸发酵生产的过程中,发酵产物除有机酸外,还含杂酸、糖、菌体、蛋白质、色素、矿物质及其他代谢产物等杂质,它们可能来自发酵原料的残留或在发酵过程中产生,同时溶解或悬浮于发酵液中,给有机酸的下游分离、提取带来挑战。

1. 有机酸类发酵产物的分离提取方法

表 10-12 展示了有机酸类发酵产物的常见分离、提取方法。

表 10-12 有机酸分离、提取方法

方法		基本原理	常用试剂、设备或技术
沉淀法	盐析法	电解类物质表面水分子溶剂化盐离子,疏水基团暴露发生疏水作用而沉淀	$(NH_4)_2SO_4$、Na_2SO_4、$MgSO_4$、Na_3PO_4、醋酸钠、柠檬酸钠、硫氰化钾等
	有机溶剂沉淀法	水的活度降低,对被提取物质表面电荷基团或亲水基团的水化程度降低,溶质介电常数下降,被提取组分分子间静电引力增加,最终导致凝胶沉淀	乙醇、丙酮、甲醇、二甲基甲酰胺、异丙醇、二甲基亚砜
	生成盐类复合物沉淀法	金属复合盐类、有机酸复合盐类、无机复合盐类都具有很低的溶解度,极易沉淀析出	金属粒子有 Mn^{2+}、Fe^{2+}、Co^{2+}、Ni^{2+}、Cu^{2+}、Zn^{2+}、Cd^{2+}、Ba^{2+}、Mg^{2+}、Pb^{2+}、Hg^{2+}、Ag^+ 等
萃取法	溶剂萃取	利用溶质在互不相溶的两相溶剂之间分配系数的不同从而纯化或浓缩溶质	单级萃取、多级错流萃取、多级逆流萃取
	双水相萃取	利用物质在不相溶的两水相中的分配系数不同	聚乙二醇(PEG)/葡聚糖(Dex),聚丙二醇/聚乙二醇,甲基纤维素/葡聚糖
	超临界流体萃取	利用超临界流体具有液体和气体的双重特性,使其在超临界状态下与待分离的物质接触,萃取出目标产物	超临界流体的气体有二氧化碳、乙烯、氨、氧化亚氮、二氯二氟甲烷
离子交换法		利用离子交换剂中的活性基团与溶液中的带电粒子之间的结合能力的差异来进行物质的分离或纯化	离子交换树脂
膜分离法		一种具有特殊选择性分离功能的有机高分子或无机材料,能将液体分隔成不相通的两部分,使其中一种或几种物质能透过,而将其他物质分离出来	透析、电渗析、超滤与微滤、反渗透、渗透汽化、液膜技术

续表

方法	基本原理	常用试剂、设备或技术
分子蒸馏法	一种在高真空条件下进行的液液分离技术,又称为短程蒸馏,不可逆,适用于高沸点、热敏性和易氧化物质的分离	降膜式分子蒸馏器、刮膜式分子蒸馏器、离心式分子蒸馏器等

2. 柠檬酸的分离、提取

成熟的柠檬酸发酵醪中,除含有主产物柠檬酸外,还含有纤维、菌体、有机杂酸、糖、蛋白胶体物质、色素、矿物质及其他代谢产物等杂质。它们或是来自发酵原料或是在发酵过程中产生,它们溶解或悬浮于发酵醪中,通过各种理化方法清除这些杂质,得到符合各级质量标准的柠檬酸产品的全过程,即为柠檬酸的提取和精制,有人也称为柠檬酸生产的下游工程。它是一个确保柠檬酸丰收、提高企业效益的生产系统工程。我国柠檬酸的提取和精制主要采用钙盐-离子交换工艺。目前推广吸附交换法、离子色谱法和热水法洗脱柠檬酸,用色谱分离法提取精制柠檬酸新工艺。

1) 钙盐-离子交换法提取柠檬酸

钙盐-离子交换法提取柠檬酸工艺流程如图 10-25 所示。

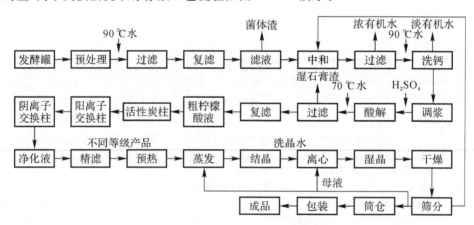

图 10-25 钙盐-离子交换法提取精制柠檬酸工艺流程

钙盐-离子交换法提取柠檬酸技术要求见表 10-13。

表 10-13 钙盐-离子交换法提取柠檬酸的技术要求

过程	详情
①发酵醪过滤	过滤目的是去除发酵醪中的悬浮物、草酸;过滤时尽可能减少滤液的稀释度,把柠檬酸的损失减少到最低限度。过滤效果取决于滤饼的厚度和特性,滤饼达到一定厚度时,才变成真正的过滤介质,为此,开始过滤时流速不宜过大,否则细小颗粒将穿过介质空隙而未被截留,只有当介质表面积有滤饼时,滤液才变清;由于草酸钙溶解度低于硫酸钙,在一次滤液中加硫酸钙,使生成草酸钙,在复滤时再一并除去

续表

过程	详情
②中和沉淀	过滤后获得了已去除菌体、残渣和草酸的澄清柠檬酸液，其中除主要含有柠檬酸之外，还含有可溶于水的碳水化合物、胶体、有机杂酸、蛋白质等杂质。根据在一定的温度和pH条件下柠檬酸钙在水中的溶解度极小的特性，采用钙盐或钙碱与溶液中的柠檬酸发生中和反应，生成四水柠檬酸钙[$Ca_3(C_6H_5O_7)_2 \cdot 4H_2O$]，从溶液中沉淀析出，除去残液后，再用 80～90 ℃ 热水洗涤四水柠檬酸钙沉淀，可最大限度地将可溶性杂质与柠檬酸钙分离。其反应式为 $$2C_6H_8O_7 \cdot H_2O + 3CaCO_3 = Ca_3(C_6H_5O_7)_2 \cdot 4H_2O \downarrow + 3CO_2 \uparrow + H_2O$$ $$2C_6H_8O_7 \cdot H_2O + 3Ca(OH)_2 = Ca_3(C_6H_5O_7)_2 \cdot 4H_2O \downarrow + 4H_2O$$
③酸解	利用柠檬酸钙在酸性条件下，其解离常数随 H^+ 浓度的增高而增大的特性，在强酸（硫酸）存在的溶液中产生复分解反应，生成难溶于水的石膏（$CaSO_4$）沉淀，而将弱酸（柠檬酸）游离出来。工业生产中控制酸解温度为 60～70 ℃，根据 $CaSO_4 \cdot 2H_2O$ 的溶解度低于 $Ca_3(C_6H_5O_7)_2 \cdot 4H_2O$ 的溶解度的原理，加 H_2SO_4 产生复分解反应，将柠檬酸从柠檬酸钙中分离出来，然后过滤除去硫酸钙（石膏），获得粗柠檬酸液（酸解液）。其反应如下： $$Ca_3(C_6H_5O_7)_2 \cdot 4H_2O + 3H_2SO_4 + 4H_2O = 2C_6H_8O_7 \cdot H_2O + 3CaSO_4 \cdot 2H_2O \downarrow$$
④净化	粗柠檬酸溶液中残留的色素、蛋白质等可溶性的大分子化合物，其相对分子质量为 $10^3 \sim 10^6$，分子大小在 1～100 nm，属胶体物质范畴，它们大多是两性电解质；此外，还含有有害的 Ca^{2+}、K^+、Mg^{2+}、Fe^{3+}、SO_4^{2-}、Cl^- 等离子。净化是指通过活性炭和阳、阴离子交换树脂处理，除去粗柠檬酸酸解液中的色素和离子，使粗柠檬酸液得到提纯和精制，获得净化精柠檬酸液
⑤柠檬酸液蒸发	净化了的精柠檬酸液中柠檬酸（一水）含量一般为 18 g/100 mL 以上，要使其达到（75～82）g/100 mL 的结晶浓度，必须通过蒸发除去溶剂。温度过高柠檬酸会分解，并易产生色素，因此，必须在减压下蒸发，为了充分利用蒸发过程中产生的二次蒸汽，降低能耗，工业生产常采用二段或三段蒸发
⑥结晶	当柠檬酸净化液蒸发浓缩至过饱和状态处于介稳区时，可通过加入晶种或自然起晶的方法刺激结晶，使其溶液浓度达临界浓度，溶液中就可产生微细的晶粒，当过饱和度达到一定程度时，溶质分子之间的引力使溶质质点彼此靠近，碰撞机会增多，使它们有规则地聚集排列在晶核上，逐渐长成一定大小和形状的晶体。按控制结晶温度的不同，分别获得一水柠檬酸结晶和无水柠檬酸结晶，再用少量去离子冷水洗晶体表面吸附的母液，湿晶体送干燥工序处理
⑦干燥	湿柠檬酸晶体通过热空气对流式干燥，将晶体表面的游离水除去，又不失去一水柠檬酸的结晶水，并保持晶型和晶体表面的光洁度，进而筛分、包装

钙盐-离子交换法提取柠檬酸技术,步骤繁杂,提取过程加入钙和硫酸,产生了难以利用的湿硫酸钙(石膏),每吨柠檬酸要排放 2.5 t 湿石膏,造成严重污染。另外,钙盐-离子交换法工艺本身损失柠檬酸较大,总收率偏低,为了进一步提高提取收率,消除钙盐法的污染,国内外均在开展用特殊的吸附交换树脂从发酵液中分离柠檬酸的研究工作。

2)色谱分离技术提取柠檬酸

色谱分离技术采用对柠檬酸分子具有高效分离特性的离子交换树脂,从柠檬酸发酵液中分离出柠檬酸,强化了发酵过滤液的预处理,除去非柠檬酸杂质,使成品柠檬酸中易碳化物含量达标。提取液中柠檬酸浓度高达 20%~40%,可减少其浓缩能耗。无石膏废渣,IL-CS 工艺分离液可用盐酸、硫酸、硝酸、磷酸、NaOH、KOH、NHOH 等无机酸或无机碱水溶液,因此分离废水可通过蒸发结晶工序制成化肥,生产 1 t 柠檬酸产 0.7 t 硫酸钠,降低了成本。总收率可达 85%~90%,唯因连续串联运行进料压力较高,树脂破损率较大。工艺流程如图 10 - 26 所示。

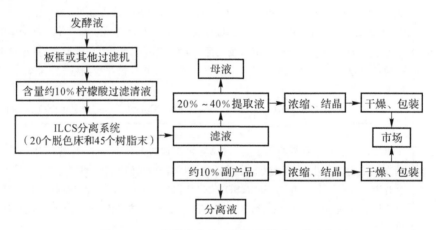

图 10 - 26　色谱分离技术提取柠檬酸工艺流程

3)吸附交换法提取柠檬酸

吸附交换法提取技术由天津科技大学研究成功,已在黑龙江甘南柠檬酸厂进行 5 000 t 规模的工业化实验。其特点:采用吸附交换量大、抗污染活性强、不易破碎的离子交换树脂,从柠檬酸发酵液中高效率地分离出柠檬酸。通过强化发酵液过滤的预处理,采用有效的除易碳化物的方法,使成品柠檬酸易碳化物含量低于标准。提取液中柠檬酸浓度可达 20%~30%,节省蒸发能耗,无石膏废渣,副产品可制 $(NH)_2SO_4$、化肥,提取总收率可超过 90%,成本降低。工艺流程如图 10 - 27 所示。

4)热水洗脱色谱分离技术提取柠檬酸

热水洗脱色谱分离技术采用对柠檬酸有很强吸附能力的弱酸强碱两性树脂 FE - 41 - 1,以热量差为洗脱动力,洗脱液柠檬酸浓度达 20%~24%。成本低,适合进行大规模工业化生产,但 1 t 柠檬酸消耗树脂较多。工艺流程如图 10 - 28 所示。

3.乳酸的分离提取

从发酵液中提取和精制乳酸的主要生产流程为:发酵液→预处理→提取(浓缩→酸解→抽滤)→粗乳酸→精制(脱色→离子交换→浓缩)→成品乳酸。技术要求见表 10 - 14。

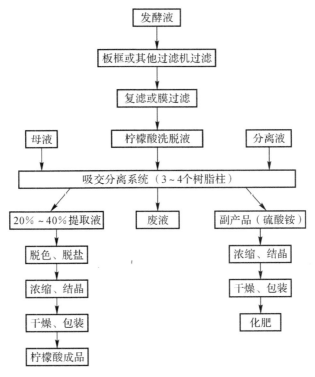

图 10 - 27　吸附交换法提取柠檬酸工艺流程

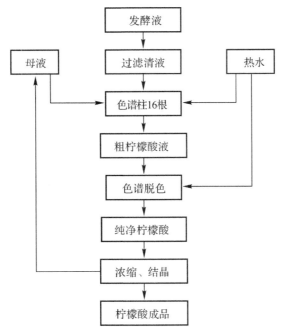

图 10 - 28　热水洗脱色谱分离技术提取柠檬酸工艺流程

表 10 − 14　从发酵液中提取和精制乳酸的技术要求

步骤		技术要求
预处理	细菌发酵液	乳酸菌一般不耐酸,通常在过剩 $CaCO_3$ 存在的条件下进行。乳酸和 $CaCO_3$ 反应,生成五个水的水合型乳酸钙。由于杂质的存在,接近发酵终点时,发酵醪变黏稠,给后续操作带来麻烦,因此,当乳酸菌活动减弱、发酵醪温度开始下降时,要及时升温至 90~100 ℃,并加入石灰乳,将 pH 调高至 9.5~10
	米根霉发酵液	当米根霉发酵至终点时,将发酵液移至贮罐内,升温 80~90 ℃,经板框压滤机进行压滤。滤饼用少量热水洗涤,压干滤饼,将上述洗水和滤液混合,获得过滤清液
提取	浓缩	将预处理的澄清无浊过滤液打入一效蒸发器内,液面盖过加热管时关闭进料阀门,通蒸汽。不断补充新的乳酸钙料液,二效的真空度控制在 0.08 MPa 以上
	酸解	酸解锅中打入适量的硫酸(浓度控制在 45%~50%),然后打入乳酸钙浓缩液,控制乳酸钙浓度在 30%~35%,溶液温度在 70℃ 以上,再缓慢加入稀硫酸,控制温度在 (80±1)℃。2~3 h 后取样检测是否到达终点
	抽滤	将 80 ℃ 的酸解液迅速注入抽滤槽中,趁热抽滤。淡乳酸水洗 2 次,第三次用自来水洗涤。洗涤次数据乳酸含量而定,一般 3~5 次
精制	脱色	活性炭脱色:在酸解溶液中加入约 2% 活性碳,脱色 1 h,或在除去石膏渣的乳酸溶液中视颜色深浅加入活性炭,维持温度 70~80℃,维持 30min。
		一次浓缩及脱色:将酸解脱色液吸入一次真空罐内浓缩,待料液浓度达 45%~50% 时,趁热脱色 30 min。
		炭柱脱色与离子交换:除去剩余的无机物质、部分色素物质和部分含氮物质
	离子交换	阳离子交换树脂(732)交换,阴离子交换树脂(331)交换
	浓缩	将去离子的乳酸液进行纳米过滤,使乳酸质量达到 1 号色后进行二次浓缩

4. 苹果酸的分离提取

苹果酸的提取方法有钙盐沉淀法、吸附沉淀法、电渗析法。以钙盐沉淀法为例,苹果酸的提取和精制流程如图 10 − 29 所示。

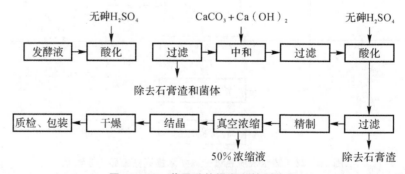

图 10 − 29　苹果酸的提取和精制流程

5.曲酸的分离提取

曲酸提取可采用锌盐沉淀法、醋酸乙酯沉淀法、乙醚连续萃取法、直接浓缩结晶法和冷冻结晶法等。

(1)锌盐沉淀法。锌盐沉淀法是提取曲酸的传统方法,纯度可达95%。其工艺流程如图 10-30 所示。

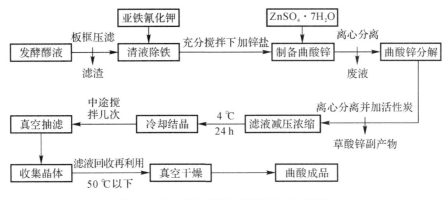

图 10-30 锌盐沉淀法提取曲酸工艺流程

(2)直接浓缩结晶法。直接浓缩结晶法提取曲酸工艺流程如图 10-31 所示。

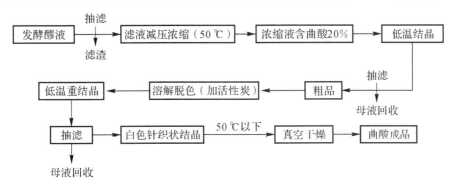

图 10-31 直接浓缩结晶法提取曲酸流程

6.有机酸类发酵产物的应用

表 10-15 展示了部分由发酵法生产的有机酸的用途。

表 10-15 部分由发酵法生产的有机酸的用途

有机酸名称	应用
柠檬酸	食品饮料工业酸味剂、抗氧化剂、脱腥除臭剂、螯合剂、医药、纤维媒染剂、助染剂、洗涤剂、油漆或塑料添加剂、特种溶剂等
乳酸	食品工业的酸味剂、防腐剂、还原剂、制革辅料;乳酸酯类为食品香料,还可以聚合成 L-聚乳酸,生产生物可降解塑料
醋酸	重要的化工原料,广泛用于食品(食醋)和化工等领域

有机酸名称	应用
衣康酸	制造合成树脂、纤维、橡胶、塑料、离子交换树脂、表面活性剂和高分子螯合剂等洗涤剂和单体原料
苹果酸	食品工业的酸味剂、洗涤剂、药物和日用化工及化学辅料等
葡萄糖酸	药物、除锈剂、洗涤剂、塑化剂、酸化剂,用于饮料、醋、调味品及面包工业
曲酸	护肤品、皮肤增白剂、食油抗氧剂、杀虫剂、杀菌剂等

五、其他种类发酵产物的分离、提取与应用

1. 氨基酸类发酵产物的分离提取——谷氨酸的分离、提取

谷氨酸具有两性电解质的性质,常用的提取方法有等电点沉淀法、离子交换法、锌盐沉淀法、盐酸盐法和电渗析法等,也可将上述某些方法结合使用。其中等电点沉淀法、离子交换法和等电点-离子交换法较为普遍,现介绍如下。

谷氨酸分子中有 2 个酸性羧基和 1 个碱性氨基,$pK_1 = 2.91(\alpha - COOH)$,$pK_2 = 4.25$($\gamma - COOH$),$pK_3 = 9.67(\alpha - NH_3)$,其等电点 $pH = 3.22$。将发酵液用盐酸或硫酸调节到 pH 3.22,在低温下谷氨酸溶解度极低,会析出结晶,得以和发酵液中的残糖、杂质分离。根据发酵液是否除菌体、等电点提取时发酵液的温度的高低以及是否连续操作,此法又可分为:①直线常温等电点法;②带菌体低温等电点法;③除菌体常温等电点法;④浓缩水解等电点法;⑤低温浓缩等电点法;⑥连续低温等电点法。

上述 6 种等电点法都曾在国内工业生产中用过。随着味精生产技术的发展,目前国内生产厂家主要使用的是带菌体低温等电点法、低温浓缩等电点法和连续低温等电点法。

(1)谷氨酸常用提取方法及理论依据。谷氨酸常用提取方法及理论依据见表 10 - 16。

表 10 - 16　谷氨酸常用提取方法及理论依据

方法		理论依据
等电点沉淀法	低温等电点法	谷氨酸的溶解度随着温度的降低而减小,通过增加制冷能力,将等电点提取的终点温度由原来常温的 $15 \sim 20℃$ 降低至 $0 \sim 5℃$,这样使母液中谷氨酸含量由 $1.5\% \sim 2.0\%$ 降至 $1.0\% \sim 13\%$,提高了等电点一次收率。优点是操作方便,设备简单,一次收率可达 78%,节约酸碱,废水产生量少。缺点是由于逐步起晶,pH 缓慢下降至 $3 \sim 3.22$,起晶育晶时间长达 $8 \sim 10$ h。此外,调节发酵液 pH 时没有越过菌体蛋白质等电点 pH=4.0,会出现菌体蛋白质和谷氨酸一起结晶析出的现象,产生 β-型结晶
	连续低温等电点法	一是管道连续等电点,发酵液边通过管道边加盐酸,始终控制溶液 pH=3.2,析出结晶。二是在罐(池)内,选择已做好谷氨酸结晶的罐(池),连续不断地将发酵液和盐酸同时加入起晶罐(池)内,始终保持起晶罐(池)内 pH 为 $3.0 \sim 3.22$,同时从罐(池)的底部连续泵出已结晶的谷氨酸到另一个育晶罐(池)中进行育晶。其优点是温度稳定,低浓度结晶,可以越过菌体蛋白质 pH(4.0),不会出现 β-型结晶,育晶时间短,生产周期短、过程连续化、管道化,便于自动化控制

续表

方法		理论依据
等电点沉淀法	低温浓缩等电点法	将谷氨酸发酵液在低于45℃的温度下减压蒸发,使谷氨酸含量由原来的7%~8%提高到12%~14%,采用一步低温直接等电点提取。其优点是工艺稳定、操作方便、收率高达84%、生产周期短、节约酸碱、环境污染少。其缺点是浓缩时要求真空度高,内温控制在45℃以下,不使菌体蛋白质凝固
离子交换法		当发酵液的pH低于3.22时,谷氨酸以阳离子形式存在,可用阳离子交换树脂来吸附谷氨酸,与发酵液中的其他成分分离,并可用碱液洗脱下来,收集谷氨酸洗脱流分,经冷却,加盐酸调pH为3.0~3.22进行结晶,再用离心机分离即可得到谷氨酸结晶。实际生产中,发酵液pH为5.0~5.5就可上柱,因为发酵液中含有一定数量的NH_4^+、Na^+,这些离子优先与树脂交换,释放出H^+、溶液的pH下降,保证谷氨酸为带正电荷的阳离子而被树脂吸附与交换。此法过程简单、周期短,提取总收率可达80%~90%。其缺点是碱液用量大,废液污染严重。国内已不采用此法
等电点-离子交换法		采用低温等电点法,将发酵液中80%的谷氨酸提取出来,剩下的残留在上清液和母液中的谷氨酸,采用离子交换法提取,提取总收率可达92%~96%。此工艺的优点有:①谷氨酸收率高。谷氨酸的吸附、洗脱、结晶过程成闭路循环,谷氨酸总收率达90%~96%。②酸碱消耗低。采用调整上柱料液的pH和调整洗脱料液pH,省去热水、热碱洗脱带来的能耗大的问题。③水耗低。新工艺去掉老工艺用大量水正反洗处理树脂的环节,只需少量水即可达到预期效果。④树脂利用率高,树脂损耗降低。常规方法树脂对谷氨酸的容量只有25 kg/m³,而新工艺容量可达36 kg/m³以上,提高吸附交换效率44%,同时,常温操作避免了树脂的涨缩,从而降低了树脂损耗。⑤经济效益明显,废液的COD下降

　　(2)低温等电点法提取谷氨酸。低温等电点法提取谷氨酸工艺流程如图10-32所示。

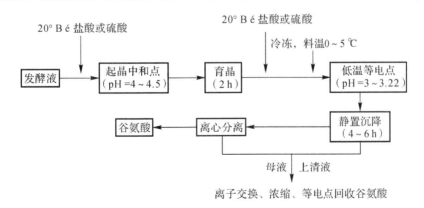

　　Bé—波美度,是表示溶液浓度的方法。

图 10-32　低温等电点法提取谷氨酸工艺流程

（3）离子交换法生产谷氨酸。离子交换法生产谷氨酸工艺流程如图 10－33 所示。

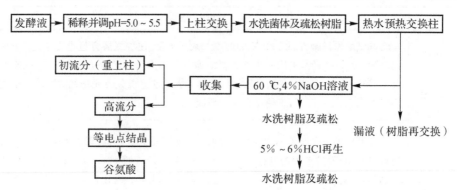

图 10－33　离子交换法提取谷氨酸工艺流程

（4）等电点-离子交换法提取谷氨酸。等电点-离子交换法提取谷氨酸工艺流程如图 10－34 所示。

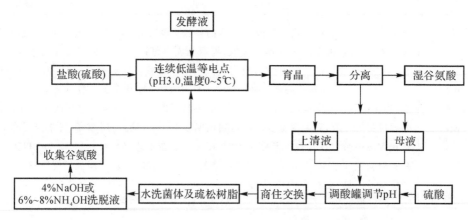

图 10－34　等电点-离子交换法提取谷氨酸工艺流程

2.核苷酸类发酵产物的分离提取——酵母 RNA 的提取

从酵母细胞中提取 RNA 的方法很多，使用食盐水、碱、十二烷基磺酸钠、苯酚等。工业常用的是稀碱法和浓盐法。稀碱法是利用细胞壁在稀碱条件下溶解，RNA 被释放出来，当稀碱被中和后，可用乙醇沉淀 RNA，或等电点沉淀 RNA，得到 RNA 粗品。浓盐法是在加热条件下，利用高浓度的盐改变细胞膜透性，使 RNA 释放出来，然后再利用等电点（pH＝2～2.5）沉淀 RNA，如图 10－35 所示。

3.维生素类发酵产物的分离提取——维生素 B_2 的提取

维生素 B_2 的提取方法主要有重金属盐沉淀法、More-house 法、酸溶法和碱溶法等。目前工业生产大多数采用酸溶法。酸溶法提取维生素 B_2 的耗能较大，经一次溶解、分离、结晶获得的产品其纯度只有 $60\%\sim70\%$。要获得高纯度的成品晶体必须经过多次溶解、分离和结晶的操作，所以提取总效率往往不高。

维生素 B_2 发酵液用稀盐酸水解，以释放部分与蛋白质结合的维生素 B_2；加黄血盐和硫酸锌,然后过滤除去蛋白质等杂质;进一步加入 3－羟基－2－萘甲酸钠与核黄素形成复盐进行分离精制。

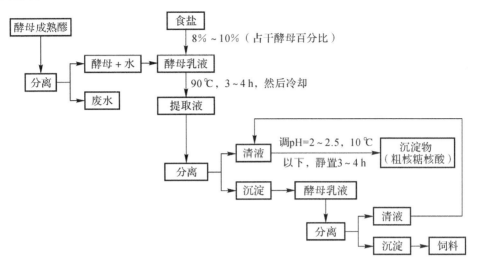

图 10－35　浓盐法提取酵母 RNA 流程图

在碱性溶液中,维生素 B_2 有较大的溶解度,但在碱性条件下维生素 B_2 容易发生不可逆变性反应,从而造成损失。通过研究影响维生素 B_2 变性的因素,控制合适的溶解条件,可显著提高产品收率和降低能耗。章克昌等人采用碱溶法提取维生素 B_2,经一次分离结晶,最终获得产品纯度达 92.6％,总收率达 80％,提取流程如图 10－36 所示。碱溶法提取维生素 B_2 不但收益率高,而且耗能低。

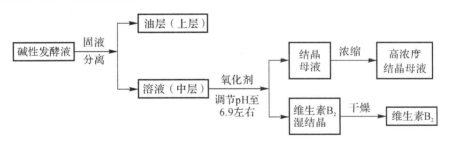

图 10－36　碱溶法提取维生素 B_2 的工艺流程

4.其他种类发酵产物的应用

自然界中存在各种微生物,它们繁殖迅速,可利用的物质广泛。其产品广泛应用于医药、食品、轻工、农牧等领域中,具有广泛的社会效益。微生物在生长代谢活动中,产生了各种有用物质,如酒精、氨基酸、核苷酸、维生素、抗生素等。如今,微生物作为人类生产产品已经越来越受到重视,其他发酵产物在人类生活中的应用见表 10－17。

表 10－17　其他发酵产物的应用

发酵产物	应用
谷氨酸	治疗肝性昏迷,改善儿童智力发育,调味品
酵母 RNA	抗癌新药、保健品及婴幼儿食品

发酵产物	应用
维生素 B_2	促进生长发育,预防炎症
抗生素	抗菌
甘油	甜味剂、保湿剂、溶剂、防冻剂
乙醇	消毒,食品佐料、饮料、燃料、溶剂
维生素 C	增强免疫力、抗氧化、抗衰老、调节血管弹性
右旋糖酐	抗血栓、低血容量休克

本章知识图谱与视频

一、本章知识图谱

本章知识图谱如图 10-37 所示。

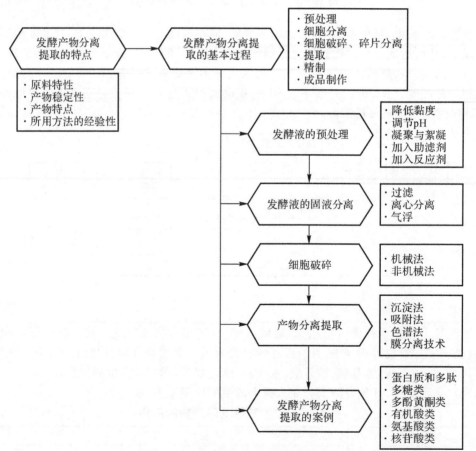

图 10-37 第十章知识图谱

二、本章视频

1. 生物制药工艺仿真-均质工艺
2. 生物制药工艺仿真-分离澄清工艺
3. 枯草芽孢杆菌脂肽发酵与提取1:种子液的制备
4. 枯草芽孢杆菌脂肽发酵与提取2:发酵产生脂肽
5. 枯草芽孢杆菌脂肽发酵与提取3:盐酸沉淀脂肽
6. 枯草芽孢杆菌脂肽发酵与提取4:甲醇提取脂肽
7. 枯草芽孢杆菌脂肽发酵与提取5:减压蒸干收集脂肽
8. 枯草芽孢杆菌脂肽发酵与提取6:冷冻干燥得到脂肽
9. 细菌纳米硒的制备与表征
10. 细菌胞外多糖的分离提取
11. 旋转蒸发仪的使用
12. 超声破碎细菌

1.生物制药工艺仿真:均质工艺　2.生物制药工艺仿真:分离澄清工艺　3.枯草芽孢杆菌脂肽发酵与提取1:种子液的制备　4.枯草芽孢杆菌脂肽发酵与提取2:发酵产生脂肽　5.枯草芽孢杆菌脂肽发酵与提取3:盐酸沉淀脂肽　6.枯草芽孢杆菌脂肽发酵与提取4:甲醇提取脂肽

7.枯草芽孢杆菌脂肽发酵与提取5:减压蒸干收集脂肽　8.枯草芽孢杆菌脂肽发酵与提取6:冷冻干燥得到脂肽　9.细菌纳米硒的制备与表征　10.细菌胞外多糖的分离提取　11.旋转蒸发仪的使用　12.超声破碎细菌

三、本章知识总结

本章知识总结如图 10－38 所示。

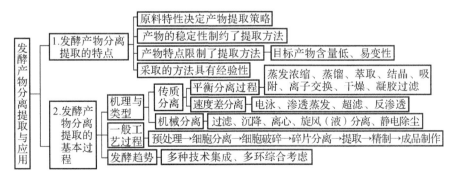

图 10－38　第十章知识总结

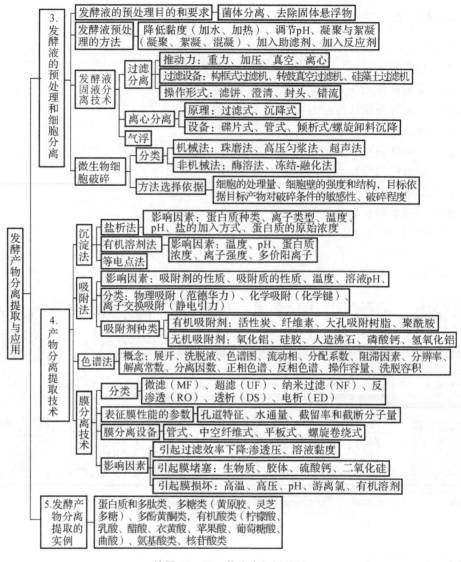

续图 10-38　第十章知识总结

本 章 习 题

1.简述发酵产物分离提取的特点。

2.简述发酵产物分离提取的基本流程。

3.简述发酵液预处理的主要方法及其适用对象。

4.简述沉淀法、吸附法、色谱法、膜分离法实现发酵产物分离提取的原理。

5.举列说明发酵产物分离提取的过程,以及过程中需要检测的主要指标。

参 考 文 献

[1] 陈坚,堵国成.发酵工程原理与技术[M].北京:化学工业出版社,2018.

[2] 陈坚,堵国成,张东旭.发酵工程实验技术[M].2版.北京:化学工业出版社,2009.

[3] 陈坚,周胜虎,吴俊俊,等.微生物合成黄酮类化合物的研究进展[J].食品科学技术学报,2015,33(1):1-5.

[4] 陈月华,朱艳,张翔,等.植物细胞悬浮培养中次生代谢产物积累的研究进展[J].中国野生植物资源,2016,35(3):41-47.

[5] 楚品品,蒋智勇,勾红潮,等.动物细胞规模化培养技术现状[J].动物医学进展,2018,39(2):119-123.

[6] 范翠英,冯利兴,樊金玲,等.重组蛋白表达系统的研究进展[J].生物技术,2012,22(2):76-80.

[7] 邓振山,常学军.一种利用微生物发酵技术生产槲皮素的方法:CN112048529A[P].2020-12-08.

[8] 杜宇.鸡腿菇发酵条件及其胞外多糖的研究[D].合肥:安徽农业大学,2005.

[9] 韩德权.微生物发酵工艺学原理[M].北京:化学工业出版社,2018.

[10] 洪坚平,来航线.应用微生物学[M].北京:中国林业出版社,2005.

[11] 胡小丹,游敏,罗文新.基因编辑技术[J].中国生物化学与分子生物学报,2018,34(3):267-277.

[12] 胡晓梅,黄娟,舒媛,等.离子交换树脂分离纯化谷胱甘肽的研究[J].发酵科技通讯,2008,37(4):20-22.

[13] 黄芳一,程爱芳,徐锐.发酵工程[M].武汉:华中师范大学出版社,2019.

[14] 黄方一,叶斌.发酵工程[M].武汉:华中师范大学出版社,2006.

[15] 霍乃蕊,余知和.微生物生物学[M].北京:中国农业大学出版社,2018.

[16] 蒋跃明,林森,张丹丹,等.泡盛曲霉在发酵荔枝果皮制备槲皮素中的应用:CN103145671A[P].2013-06-12.

[17] 靳佳琦,闻建平.合成生物学指导下芽孢杆菌合成环脂肽的研究进展[J].中国生物工程杂志,2022,42(6):86-101.

[18] 景艳军,仲昭财,杨梢烽.加强菌种选育研究 提高微生物菌种性状[J].中国食品,2020(16):96-97.

[19] 李春.合成生物学[M].北京:化学工业出版社,2019.

[20] 李海青.基因工程培育抗病(稻瘟病、条纹叶枯病)转基因水稻[D].济南:山东师范大学,2011.

[21] 李艳.发酵工程原理与技术[M].北京:高等教育出版社,2011.

[22] 李洋,申晓林,孙新晓,等.CRISPR基因编辑技术在微生物合成生物学领域的研究进展[J].合成生物学,2021,2(1):106-120.

[23] 李伟风,樊振林,张洹瑜,等.用于重组蛋白药物生产的CHO细胞无血清培养基的研究进展[J].中国细胞生物学学报,2021,43(4):905-916.

[24] 李勇,石晓东,高润梅.我国薯蓣属植物繁育技术研究进展[J].山西林业科技,2015,44(4):46-49.

[25] 李志勇.细胞工程学[M].2版.北京:高等教育出版社,2019.

[26] 李志勇.细胞工程[M].3版.北京:科学出版社,2021.

[27] 梁楚欣,于荣敏,朱建华.真菌诱导子在长春花培养体系中的应用[J].食品与药品,2018,20(1):60-64.

[28] 刘斌.细胞培养[M].3版.西安:世界图书出版西安有限公司,2018.

[29] 刘秉杰,崔春,陈中.乳杆菌发酵对黑米多酚提取量和抗氧化性的影响[J].食品科技,2022,47(7):182-187.

[30] 刘慧莲,薛峰.细胞工程核心技术[M].北京:科学出版社,2017.

[31] 刘立明,陈修来.有机酸工艺学[M].北京:中国轻工业出版社,2020.

[32] 陆珂,吴则东,李胜男.黄瓜诱变育种研究进展[J].江苏农业科学,2022,50(18):208-214.

[33] 逯伟�.黄原胶的提取分离技术[J].信阳农业高等专科学校学报,1998(3):56-58.

[34] 罗大珍,林稚兰.现代微生物发酵及技术教程[M].北京:北京大学出版社,2010.

[35] 梅乐和,林东强.双水相分配结合温度诱导相分离从酵母中提取谷胱甘肽[J].化工学报,1998,49(4):470-475.

[36] 欧英琪.基于微流控芯片的东亚飞蝗卵巢细胞培养技术研究[D].北京:中央民族大学,2021.

[37] 潘求真.细胞工程[M].哈尔滨:哈尔滨工程大学出版社,2009.

[38] 沈萍.微生物学[M].北京:高等教育出版社,2006.

[39] 沈萍,陈向东.微生物学[M].北京:高等教育出版社,2016.

[40] 宋凯,黄熙泰.合成生物学导论[M].北京:科学出版社,2010.

[41] 宋渊.发酵工程[M].北京:中国农业大学出版社,2017.

[42] 陶兴无.生物工程概论[M].北京:化学工业出版社,2015.

[43] 王镜岩.生物化学教程[M].北京:高等教育出版社,2008.

[44] 王亦学,郝曜山,张欢欢,等.基因编辑系统 CRISPR/Cas9 在作物基因工程育种中的应用[J].山西农业科学,2020,48(5):826-830.

[45] 谢雨寻,叶有明,李龙越,等.茶酒糟中茶多酚提取工艺优化及其抗氧化活性的研究[J].中国酿造,2022,41(2):204-209.

[46] 严伟,信丰学,董维亮,等.合成生物学及其研究进展[J].生物学杂志,2020,37(5):1-9.

[47] 杨生玉,张建新.发酵工程[M].北京:科学出版社,2013.

[48] 姚汝华,周世水.微生物工程工艺原理[M].广州:华南理工大学出版社,2013.

[49] 余龙江.次生代谢产物生物合成:原理与应用[M].北京:化学工业出版社,2017.

[50] 袁珂. 从绿茶叶中提取茶多酚的工艺方法[J]. 林产化学与工业, 1997, 17(1): 56 - 60.

[51] 苑成伟, 王家骐, 朱立江. 大孔吸附树脂分离纯化谷胱甘肽(GSH)的研究[J]. 发酵科技通讯, 2008, 37(3): 9 - 12.

[52] 曾吉祥. Red/ET 同源重组技术在载体构建中的应用[J]. 生物技术世界, 2015(7): 232 - 233.

[53] 张国民, 申可佳, 文礼湘, 等. 微生物多糖的应用研究进展[J]. 世界科技研究与发展, 2009, 31(5): 889 - 891.

[54] 张今, 施维, 姜大志, 等. 合成生物学与合成酶学[M]. 北京: 科学出版社, 2012.

[55] 张红岩, 辛雪娟, 申乃坤, 等. 代谢工程技术及其在微生物育种的应用[J]. 酿酒, 2012, 39(4): 17 - 21.

[56] 章魁普. 盐霉素高产菌种诱变育种和双组分系统 RspA1/A2 全局调控机理研究[D]. 上海: 华东理工大学, 2020.

[57] 章静波. 组织和细胞培养技术[M]. 2 版. 北京: 人民卫生出版社, 2011.

[58] 张巧娟, 张艳琼, 柳长柏. 类转录激活样因子效应物核酸酶技术的原理及应用[J]. 中国生物工程杂志, 2014, 34(7): 76 - 80.

[59] 张蓉. 盾叶薯蓣和菊叶薯蓣快速繁殖技术研究[D]. 西安: 陕西师范大学, 2010.

[60] 张致平. 微生物药物学[M]. 北京: 化学工业出版社, 2003.

[61] 周娜娜, 王小艳, 张媛, 等. 重组蛋白药物的生产技术进展[J]. 生物技术进展, 2021, 11(6): 724 - 731.

[62] 朱紫瑜, 王冠, 庄英萍. 大规模哺乳动物细胞培养工程的现状与展望[J]. 合成生物学, 2021, 2(4): 612 - 634.

[63] PADDON C J, KEASLING J D. Semi-synthetic artemisinin: a model for the use of synthetic biology in pharmaceutical development [J]. Nature Reviews Microbiology, 2014, 12(5): 355 - 367.